通信原理仿真基础

张晓瀛 主编

张晓瀛 马东堂 熊 俊 编著
曹 阔 赵海涛 魏急波

电子工业出版社

Publishing House of Electronics Industry

北京 · BEIJING

内 容 简 介

本书首先介绍利用通信仿真原理和离散信号处理技术在计算机中实现"通信原理"课程中主要知识模块运行机理的思路、方法和技术。通过学生容易接受的"原理简介+例题"的形式提出问题,然后给出 MATLAB 脚本程序分析和解决问题,最后对仿真结果进行讨论和理论分析。全书围绕通信原理各个章节的主要知识点展开,强调基本理论和技术在通信系统中的作用,透彻分析了通信信号的时域、频域特征,突出了通信过程中的随机性以及概率统计方法在案例分析中的应用。

全书共 9 章,主要内容包括通信仿真概论、通信信号分析基础、信道建模与仿真、模拟调制技术、模拟信号数字化、数字基带传输、数字调制、同步技术、多载波和多天线传输等内容。在每一章的最后都附有一个和章节知识内容相关的扩展阅读,可以让读者在学习知识和仿真技术的同时增强思政修养。

本书既可作为通信工程、电子信息工程等电子信息类专业及其他相关专业的本科生和研究生教材,又可供从事研究开发工作的相关工程技术人员参考和借鉴。建议在教学中将本书与通信原理教材配合使用。

图书在版编目(CIP)数据

通信原理仿真基础/张晓瀛主编.－北京:电子工业出版社,2021.12

ISBN 978-7-121-42724-4

Ⅰ.①通… Ⅱ.①张… Ⅲ.①通信原理－仿真－高等学校－教材 Ⅳ.①TN911

中国版本图书馆 CIP 数据核字(2022)第 014862 号

责任编辑:章海涛 文字编辑:路 越
印　　刷:北京七彩京通数码快印有限公司
装　　订:北京七彩京通数码快印有限公司
出版发行:电子工业出版社
　　　　　北京市海淀区万寿路 173 信箱　邮编:100036
开　　本:787×1 092　1/16　印张:19.25　字数:470 千字
版　　次:2021 年 12 月第 1 版
印　　次:2023 年 2 月第 3 次印刷
定　　价:65.00 元

前言

通信领域是当今世界发展最快、应用最广、对人们生产生活影响最大的技术领域。通信技术的计算机仿真是通信领域开展理论研究和工程实践的重要工具,其不仅可以用于复杂通信系统的设计开发,而且可以用计算机仿真的形式模拟实际信号的处理过程,从而辅助通信工程实践,更加透彻地厘清思路、分析问题。可以说,仿真技术成为通信理论与工程实践相结合的必要途径和有效手段。

目前,通信原理的教学都以理论分析和信号处理为基础,以数学分析为主要手段,虽然可以严谨地阐述原理,但比较抽象,与工程实践差别较大,学生难以完全理解吸收,导致利用理论知识解决实践问题的能力不强。通信领域的学生、教师和工程技术人员非常希望有一本在仿真原理以及仿真实用技术上进行系统、全面介绍的通信仿真教材。本书就是为满足这一要求而撰写的,本书一方面可以教给读者必要的通信仿真理论和仿真技术,传授基本的编程知识;另一方面可以与原理性教材和书籍相互对照,帮助读者更加深刻地理解原理,灵活运用,提升实践能力。

本书的特点和优势在于:①理论与实践结合,采用理论分析结合 MATLAB 编程实现的方式对通信原理重要知识点进行深入阐述,通过"设置问题—分析问题—编程解决问题"的思路完成通信原理在计算上的模拟实践;②案例新颖实用,与时俱进,包含了 OFDM、MIMO等新一代系统的仿真实现;③编写严谨科学,所有程序代码严格按照编程规则,有利于训练学生养成良好的科研和编程习惯;④具有思政特色,每一章都附加了一个和该章内容相关的扩展阅读,包括红军第一部电台、我国第一颗通信卫星,以及高锟、张明高等科学家的事迹介绍等。

全书共 9 章,主要内容包括通信仿真概论、通信信号分析基础、信道建模与仿真、模拟调制技术、模拟信号数字化、数字基带传输、数字调制、同步技术、多载波和多天线传输等内容。

第 1 章主要介绍通信系统仿真的基本概念和分类、通信系统仿真的基本原理以及本书拟采用的仿真工具,旨在使读者对通信系统仿真有一个初步的了解和认识。第 2 章主要介绍如何在计算仿真中开展通信信号分析,包含了确定性信号、概率论、随机过程和信号空间等基础知识,为后续的通信系统性能分析和通信信号仿真分析奠定基础。第 3 章讨论通信信道建模理论仿真,介绍了大尺度传播模型、小尺度多径和多普勒效应信道模型的仿真实现以及信道中噪声和干扰的建模与仿真。第 4 章介绍模拟调制技术的仿真,包括各种幅度调制和角度调制方式仿真案例和性能分析。第 5 章介绍了典型的抽样、量化和编码的基本仿真原理,并对典型 PCM、增量调制等模数转换进行了 MATLAB 案例仿真和性能分析；第 6 章介绍数字基带信号的功率谱密度及其常用码型，仿真分析了数字基带信号传输中的码间串扰和消除码间串扰的奈奎斯特第一准则，通过案例介绍了最佳基带传输系统以及部分响应基带传输系统的仿真建模方法，演示了时域均衡基本原理的仿真实现。第 7 章着重仿真解析了二进制数字调制、多进制数字调制以及恒包络调制，给出了数字调制系统从信源、调制、信道到接收端解调的全过程仿真实现。第 8 章主要学习同步的基本概念和分类，仿真解析了锁相环、平方环、Costas 环、帧同步码相关检测、数字复接等内容。第 9 章主要介绍 OFDM 技术和 MIMO 技术，通过设计案例对 OFDM 正交性原理、IFFT/FFT 实现、循环前缀、单抽头均衡、信道估计等模块进行了仿真分析，介绍了 MIMO 系统的基本架构，实现了基于线性检测的多天线系统仿真以及信道容量分析。

本书既可作为通信工程、电子信息工程等电子信息类专业及其他相关专业的本科生和研究生教材，又可供从事通信技术研究与开发的相关工程技术人员参考和借鉴。建议在教学中将本书与配套的 MOOC 和数字课程资源配合使用。

本书的编著者都是长期工作在通信原理教学和科研一线的科研人员。本书的大纲拟定、统稿、修改定稿由张晓瀛完成。第 1、2、3 章由张晓瀛执笔，第 4、5 章由马东堂执笔，第 6 章由曹阔执笔，第 7、8 章由熊俊执笔，第 9 章由赵海涛执笔，魏急波参与编写第 6、9 章。本书在通信原理阐述部分参考了国防科技大学马东堂、赵海涛、张晓瀛等编写的《通信原理》，研究生孔凌劲、靳增源等参与了本书的校对工作，在此一并表示感谢。

同时，本书在编著过程中参考了大量国内外文献和著作，在此对这些文献和著作的作者表示衷心的感谢。

本书涉及通信领域广泛的理论和技术问题，由于编著者的知识局限及内容较多，书中难免有不当之处，敬请读者批评指正。

编著者

2021 年 12 月于国防科技大学

目录

第1章

通信仿真概论

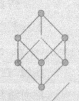

通信是推动人类社会进步和经济发展的巨大动力。进入 21 世纪以来，随着人工智能、软件无线电、微电子、互联网、光通信、移动通信和量子通信等技术的进步，通信正朝着智能化、软件化、集成化、综合化、宽带化、泛在化和高安全性的方向飞速发展。通信技术日趋复杂，通信仿真成为开展通信新技术研究、辅助原理样机实现、论证新型系统架构的重要方法。

本章主要介绍通信系统仿真的基本概念和分类、通信系统仿真的基本原理以及本书拟采用的仿真工具，旨在使读者对通信系统仿真有一个初步的了解和认识。

1.1 仿真的基本概念

1.1.1 通信仿真

仿真是指建立研究对象的模型，并且在此模型的基础上对真实系统的某些模块、某些方面或某些指标进行实验和研究，从而分析问题并解决问题的多学科综合性技术。1961 年，G. W. Morgenthater 将仿真定义为：仿真是指在实际尚不存在的情况下对系统或活动本质的实现。在计算机仿真出现之前，人们认识客观世界的方法主要有理论分析和实验分析两大类，然而随着系统复杂度的提升，理论分析可能无法得到确定的结论，实验分析可能因为实验条件受限，不能够灵活处理，此时借助先进的仿真技术进行问题分析和探索成为重要的研究手段。

通信技术是当前发展最为迅速、技术更迭最为频繁的学科领域。以蜂窝移动通信系统的发展为例进行介绍。1978 年，美国贝尔实验室首次成功开发了高级移动电话系统（Advanced Mobile Phone System，AMPS），标志着第一代移动通信系统的开始。1992 年，第一个数字蜂窝移动通信系统——全球移动通信系统（Global System for Mobile communication，GSM）在欧洲开始商用。2000 年，国际电信联盟（ITU）确定 W-CDMA、CDMA2000 和 TD-SCDMA 为第三代移动通信（3G）的三大主流无线接口标准，写入 3G 技术指导性文件。2012 年，国际电信联盟在无线电通信全体会议上，正式审议通过将 LTE-Advanced 和 Wireless MAN-Advanced（802.16m）技术规范确立为 IMT-Advanced（称为"4G"）国际标准。2015 年，ITU-R 在世界无线电通信大会 WRC-15 上确定 5G 蓝图，计划在 2018 年前后正式确立 5G 移动通信国际标准和核心技术。蜂窝移动通信技术大概以每 10 年一代的速度迅速更新，所能支持的业务从窄带语音、低速数据、多媒体、宽带无线接入业务到 5G 中所需支撑的 eMBB（增强型移动宽带）、mMTC（海量机器类通信）、uRLLC（超可靠、低时延通信）的三大应用场景，通信复杂度不断增加，分析和设计所需的时间和代价也相应提升，不断增长的业务需求需要新技术快速研发，并立即应用到通信系统中发挥作用。借助计算机的通信系统仿真成为最高效的方法之一，在现代通信系统的设计和制造中起到非常重要的作用。

通信系统的计算机仿真就是利用计算机对实际通信系统的物理模型或数学模型进行的实验研究，既可以用来评估系统的性能，也可以帮助人们加深对特定通信技术的理解。在搭建好的通信系统仿真系统中，人们很容易就可以改变调制器的类型、滤波器的带宽或无线信道传输场景等参数，借助仿真工具画出时域波形、信号频谱、眼图、星座图、误码率曲线等直观图形，显示出参数变化对系统的影响。例如，为了研究某个调制方式在多径衰落信道中的性能，可以建立相应的信道模型，通过 Monte Carlo 方法对系统的误码率和误符号率进行科学地评估。

通信仿真技术是融合了不同领域知识的综合性技术，主要包括通信原理、信号与系统、数字信号处理、概率论和随机过程等领域知识。通信原理是本书中所有通信系统或模块仿真的基础，也是开展仿真的关键。信号和系统提供了分析确定性系统输入与输出关系的方法和模型，对于一个线性系统通常可以用时域上的冲激响应和频域上的传递函数进行分析。基于计算机的通信仿真系统是采用数字信号处理的离散系统，数字信号处理提供了实现仿真的方法。由于计算机只能处理信号波形样点的离散数值，因此仿真模型中的每一个功能模块都可以看成一个数字信号处理运算，而由于计算机存在有限字长效应，采样和量化误差可能影响到所建立的仿真精度。概率论和随机过程源于通信过程的物理本质。例如，在数字通信系统中，人们常常采用 0 和 1 等概率分布的二进制序列作为信源，通信系统性能指标通常利用误码率或误符号率等概率量作为评价系统性能的基本指标。在随机性仿真中，仿真结果也可能是随机变量，此时该随机变量的方差往往是仿真有效性和准确性的一个度量。通信系统工作过程中处理的信号和噪声常常可以表征为随机过程。热噪声由电阻性元件中的电子因为热扰动而产生，可以建模为具有白色谱的高斯随机过程；在各向同性散射的动态环境下，经历丰富散射的无线信道常常被建模成具有 Jakes 谱的复高斯随机过程。在仿真过程中，通常认为系统要处理的噪声和信号波形是满足内在随机过程统计特性的样本函数，利用时域自相关函数或频域功率谱密度函数开发算法，产生具有合适统计特性的样本函数，这些都需要利用随机过程理论。

1.1.2　通信仿真的分类

1. 确定性仿真与随机性仿真

通信仿真可以分为确定性仿真和随机性仿真两种。确定性仿真是输入确定性信号，通过固定的处理，每次运行仿真都会得到相同结果的仿真。如果用传统的解析方法来求解确定性仿真的相同问题，也会得到同样结果。例如，我们可以借助仿真工具生成在基带传输中常用的平方根升余弦滤波器时域冲激响应和频谱特性，而实际上平方根升余弦滤波器的冲激响应是有闭合表达式的函数，完全可以利用解析的方法直接计算得到，而且计算所得的结果和仿真所得的结果是相同的。借助确定性仿真开展研究的优势主要是避免在进行冗长计算时可能出现的计算错误，也可以节约时间。

随机性仿真认为仿真系统的输入为随机过程的样本函数，系统模型中的某些参数可能为具有某种概率密度函数的随机变量，随机性仿真的输出结果不是确定性波形或数值，而是具有随机性的仿真结果。最典型的例子是数字通信系统的误码率仿真。假设我们的任务是计算某二进制双极性基带系统接收机输出端误符号率，基带系统抽样判决模块的电平取值为 $\pm A$，判决电路输入噪声为零均值方差为 σ_n^2 的高斯噪声，由通信原理可知，系统的误符号率可以表示为

$$P_\text{e} = \frac{1}{2}\text{erfc}\left(\frac{A}{\sqrt{2}\sigma_n}\right) \tag{1-1}$$

按照基带传输系统框图构建仿真模型，通过输入长度为 N 的 $\{\pm 1\}$ 等概率出现的二进制符号，可以在接收端统计出判决错误的符号数 N_e，根据一次仿真结果就可以得到系统误符号率的一个估计 $\frac{N_\text{e}}{N}$。如果重复执行让 N 个随机发生符号通过叠加高斯噪声信道的仿真，当进行的仿真次数足够多时，各次仿真得到的误码率估计结果的统计平均就可以逼近利用概率推理得到的解析结果。与确定性仿真每次执行会获得相同的结果不同，随机性仿真给出的是随机变量，而且这些随机变量的统计特性对确定仿真结果的质量非常重要。

2. 物理仿真、数学模型仿真和半实物仿真

仿真是一种基于模型的活动，按照仿真所依据的系统模型的不同，可以分为物理仿真、数学模型仿真和半实物仿真。物理仿真是指依据仿真对象的实际物理特性构造系统物理模型，并在模型上进行实验的过程。物理仿真基于的物理模型通常利用几何相似或物理类比方法建立，可以描述系统的内部特性，也可以复现或尽量还原试验所必需的环境条件。例如，在空气动力学研究中，为了测定飞机各种气动系数可以利用风洞试验，将按比例缩小的飞机模型悬挂在具有亚音速或超音速气流的风洞内开展仿真，这里按比例缩小的飞机模型和风洞就是物理模型。

数学模型仿真是通过建立数学模型并在计算机上实现研究的过程。数学模型仿真首先需要对实际系统进行抽象，将研究对象的特性用数学关系加以描述获得数学模型，进而完成数学模型在计算机上的合理表征，利用计算机的数字运算过程对输入计算机的模型进行计算，最后记录系统中各状态量的变化情况，完成仿真结果分析。与物理仿真相比，数学模型仿真的主要优点是通用性强，可以在实时或非实时的条件下仿真。物理仿真通常需要实时仿真，在针对特定研究对象建立模型之后参数修改困难，投资较大，效率相对较低。根据系统状态变量随时间变化的特性，数学模型仿真又可以分为连续系统仿真和离散事件系统仿真。

半实物仿真又称硬件在回路（Hardware-in-the-loop）仿真，是一种将物理模型与在计算机上实现的数学模型联接在一起进行试验的技术。半实物仿真可以很大程度上结合物理仿真和数学模型仿真的优势。当研究对象的特性难以建立数学模型时，可以用实际的物理实物加入仿真回路，根据实际时间传输和处理数据。相比单纯的数学仿真，半实物仿真具备实时性，

可以更加精确地描述实际对象；相较于单纯的物理仿真，半实物仿真又具备数学模型的高效分析能力，能提升效率节约成本。但是，半实物仿真系统在构建过程中需要建立合适的接口处理实物硬件和计算机的连接关系，对实时性和可靠性要求更高。

1.2 通信仿真原理

1.2.1 通信系统的模型

传递信息所需的一切设备的总和称为通信系统。从广义上说，通信系统可以指一套完整的完成信息传递的网络，如与人们生活紧密相连的蜂窝移动通信网络、有线电话通信网络、卫星通信网络等。通信网络通常包含通信节点、连接节点的通信链路或传输系统、通信协议等。通信网络包含多个通信链路，在通信链路中关注点对点的传输，考虑和处理承载信息的符号或波形在物理信道中传输、接收的过程，其主要元素包括编码器、调制器、放大器、解调器、译码器等执行信号处理的模块。通信网络、通信链路以及支撑通信链路的信号处理算法、模拟或数字电路、射频前端构成了通信系统的多层次概念，在本书的通信原理解析和仿真中主要考虑点对点的通信链路仿真，其中所指的通信系统也主要指完成点对点信息传输的通信系统，后文简称为通信系统。

如图 1-1 所示，一个基本的通信系统由信源、发送设备、传输媒介（信道）、接收设备和信宿等五个部分构成。

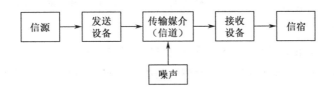

图 1-1 通信系统的一般模型

通信系统中的信源是指产生或发出消息的人或机器，它是信息的发送者。信宿是指接收消息的人或机器，是信息的接收者。信息通过信号承载。根据输出信号的性质不同，信源可以分为模拟信源和数字信源。发送设备的作用是产生适合于在信道中传输的信号，使发送信号的特性与传输媒介相匹配，将信源产生的信号变换为便于传输的形式。变换的方式是多种多样的，如信号的放大、滤波、编码、调制、混频等，发送设备还包括为达到某些特殊的要求而进行的各种处理，如多路复用、保密处理、纠错编码等。信道是指传输信号的通道，是从发送设备到接收设备之间信号传递所经过的媒介，可以是有线通信，如明线、双绞线、同轴电缆或光纤，也可以是无线信道。信道既给信号提供传输通路，也会对信号带来各种干扰和噪声，信道的固有特性和干扰直接关系到通信质量。接收设备的基本功能是完成发送过程的反变换，即将信号放大并进行滤波、解调、检测、译码等，其目的是从带有噪声和干扰的信号中正确恢复出发送端发送的原始信息。对于多路复用信号，还包括多路解复用处理，实现正确分路功能；此外，在接收设备中，还需要尽可能减小在传输过程中噪声与干扰所带来的影响。

如果一个通信系统传输和处理的信号都是模拟信号，则该通信系统称为模拟通信系统。模拟通信系统利用模拟信号来传递信息，典型的模拟通信系统有中波/短波无线电广播、模拟电视广播、调频立体声广播、模拟移动通信系统等。模拟通信系统的组成如图 1-2 所示。

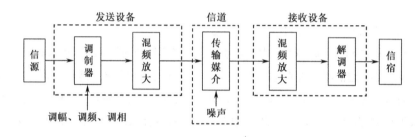

图 1-2　模拟通信系统的组成

在模拟通信系统中，信源输出的信号是通过传感器、摄像头、话筒等信源产生设备获得的模拟电信号。调制器是模拟通信系统的核心组成部分，通常是利用调制信号来控制载波的振幅、相位或频率，生成已调信号以利于信号的传输。在多数模拟调制无线通信系统中，调制一般是在中频进行的，调制之后产生的已调信号还需要经过上变频，将信号搬移到射频后经过天线发射出去。接收端将从信道中接收到的信号进行下变频，经过中频放大之后，送入解调器完成信号的解调。

数字通信系统是指将数字信号从信源传送到信宿的通信系统，其组成如图 1-3 所示。数字通信系统包括信源编/译码、信息加密/解密、信道编/译码、调制解调、信道和同步等模块，下面分别进行介绍。

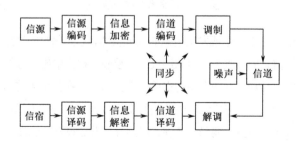

图 1-3　数字通信系统模型

　　信源编码主要完成模拟信号的数字化。如果信源产生的信号是模拟信号，首先需要对模拟信号进行数字化，然后才能在数字通信系统中传输。模拟信号的数字化包括抽样、量化和编码三个过程，本书中将讨论的语音信号的脉冲编码调制（Pulse Code Modulation，PCM）就是一个典型的模拟信号数字化实例。信源编码的另外一个功能是通过压缩编码来提高信息传输效率。

　　信道编码的目的是增强信息传输的可靠性。由于信号在信道传输时受到噪声和干扰的影响，接收端恢复数字信息时可能会出现差错，为了减小接收信息的差错概率，信道编码器对传输的信息按照一定的规则进行差错控制编码，接收端的信道译码器按照相应的逆规则进行信道译码，从而实现纠错。在计算机系统中广泛使用的奇偶校验码就是一种简单的差错控制编码方式，它具有 1 比特的检错能力。

　　为了保证信息传输的安全性，按照一定的规则将要传输的信号加上密码，即加密。接收端（通常是授权或指定的接收机）对接收到的数字序列解密，恢复明文信息。在需要保证信息传输的私密性场合通常需要有加密和解密模块，且在军事通信中被广泛采用。

　　基本的数字调制方式有振幅键控（Amplitude Shift Keying，ASK）、频移键控（Frequency Shift Keying，FSK）和相移键控（Phase Shift Keying，PSK）。在接收端可以采用相干解调或非相干解调的方法进行信号的解调，此外，还有在三种基本调制方式的基础上发展起来的其他数字调制方式，如正交幅度调制（Quadrature Amplitude Modulation，QAM）、最小频移键控（Minimum Shift Keying，MSK）等。

　　同步是指发送端和接收端的信号在时间、频率和相位上保持步调一致，它是数字通信系统有序、准确和可靠工作的前提条件。按照同步的不同作用，同步可以分为载波同步、位同步、帧同步和网同步。同步分散在系统的各个部分，例如，位同步主要在调制和基带处理部分，而帧同步通常是在调制解调之后。

1.2.2　通信仿真的基本过程

　　通信仿真通常包含以下几个基本步骤：

　　（1）将给定问题映射为仿真模型；

　　（2）把整个问题分解为几组小一些的子问题；

　　（3）选择一套合适的建模、仿真和估计方法，并将其用于解决这些子问题；

　　（4）综合各子问题的解决结果以提供对整个问题的解决方案。

　　通信系统仿真开发的第一步就是建立所关心的系统的仿真模型。仿真模型是指通过观察、研究仿真对象而制成的物理模型或适于计算处理的数学模型。仿真模型的建立应该符合仿真所研究的问题和拟达到的目的。在很多计算机仿真中，仿真模型源于建模对象的解析模型，该解析模型能够清晰地描述物理组件或元器件的输入和输出关系，充分地说明描述对象的特征和工作特性，仿真模型则用计算机可执行的数值方法完成解析模型的求解，得到输出结果。

有时，为了提升仿真模型的精度还需要借助物理测量。在蜂窝移动无线通信系统的更新换代过程中，为了建立准确的信道模型开展了多次信道测量工作，用于提取信道特征量，精准地刻画所用频段信道的物理特征。最为典型的例子是全球移动通信系统（Global System for Mobile Communication system, GSM）依托欧洲研究机构发起的 COST（Cooperation in Science and Technology）207 信道建模工作，基于在英国、法国、瑞典等欧洲国家的信道测量，建立了 COST 207 典型城区、恶劣城区、郊区、山区等场景下的信道模型，可供 GSM 系统仿真时表征信道。

在从物理组件特征到仿真模型的映射过程中，如果实际的物理特性太过复杂，往往需要借助假设和近似完成模型建立。例如，在波形仿真中，空中接口实际传输的信号都是时间连续的模拟信号，但在计算机仿真中，只能用有限精度的离散值对实际信道传输信号进行表征，这就必须通过采样和量化完成近似。同样地，通信系统中包含的实际物理信道、射频通道各个模块对信号的影响也是很复杂的物理过程，在建立仿真模型时也常常需要进行假设和近似。

仿真模型的好坏决定了仿真运行的时间、复杂度和精度。一般来说，精度和复杂度之间往往相互对立矛盾，模型描述越详细，仿真所需的时间、所消耗的计算资源越多。反之，模型描述越抽象、简化，仿真效率提升，但精度可能会下降。因此，在建立仿真模型时，应该从仿真所需研究的问题出发，在考虑计算机系统能够承受的复杂度和存储代价的基础上，从获取仿真精度和效率折中的角度合理地选择仿真模型。

通信系统仿真设计的过程可以采用一种自顶向下的分层设计方法，这种方法可以有效地控制仿真复杂度。在分层设计方法中，首先设计最高层的总体系统模型，然后将整个系统按照功能或处理顺序划分为多个子系统，每个子系统进一步细分为模块，模块还可以继续细分到电路和元器件级。仿真考虑的层次越细，复杂度显然更高，因此一般在通信系统仿真中，在满足仿真目的的条件下总是会选择在最高抽象层对系统进行仿真，因为最高抽象层的仿真系统效率更高，参数更少，更加容易验证。

为说明通信系统仿真的不同层级，我们以基于 PCM 编码和 BPSK 调制的语音数字通信系统为例，考虑该系统的误码性能评估，通信系统的仿真框图如图 1-4 所示。

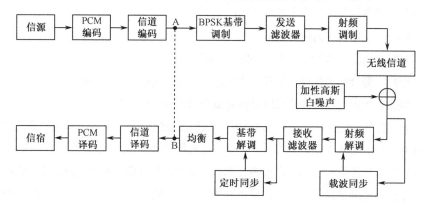

图 1-4　通信系统的仿真框图

如图 1-4 所示的系统级模型中包括信源、PCM 编码/译码器、调制器、解调器、载波同步和信道等功能模块，这些功能模块组合成了点对点通信链路仿真的最高层模型。注意到在系统模型的 A 点，模拟信源经过 PCM 编码的 A/D 转换、信道编码后输出随机二进制比特序列，在 A 点之后系统中的信号将以波形模式进行传递和处理，一直到系统模型的 B 点，信号经过基带、频带传输之后，重新恢复成二进制比特。从 B 点生成的二进制比特经过信道译码、PCM 译码到达信宿。系统模型中从 A 点到 B 点部分的仿真通常被称为波形仿真（waveform simulation），如果将 A 点之前的模块抽象成二进制随机信源，将 B 点之后的部分抽象成二进制信宿，波形仿真可以单独从总的系统中抽离出来，构成一个波形仿真系统，这种仿真可以用来衡量非编码系统的误码性能，研究各种调制、均衡和滤波方案对系统性能的影响。同理，如果仿真的目的是研究信源编码和信道编码的性能，我们可以将 A 点和 B 点连起来，将波形仿真部分抽象成对编码符号引入突发错误或噪声干扰的等效离散模型进行仿真。

将上层系统进一步分解，每个功能模块可视为子系统，子系统的具体功能及实现方式可以被细化描述或扩展。例如，当采用平方环完成载波同步时，载波同步子系统可分解为一个带通滤波器、一个平方非线性器和一个工作于二倍频的锁相环（Phase Locked Loop，PLL），如图 1-5 所示。

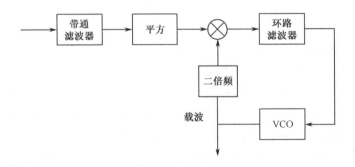

图 1-5　平方环载波恢复原理框图

实际上，每一个子系统都包含实现其物理特征和输入输出关系的元件型模块。如果继续细化，图 1-5 中的带通滤波器元件可以通过模拟滤波器或数字滤波器的方式实现。如果采用模拟滤波器，可以继续细化到电路级模型。如果采用数字滤波器实现，这种分解可以细化到比特级的加法器、乘法器和累加器，再低一层将涉及晶体管和门。考虑通信系统波形级仿真的效率和目的，一般不需要将仿真模型分解到电路级程度，只需要对系统模块仿真模型进行适度的抽象即可。

在通信仿真中，随机过程的建模和仿真至关重要。承载信息的波形、噪声、信道响应、干扰等信号其本质上都是随机的，都可以建模为随机过程。例如，用于驱动仿真的随机过程的采样值常常通过随机数发生器产生，通过算法设计可以使得生成的序列具有特定的分布和相关函数。在本书讨论的通信波形仿真中都假设所仿真的随机过程具有平稳性，这种平稳假设在很多通信问题中是符合实际情况的。为了进一步简化平稳随机过程的产生和仿真，人们常常借助中心极限定理和高斯随机过程的特性。中心极限定理表明，大量相互独立的随机变量的和会趋向一个高斯过程。因此，接收端接收到的由大量噪声源引起的噪声可以近似为一个高斯过程；在密集反射条件下，由于大量散射、反射多径分量叠加构成瑞利信道系数也可以近似为复高斯过程。高斯随机过程的优势在于只需要二阶统计信息，即均值和自相关函数就能完全定义。在包含多个线性处理模块的系统中，如果输入是一个高斯随机过程 $X(t)$，那么 $X(t)$ 经过 n 个线性处理模块输出的过程 $Y(t)$ 也是高斯过程，其参数可通过严格解析推导获得，并且可以直接将 n 个线性处理模块的输出作为后续处理的输入。

■ 1.2.3　Monte Carlo 仿真原理

Monte Carlo 方法是一种基于随机试验和统计计算的数值方法，也称为计算机随机模拟法。Monte Carlo 方法是乌拉姆和冯·诺伊曼于 20 世纪 40 年代在美国参与研制原子弹的"曼哈顿计划"时首先提出的。冯·诺伊曼用世界三大赌城之一的摩纳哥 Monte Carlo 来命名这种方法。实际上，Monte Carlo 方法的基本思想在很早以前就已经被人们认识和利用。1777 年，法国数学家布丰（Georges Louis Leclere de Buffon，1707—1788 年）提出用投针实验的方法求圆周率 π，被认为是 Monte Carlo 方法的起源。

Monte Carlo 方法的数学基础是概率论中的大数定律，即当大量重复某一实验时，最后某事件发生的频率无限接近该事件的概率。当所求解的问题本身就是某种随机事件的概率，或者是某个随机变量的期望时，通过这种多次试验的方法，得到该事件发生的频率来估计该事件的概率，就可以获得问题的解。例如，投掷硬币实验可能有正面、反面两个结果，在任何一次投掷开始之前，人们无法预测当前投掷的结果是正面还是反面，但是在完全随机的"公平"投掷的条件下实施大量试验，所获得的正面或反面的概率会趋于一致。

使用 Monte Carlo 方法时，首先确定随机试验和感兴趣的事件，然后开始随机试验和统计。假设关注的随机事件为 A，执行 N 次试验，记录得到 A 发生的次数为 N_A，则事件 A 发生的频率为 N_A / N，事件 A 发生的概率 P_A 可以通过重复无限多次随机试验来求得

$$P_A = \lim_{N \to \infty} \frac{N_A}{N} \tag{1-2}$$

在通信系统仿真中，最为常见的研究对象就是系统的误码率或误比特率。由于信道衰落、噪声以及系统同步、射频前端处理模块本身具有的随机性和复杂性，很难用解析的方法得到通信系统误码性能的解析解，此时可以采用 Monte Carlo 方法进行误码率或误比特率的估计。以如图 1-6 所示的数字通信系统波形仿真为例，假设信源输出的符号是相互独立和等概率发送的二进制序列 $d_n \in \{0,1\}$，发射机将其映射为双极性序列 $x_n \in \{+1, -1\}$ 发射，信号经过加性

高斯白噪声信道传输，在接收端根据叠加了噪声 w_n 的接收信号 $y_n = x_n + w_n$ 做出判决，设判决门限为 0，大于 0 的 y_n 判决为 0。反之判为 1，获得输出二进制比特 $\hat{d}_n \in \{0,1\}$。为了简单起见，在系统中不考虑波形成形和滤波，因此框图中的时延为零。

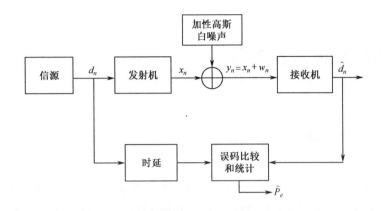

图 1-6　数字通信系统波形仿真

在传输性能统计的问题中，我们关心的实际上是事件：发送 1 时判决为 0 或发送为 0 时判决为 1 的概率，为了获得该事件的估计，可以运行足够多的仿真次数或足够多的比特数 N_b，通过将发送比特和接收比特进行误码比较和统计得到发送与接收相异的错误比特数量 N_e，除以总的比特数，从而得出误码率的估计。

Monte Carlo 方法估计必须满足几个重要的性质才能保证应用时的准确性。

1）无偏性

我们希望 Monte Carlo 方法估计所得的结果是无偏的，即若 $\hat{\beta}$ 是参数 β 的估计，则无偏估计满足

$$E\{\hat{\beta}\} = \beta \tag{1-3}$$

即希望估计的结果在平均意义上是正确的。

2）一致性

一致性是从估计的方差的角度进行讨论的，估计方差可以表示为

$$E\left\{\left|\beta - \hat{\beta}\right|^2\right\} = \sigma_\beta^2 \tag{1-4}$$

假设进行了多次 Monte Carlo 仿真，得到了关注随机变量的一组估计值，则希望这些估计值具有较小的方差。对于一致估计器，当随机实验重复次数 $N \to \infty$ 时，$\sigma_\beta^2 \to 0$。

如果 Monte Carlo 方法估计同时满足无偏性和一致性,则估计误差 $e = \beta - \hat{\beta}$ 具有零均值,而且其方差随着随机试验次数的增加收敛到零,直观上观察到的现象是:估计器所获得的估计值会聚集在待估计参数真实值的周围,并且具有较小的分散程度。

1.3 通信系统仿真工具

1.3.1 MATLAB

MATLAB 是两个词的组合,即 matrix 和 laboratory 的组合,意为矩阵实验室,它是由美国 MathWorks 公司发布的主要针对科学计算、可视化以及交互式程序设计的高级技术计算语言和交互式环境,主要包括 MATLAB 和 Simulink 两大部分。MATLAB 将数值分析、矩阵计算、科学数据分析、可视化以及非线性动态系统的建模和仿真等诸多强大功能集成在一个易于使用的视窗环境中,为科学研究、工程设计以及必须进行有效数值计算的众多科学领域提供了一种全面的解决方案,广泛应用于工程计算、控制设计、信号处理与通信、图像处理、信号检测、金融建模设计与分析等领域。

选择 MATLAB 作为通信仿真工具主要源于其具有如下几点优势。

1)语法规则简单,语言简单易学

MATLAB 语言是一种高级编程语言,它提供了多种数据类型、数学运算和控制语句,其指令表达式与数学、工程中常用的形式十分相似,例如,用 MATLAB 来计算问题要比用 C、FORTRAN 等语言完成相同的事情简捷得多,对使用者的编程基础和技巧的要求很低,可以让人们更加关注研究的通信问题本身。

2)丰富的函数库和强大的工具箱

MATLAB 拥有丰富的基本运算函数、数值计算函数、符号运算函数、概率统计函数、绘图与图形处理函数等,可以用来实现通信仿真中大部分所需要执行的数学运算。MATLAB 提供了 30 多个可以高效执行的工具箱,这些工具箱可分为功能型工具箱和领域型工具箱。功能型工具箱主要用来扩充 MATLAB 的符号计算功能、图形建模仿真功能、文字处理功能以及与硬件实时交互功能,能用于多种学科。领域型工具箱中包含的通信工具箱(Communications Toolbox)、信号处理工具箱(Signal Processing Toolbox)可以给通信仿真提供很多可以调用的函数和模块,可以提高搭建系统仿真的效率。

3)方便的集成开发环境和友好的调试方式

MATLAB 的集成开发环境包括程序编译器、工作区变量查看器、系统仿真器和帮助系统等。用户在集成开发环境中可以完成程序的编辑、运行和调试，运行的结果可以在命令行窗口显示。MATLAB 的帮助系统十分友好，在命令行窗口输入 help 可以获得帮助主体列表，如果想要查询某个函数的用法，如需要查询脉冲幅度调制函数 pammod 的用法，可以直接输入 help pammod，命令行窗口即会显示精炼的函数说明，并提供 help 文档中 pammod 的参考页链接，单击可以获得更加详细的解释。MATLAB 提供了多种调试方式，在代码内调试时只需要去掉语句后面的分号即可在命令行窗口输出该条语句实时运行结果，也可以通过设置断点、单步运行或是跳入函数内单步运行的方法调试。MATLAB 的代码是按行执行的，如果碰到错误行，则程序中断，命令行窗口会显示程序中出错的位置和系统预估的原因，从而提高调试效率。

4）强大的图形显示功能

MATLAB 具有强大的图形显示功能，利用句柄图形可以实现仿真中数据的二维、三维可视化和图像处理，也可以设计图形用户界面（Graphical User Interface，GUI）制作用户自定义菜单和控件。MATLAB 的图形窗口管理通过句柄管理来实现，图形窗口的句柄为 h，通过函数 gcf 可以获得前活跃窗口的句柄，利用 figure 和 close 命令可以方便地实现新建或关闭一个图形窗口，常用的绘图函数包括基本的二维绘图函数 plot 函数、常用于误码率/误比特率性能曲线绘制的 semilogy 半对数坐标函数、极坐标绘图函数 polar、双纵坐标绘图函数 plotyy 等。除此之外，MATLAB 中还包含丰富的图形标注、色彩显示控制、子图绘制功能函数，使得科学数据得到充分的图形化显示。

除了利用 MATLAB 语言编写 m 函数实现通信仿真以外，Simulink 也是强大的仿真工具，它采用模块化的框图界面，具有交互仿真能力，广泛应用于控制、数字信号处理和通信仿真中。在本书中为了更加深入地理解和讨论通信系统及其子模块的原理和信号处理细节，主要采用编写 m 函数的形式完成仿真。

1.3.2　MATLAB 的基本操作

1）数、矢量和矩阵运算

MATLAB 是一种高精度的数值计算引擎，它可以方便地处理整数、实数及复数。复数 $\sqrt{-1}$ 表示为 1j，一个实部为 1 虚部为 3 的数可以表示为 $1+1j*3$。在 MATLAB 中，pi 表示常数 π，inf 表示数学上的无穷大，如果在计算中出现了 0 / 0 等无意义的数则显示为 NaN。常用的加、减、乘法、除、幂次的基本数学运算符号分别表示为 "+" "−" "*" "/" 和 "^"，值得注意的是 "A/B" 表示 A*inv(B)，但是 "A\B" 表示 inv(A)*B。利用运算符可以方便地进行简单的数值计算。在命令行窗口的提示符（>>）后键入算式，回车即可计算出结果，结果存在默认变量 ans 中。

```
>> sin(2*pi*1000)+12*cos(pi*100)^2
ans =
        12
```

如果该算式只是一个中间计算结果，不需要在命令行窗口显示，则在算式后面加上分号即可。当前运算的所有变量取值可以在工作区 workspace 看到。

MATLAB 中默认的基本变量为矢量或矩阵。矢量可以是 $N \times 1$ 的列向量或是 $1 \times N$ 的行向量，定义行向量时各个元素之间可以用逗号或者空格分开，定义列向量时采用分号隔开。

```
>>x=[1, 2, 3, 4]
x =
        1        2        3        4
>>y=[4; 5; 6]
y =
        4
        5
        6
```

MATLAB 中定义了丰富的矩阵运算和处理功能，矩阵运算遵循线性代数的法则。对于维度为 $m \times n$ 的矩阵 A，可以记为

$$A_{m \times n} = \begin{bmatrix} a_{1,1} & \cdots & a_{1,n} \\ \vdots & \ddots & \vdots \\ a_{m,1} & \cdots & a_{m,n} \end{bmatrix}$$

当矩阵 A 和矩阵 B 满足相应的运算要求时，可以直接用" $A+B$ "" $A-B$ "" $A*B$ "" A/B "表示矩阵的加法、减法、乘法和矩阵右除。除此之外，还有如表 1-1 常用的矩阵操作。

表 1-1 常用的矩阵操作

序 号	表达式	功 能
1	$A(:,j)$	表示二维矩阵的第 j 列列向量
2	$A(i,:)$	表示二维矩阵的第 i 行行向量
3	$A(i,j)$	表示矩阵的第 i 行第 j 列元素
4	$A(i:p,j:q)$	表示矩阵第 i 行到第 p 行行向量与第 j 行到第 q 列列向量交集构成的子矩阵
5	$A(:)$	表示将二维的矩阵 A 每列向连，构成一个（$mn \times 1$）的列向量
6	A'	表示矩阵的共轭转置
7	kron(A,B)	表示张量积

在 MATLAB 中还定义了非常灵活的数组运算，数组运算通常执行逐元素运算，用句点字符（.）将数组运算与矩阵运算区别开来，在很多情况下数组运算可以同时支持数组和矩阵，常用的数组操作如表 1-2 所示。

表 1-2　常用的数组操作

序　号	表达式	功　能
1	$A.*B$	表示两个大小相同的数组或矩阵逐元素相乘
2	$A.\^{}B$	表示包含元素 $A(i,j)$ 的 $B(i,j)$ 次幂的矩阵
3	$A./B$	表示包含元素 $A(i,j)/B(i,j)$ 的矩阵
4	$A.\backslash B$	表示包含元素 $B(i,j)/A(i,j)$ 的矩阵
5	$A.'$	表示矩阵的数组转置，对于复矩阵不做共轭

在 MATLAB 中还定义了很多可以直接应用的特殊矩阵，例如 eye(N,M) 表示 $N×M$ 的单位阵，ones(N,M) 表示 $N×M$ 的全 1 矩阵，zeros(N,M) 表示 $N×M$ 的全 0 矩阵，toeplitz(c,r) 表示生成第一列为 c、第一行为 r 的 toeplitz 矩阵，在通信仿真中更为常用的是对称 toeplitz 矩阵 toeplitz(r)，如果 r 为实矢量，则 r 表示矩阵的第一行；如果 r 为复数矢量且第一个元素为实数，则 r 表示 toeplitz 矩阵的第一行，r' 定义了 toeplitz 矩阵的第一列。

```
>> eye(3)
ans =
     1     0     0
     0     1     0
     0     0     1
>> ones(1,3)
ans =
     1     1     1
>> zeros(2,2)
ans =
     0     0
     0     0
>>toeplitz([1 3+4j    5+6j])
ans =
     1              3 + 4i        5 + 6i
     3-4i           1             3 + 4i
     5-6i           3-4i          1
```

利用数组运算可以简洁高效地完成一些运算。例如，需要计算 0 到 1s 内每隔 0.02s 函数 $f(t) = \dfrac{\sin(200\pi t + \pi/4)}{\sin(4\pi t + \pi/3)}$ 的取值，可以用下面的语句简单地表示：

```
t=0:0.02:1;
f = sin(2*pi*t+pi/4)./sin(4*pi*t+pi/3);
```

2）编写 m 文件

在通信仿真中经常需要依次执行大量的 MATLAB 语句，这时可以通过写 m 函数完成。

m 函数表示一系列 MATLAB 代码组成的扩展名为.m 的文件，可以分为脚本（scripts）和函数（functions）文件。脚本文件是多条 MATLAB 命令的批处理综合体，运行时使用 MATLAB 的基本工作空间，可以在工作空间看到命令执行过程中各个变量的值，而且脚本文件中的变量都是全局变量。当需要进行多模块系统仿真时，通常需要分成不同的功能模块书写层次化的执行程序，此时通常采用函数的形式进行程序书写。函数文件是以函数声明行"function..."作为开始，通常包含输入变量、输出变量和函数名，函数型 m 文件的函数名称和文件名称必须一致。与脚本型 m 文件不同，函数型 m 文件中的变量是局部变量，除非使用特别声明，函数运行完毕之后，函数型 m 文件定义的变量将从工作区间中清除，只返回输出变量的值。

在通信系统仿真中，通常定义一个主函数 main 执行系统最高层次的仿真流程，各个模块功能则通过子函数的形式依次实现。假设需要对叠加了高斯噪声的混合余弦信号 $s(t) = 2\cos(2\pi \cdot 100t) + 3\sin(2\pi \cdot 200t)$ 进行功率谱估计，高斯噪声均值为 0，方差为 1。在仿真计算中，首先定义 main 函数执行主要流程，包括声明系统参数、生成待分析的混合余弦信号、叠加高斯噪声以及调用功率谱分析模块函数，返回运行结果；然后定义子函数执行基于离散傅里叶变换的谱估计，供 main 函数执行时调用。需要注意的是，在 MATLAB 中所有变量命名是区分大小写的，不要将 clear 写成 Clear，也不要将 function 写成 Function。

```matlab
% Main function for Power Spectrum Analysis
clear all                % 清空工作空间
close all                % 关闭所有图形
Fs = 1000;
TimePeriod = 2;
t = 0:1/Fs:TimePeriod;
F = 0:1/TimePeriod:Fs;
x = cos(2*pi*100*t)+3*sin(2*pi*200*t);
w = randn(1,length(x));
y = x+w;
Py = PSDAnalysis(y,Fs);


function Px = PSDAnalysis(x,fs)
%   基于离散傅里叶变换的功率谱分析函数
%   输入变量：x
%   输出变量：Px
T = 1/fs;
Px = abs(T*fft(x)).^2;
end
```

3）绘图

对于通信信号分析和处理而言，数据的图形化绘制是 MATLAB 最为突出的优势之一，可以非常方便地画出二维图形和三维图形。最基本的二维绘图命令是 plot(t,x)，表示绘制以 t

为自变量，以 x 为因变量的二维图形，要求 t 和 x 具有相同的维度，运行之后将所有（$t(i)$，$x(i)$）的点相连得到图形，其中 i 表示 x 和 t 的序号。plot 函数还可以用 plot(t1,x1,LineSpec,t2,x2,LineSpec,…,tn,xn,LineSpec,)画出 n 条由(t1,x1),(t2,x2),…, (tn,xn)构成的曲线，LineSpec 表示选项字符串，用于设置当前曲线的颜色、线型、粗细等，常用的绘图命令如表 1-3 所示。

表 1-3　常用的绘图命令

符号	含义	符号	含义
'-'	实线	r	红色（red）线条
'_'	虚线	g	绿色（green）线条
'x'	用 x 标记数据点	b	蓝色（blue）线条
'+'	用+标记数据点	m	紫红色（magenta）线条
'o'	用 o 标记数据点	c	青色（cyan）线条
's'	用正方形标记数据点	k	黑色（black）线条
'>'	用右三角形标记数据点	w	白色（white）线条
'<'	用左三角形标记数据点	y	黄色（yellow）线条
LineWidth	设置线条粗细	MarkerSize	标记点的大小

当绘制离散数据点时，常用的二维绘图命令有 stem(t,x)，stem 函数是将数值画成杆线图，杆线图中的每条线为连接[$t(i)$,$x(i)$]到横轴上[$t(i)$,0]的直线，顶部有一个标记点，默认状态下是空心圆，采用 stem(t,x,'b', 'filled')可以将杆线图设为蓝色，顶部为实心标记点。初步完成绘图之后，可以通过图形标注进行进一步说明。常用的图形说明命令如表 1-4 所示。

表 1-4　常用的图形说明命令

序号	符号	用法
1	text(x,y,str);	在坐标(x,y)处添加文字描述 str
2	title('图形名称');	在图形上方添加图形名字
3	xlabel('x 轴变量名称');	给 x 轴添加变量说明
4	ylabel('y 轴变量名称');	给 y 轴添加变量说明
5	legend('图例 1','图例 2', …);	给图形中出现的各个变量添加图例说明
6	axis([xmin xmax ymin ymax]);	设置 x 轴最小值和最大值 xmin 和 xmax，y 轴的最小值和最大值 ymin 和 ymax
7	grid on/off;	在图形中画上或去掉网格线，方便读数

下面以正弦信号波形绘制为例，说明绘图方法。

```
clear all;
close all;
t = 0:0.1:2;
x = sin(2*pi*t);
y = sin(pi*t+pi/4);
```

```
figure
plot(t,x, '--r*','LineWidth',2,'MarkerSize',10);
hold on;
plot(t,y, '-k','LineWidth',2);
text(1,sin(pi+pi/4),'\leftarrow sin(\pi*t+\pi/4)');
grid on
legend('f=1 Hz','f=0.5 Hz');
title('不同频率的正弦信号波形')
xlabel('t');
ylabel('sinusoid function');
```

运行上述程序，得到不同频率的正弦信号波形，如图 1-7 所示。

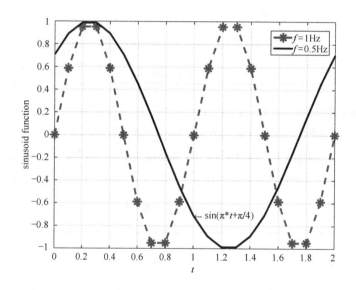

图 1-7　不同频率的正弦信号波形

1.3.3　Simulink

Simulink 是 MATLAB 中提供的可用于动态系统建模、仿真和综合分析的集成环境。该工具中包含了大量可用于自动控制、数字信号处理、通信信号处理的基本模块，可以让用户基于这些基本模块搭建各自的系统，因此其优势在于功能模块连接清晰、运行和处理过程贴近实际、系统搭建灵活高效等。

Simulink 仿真环境包含模块库和仿真平台。启动 Simulink 有两种方法：第一种启动的方法是单击 MATLAB 主界面上的 █ Simulink 按键，即可弹出 Simulink Start Page 界面，选择"Blank Model"选项可以新建一个空白的仿真界面。第二种启动的方法是在命令窗口中输入

Simulink，回车也可以弹出 Simulink Start Page 界面。单击仿真界面上的 ▦ "Library Browser"可以打开 Simulink 中的模块库。Simulink 模块库中有很多现成的基本处理模块可以供用户直接调用。在通信仿真中较为常用的模块库有以下几种。

（1）Sources（信号源）：其中包含了常用的 25 种信号源，包括带限白噪声（Band-Limited White Noise）、Chirp 信号（Chirp Signal）、随机数信源（Random Number）、均匀随机数（Uniform Random Number）。以随机数信源模块为例，将该模块拖曳到仿真窗口，双击信号源可以打开该模块的模块参数设置窗口，参数设置窗口上简单说明了该模块的功能是生成正态分布的随机数，用户可以根据需要设置正态分布的均值、方差、随机数种子和采样时间。如果保持随机数种子不变，该模块可以产生重复的高斯分布随机数。

（2）Communications System Toolbox（通信系统工具箱）：该工具箱中包含 15 个大类的通信系统模块库，包括信道（Channel）、常用滤波器（Comm Filters）、常用接收（Comm Sinks）、常用源（Comm Sources）、均衡器（Equalizers）、错误检测和纠正（Error Detection and Correction）、交织（Interleaving）、多输入多输出（MIMO）、调制（Modulation）、射频畸变校正（RF Impairments Correction）、射频误差（RF impairments）、序列操作（Sequence Operations）、信源编码（Source Coding）、同步（Synchronization）、转换模块（Utility Blocks）。以基带通信系统仿真常用的滤波器设置为例，双击常用滤波器库可以看到其中包含了通信系统仿真常用的 6 种滤波器，其中包含升余弦发射滤波器（Raised Cosine Transmit Filter）等。同样，我们可以将该模块拖曳到仿真窗口，双击该模块设置参数，可以设置的参数包括滤波器形状，可以选择一般的（Normal）类型或者均方根类型（Square root）类型、滚降因子（Rolloff factor）、滤波器持续的符号长度（Filter span in symbols）、每个符号输出的采样点（Output samples per symbol）、线性幅度滤波器增益（Linear amplitude filter gain）等。

（3）用户自定义函数（User-Defined Function）：对于通信系统中无法采用编辑现有模块实现功能的情况，可以通过该模块库中的模块进行自定义。利用该模块可以以 m 函数、s 函数等形式加入自定义模块。

在 Simulink 仿真窗口中，通过连接模块就可以构成系统开始仿真。仿真之前需要设置基本的仿真参数，选择仿真窗口中 Simulation 菜单下的 Configuration Parameters 可以打开仿真设置界面，在该界面中可以设置求解器（Solver）、数据输入/输出（Data Import/Export）等。在求解器设置界面上，可以限定仿真的开始时间（Start time）和结束时间（Stop time），选择求解器类型（Solver Options）。求解器是 Simulink 动态系统仿真的核心。求解器有自动类型（Automatic solver selection）、离散求解器（discrete no-continuous state）、ode45（Dormand-Prince）、ode23（Bogacki-Shampine）、ode113（Adams）等。一般我们可以把物理时间的系统分为离散系统、连续系统和混合系统。离散系统输入输出仅在离散的时刻取值，系统状态每隔固定的时间才会更新，其行为一般可以由求解差分方程完成，因此对于离散系统我们可以选择离散类型求解器求解差分方程完成仿真。与离散系统不同，连续系统具有连续的输入和输出，而且系统中一般存在着连续状态设置，如系统中某些信号的微分或积分。因此，连续系统一般由微分方程等方式进行描述。此时我们可以选择一些求解常微分方程的求解器，例如，ode45 表示基于 4、5 阶龙格库塔方程求解常微分方程、ode23 表示基于 2、3 阶龙格库塔方程求解常微分方程、ode113 表示采用多种算法求解微分方程。当我们在设置求解器进行仿真时，还可以选择定步长求解或是固定步长求解。如果我们采用变步长连续求解器，仿真步长计算受到绝对误差和相对误差的共同控制，系统会自动选用对求解影响较小的补偿进行计算控制，只有在误差满足相应误差范围时才可以进行下一步的仿真。对于既有离散状态又有连续状态的情况可以采用自动类型求解器或连续变步长求解器，连续变步长求解器首先会尝试使用最大步长进行求解，如果在这个仿真区间内有离散状态的更新，就会统一到与离散状态更新相吻合的步长求解。

通过数据输入输出设置可以在 Simulink 和工作空间之间建立联系。通过 Load From workspace 可以从工作空间装载数据，通过 Save to workspace or file，可以把 Simulink 中仿真得到的数据保存到工作空间或文件。

习题

1-1　请简述通信仿真的概念和用途。

1-2　通信仿真包含哪些类别？这些类别是如何区分的？

1-3　通信仿真的基本过程分成哪些步骤？

1-4　Monte Carlo 方法的原理是什么？Monte Carlo 估计器保证正确性的重要性质有哪些？

1-5　试利用 MATLAB 三维画图法画出如下函数的曲线：

$$\begin{cases} x = t \\ y = \sin t \\ z = \cos t \end{cases}$$

扩展阅读

红军通信事业"开山鼻祖"

王诤，原名吴人鉴，1909 年出生在江苏武进一个普通农家。十七岁那年，他以优异的成绩毕业于苏州工业专科学校，随后考入黄埔军校第六期通讯学科，毕业即参加北伐军第二军第四师，担任师部电台台长兼报务主任，而后进入国民党第十八师，负责无线电台。1930

年参加革命，1934 年加入中国共产党。1955 年被授予中国人民解放军中将军衔。曾任中国人民解放军副总参谋长兼总参谋部第四部部长等职。1978 年 8 月 13 日病逝于北京，邓小平、叶剑英等参加了追悼会。王诤同志是中国人民解放军的高级将领，是我国电子工业领域的卓越领导人。

1930 年以前，中国工农红军还没有无线电台，但红军领导人对无线电通信非常重视，因为它能迅速下达指令、调动部队、指挥作战，对红军粉碎国民党军的进攻和围剿能发挥极其重要的作用。1930 年 7 月，红三军团在攻打长沙时缴获了 9 部无线电台，但由于当时的战士们不知道电台是什么，都给砸坏了。毛总政委和朱总司令知道后下达命令：今后凡缴获电台，"不得擅自破坏，违者严究"。1930 年，红军获得第一次反"围剿"胜利，毛主席高兴地写下"万木霜天红烂漫，天兵怒气冲霄汉。雾满龙冈千嶂暗，齐声唤，前头捉了张辉瓒"。除了活捉了国民党第十八师师长张辉瓒，红军还意外地缴获了敌人的半部电台，因为电台的发报机已被砸坏，只保留了一部收报机。时任国民党第十八师报务员的吴人鉴自愿加入红军，为了表达自己获得新生，改名王诤。电讯业务尖兵王诤的到来，得到了毛主席和朱总司令的重视。红军和革命根据地当时被国民党军队分割包围，地处穷山恶水，以前信息传递全靠骑兵送达。依靠陆续从国民党军队中缴获的电台，中国工农红军的第一个无线电队成立了，王诤被任命为队长，后来他负责开办了第一期无线电培训班，并逐渐开始组建红军自己的通信系统。在此后的革命斗争中，王诤带领队伍屡屡截获破译敌人的重要情报，保证了我军指挥信息的不间断传递，在横扫千军如卷席的第二次反"围剿"、四渡赤水出奇兵以及势如破竹的解放战争中都屡立奇功。

新中国成立后，王诤将军以敢为天下先的精神，创造了我军历史上许多领域的第一，包括：第一家通讯社、第一家语音广播电台、第一个通信器材工厂、第一个气象观测网，开创我军电子对抗事业、我军指挥自动化事业。毛主席曾亲切赞誉说："王诤同志是有功的，他是中国人民解放军通信工作的开山鼻祖。"

第 2 章

通信信号分析基础

在通信系统设计、开发和运行维护过程中，通信信号分析是一项基础技术。本章主要介绍通信信号分析相关的概率论、随机过程、确定性信号和信号空间等基础知识，为后续的通信系统性能分析和通信信号处理奠定基础。首先介绍确定性信号的特性，然后介绍概率论相关知识，最后介绍随机过程。

2.1 信号的分类

信号是传递消息或信息的物理载体，通常呈现为随时间变化的电压或电流。在数学上，信号为一个或多个自变量的函数。根据其自身的特性不同，信号可以分为确定性信号和随机信号。

1．确定性信号和随机信号

预先就可确定在定义域内的任一时刻取何值的信号，被称为确定性信号或简称为确知信号。显然，该信号可用确定函数、图形或曲线来描述。例如振幅、频率和相位都预先确定的正弦波，就是确定性信号。"事先不能确定在定义域内的任一时刻取何值"的信号，被称为随机信号或不确定性信号。随机信号或随机过程的严格定义将在 2.4 节中讲述。通信系统中的热噪声就属于随机信号。确定性信号是研究随机信号的基础，本节只讨论确定性信号。

2．周期信号和非周期信号

按照信号是否具有周期性，信号可以分为周期信号和非周期信号。

若对于常数 $T_0 > 0$，信号 $s(t)$ 满足

$$s(t) = s(t + T_0), -\infty < t < \infty \tag{2-1}$$

则称 $s(t)$ 为周期信号。式(2-1)中，满足 $s(t) = s(t+T)$ 的可能 T 值中的最小值为 T_0，T_0 被称为信号周期，而称 $f_0 = 1/T_0$ 为该信号的基频。

【例 2-1】 画出确定性周期信号 $s(t) = 2\cos(4t+1)$ 的图形，其周期为 $T_0 = \pi/2$。

解： MATLAB 程序分析过程如下：

```
syms t;                          % 采用符号运算，定义自变量为t
Def_function = 2*cos(4*t+1);     % 定义函数
ezplot(Def_function,[-10,10]);   % ezplot 函数表示在自变量[-10,10]范围内画出函数。
```

结果如图 2-1 所示。

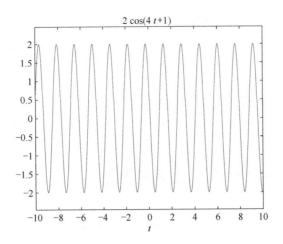

图 2-1　利用 ezplot 直接绘出周期余弦函数

3．能量信号和功率信号

按照信号的能量是否有限，信号可以分为能量信号和功率信号。对于一个确定的电压或电流信号 $s(t)$，它在单位电阻(1Ω)上消耗的瞬时功率为 $s^2(t)$，此功率又称为归一化（Normalized）瞬时功率。信号 $s(t)$ 的能量定义为

$$E_\mathrm{s} = \int_{-\infty}^{\infty} s^2(t)\mathrm{d}t \tag{2-2}$$

能量单位是焦耳（J）。信号 $s(t)$ 的平均功率定义为

$$P_\mathrm{s} = \frac{1}{T}\lim_{T\to\infty}\int_{-T/2}^{T/2} s^2(t)\mathrm{d}t \tag{2-3}$$

式(2-3)中，T 是观察时间。P_s 的单位是瓦（W）。具有有限能量的信号称为能量信号，如标准门函数信号就是能量信号。如果信号具有正的有限功率，则称为功率信号，所有周期信号都是功率信号。

对于确定性离散时间信号，其能量和功率可以分别用式(2-4)、式(2-5)计算：

$$E_\mathrm{s} = T_\mathrm{s}\sum_{n=-\infty}^{\infty} s^2(n) \tag{2-4}$$

$$P_\mathrm{s} = \lim_{N\to\infty}\frac{1}{2N+1}\sum_{n=-N}^{N} s^2(n) \tag{2-5}$$

【例 2-2】以时间间隔 $0.001\,\mathrm{s}$ 对正弦信号 $\cos(2\pi\times100t)$ 采样，求所得离散信号的平均功率。

解：

```
clear all; close all;
SampleInterval = 0.001;
t = [0:SampleInterval:20];
x = cos(2*pi*100*t);
Power = norm(x)^2/length(x);
```

运行可知，该信号的平均功率为 0.5。

2.2 确定性信号

2.2.1 确定性信号的频域分析

信号可以从时域和频域两个方面来描述。确定性信号的频率特性是指信号的各频率分量在频域分布的情况，可通过傅里叶级数或傅里叶变换来获得。傅里叶级数适合于周期信号的频域分析，而傅里叶变换对周期信号和非周期信号皆适用。

1. 周期信号的傅里叶级数

1）连续周期信号的傅里叶级数

设确定性信号 $s(t)$ 是周期为 T_0 的周期函数，若它满足狄利克雷（Dirichlet）条件，则可展开成复指数傅里叶级数，为

$$s(t) = \sum_{n=-\infty}^{\infty} C_n \exp\left(j2\pi n f_0 t\right) \tag{2-6}$$

式中，$f_0 = 1/T_0$ 是信号的基频，傅里叶系数为

$$C_n = \left(1/T_0\right) \int_{-T_0/2}^{T_0/2} s(t) \exp\left(-j2\pi n f_0 t\right) dt \tag{2-7}$$

这里 n 是在 $(-\infty, \infty)$ 上的整数，nf_0 是 $s(t)$ 的 n 次谐波频率。式(2-6)表明，周期信号 $s(t)$ 可以由离散无穷多个、频率为 nf_0 的、复振幅为 C_n 的复指数信号 $\exp\left(j2\pi n f_0 t\right)$ 叠加而成。通常，定义 $|C_n|$ 为周期信号的幅度谱，C_n 的角度 $\angle C_n$ 被称为相位谱。该周期信号的功率谱密度表示为

$$P_s(f) = \sum_{n=-\infty}^{\infty} \left|C_n\right|^2 \delta\left(f - n f_0\right) \tag{2-8}$$

【例 2-3】试求如图 2-2 所示的周期 $T = 4$，幅度 $A = 1$ 的周期方波 $s(t)$ 的频谱，并绘出相应的曲线图。

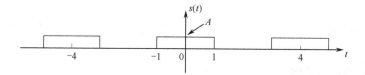

图 2-2 周期方波的波形

解：依据式(2-7)，代入 $s(t)$ 给定参数，可得复指数级数的傅里叶系数：

$$C_n = (1/T)\int_{-T/2}^{T/2} s(t)\exp(-\mathrm{j}2\pi nf_0 t)\mathrm{d}t$$

$$= (1/4)\int_{-1}^{1}\exp(-\mathrm{j}2\pi nf_0 t)\mathrm{d}t \qquad (2\text{-}9)$$

$$= \frac{1}{2}\sin c\left(\frac{n}{2}\right)$$

MATLAB 程序分析过程如下：

```
clear all; close all;
a = -2;
b = 2;
T = b-a;
n = 21;
j = sqrt(-1);
    nAll = [-(n-1):1:(n-1)];
    for i=1:n
    fun = @(t) (1/T)*exp(-j*2*pi*(i-1).*t./T);
    CoefficientsPos(i)=integral(@(t)fun(t),-1,1);        % 注意积分区间为实际矩形函数的起止时间
    end
    CoefficientsPos(abs(CoefficientsPos)<1e-10)=0;   % 为了消除数值精度的影响，将较小的数值
设为 0
    CoefficientsNeg = conj(fliplr(CoefficientsPos(2:1:n)));   % 实值函数满足共轭对称性 x(-n)=conj
[x(n)]
    CoefficientsAll= [CoefficientsNeg,CoefficientsPos];
    AnaliticalExpression = 0.5*sinc(nAll./2);
    figure(1)
    subplot(2,1,1)
    stem(nAll,real(CoefficientsAll),'r-+');hold on;   stem(nAll,real(AnaliticalExpression),'b-o');
    xlabel('n (f_0=1/T)');
    handle =ylabel('The real part of $C_n$');
    set(handle,'interpreter','latex');
    legend('Numerical integration','Analytical')
        subplot(2,1,2)
    stem(nAll,imag(CoefficientsAll),'r-+');hold on;   stem(nAll,imag(AnaliticalExpression),'b-o');
        axis([-20 20 -1 1]);
    legend('Numerical integration','Analytical')
    xlabel('n (f_0=1/T)');
    handle =ylabel('The imag part of $C_n$');
    set(handle,'interpreter','latex');
    Magnitude = abs(CoefficientsAll); % 求傅里叶级数的幅度谱
```

```
        figure(2)
        stem(nAll,Magnitude);
        title('The discrete Magnitude Spectrum');
        xlabel('n (f_0=1/T)');
handle =ylabel('$\vert {C_n}\vert    $');
 set(handle,'interpreter','latex');
        axis([-20 20 -0.2 0.54]);
```

程序运行结果如图 2-3 所示。

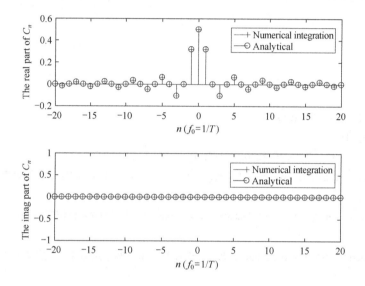

图 2-3   数值积分结果和解析结果的对比

由例 2-3 的分析结果可以看出周期信号频谱具有以下特性：①离散性：频谱由间隔为 f_0 的一系列谱线所组成。②谐波性：谱线只出现在基频 f_0 的整数倍 nf_0 上，nf_0 上的谱线被称为 n 次谐波。③收敛性：各次谐波的振幅虽然不一定随谐波次数 n 的增大而单调减小，但总趋势是下降的。

根据例 2-3 中分析所得的周期方波信号的傅里叶系数可以直接得到其功率谱密度，为

$$P_s(f) = \sum_{n=-\infty}^{\infty} |C_n|^2 \delta(f - nf_0)$$
$$= \frac{1}{4} \sum_{n=-\infty}^{\infty} \sin c \left(\frac{n}{2}\right)^2 \delta(f - nf_0)$$

(2-10)

周期方波信号幅值谱如图 2-4 所示。

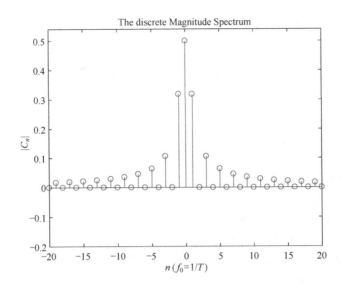

图 2-4　周期方波信号幅值谱

2）离散周期信号的傅里叶级数

在数字信号处理的问题中，更加常见的是离散周期序列，此时可以用离散傅里叶级数（Discrete Fourier Series，DFS）展开。定义离散周期序列为 $\tilde{s}(n)$，信号的周期为 N，则有

$$\tilde{s}(n) = \tilde{s}(n + kN), \quad \forall n, k \in \mathbb{Z} \tag{2-11}$$

离散周期函数可以通过复指数函数线性组合表示，其中复指数信号的基波频率为 $2\pi / N$。离散傅里叶级数的分析式和综合式（逆离散傅里叶级数）可以表示为

$$\tilde{S}(k) = \sum_{n=0}^{N-1} \tilde{s}(n) \mathrm{e}^{-\mathrm{j}\frac{2\pi}{N}kn} \tag{2-12}$$

$$\tilde{s}(n) = \frac{1}{N} \sum_{k=0}^{N-1} \tilde{S}(k) \mathrm{e}^{\mathrm{j}\frac{2\pi}{N}kn} \tag{2-13}$$

显然，周期序列的离散傅里叶级数也是周期为 N 的序列。

【例 2-4】求周期为 10 的离散方波序列的离散傅里叶级数，该序列在 $n = 0,1,2,\cdots,8,9$ 的一个离散周期内取值为 [0　0　1　1　1　1　1　0　0　0]。

```
N = 10;
s_period = [0 0 1 1 1 1 1 0 0 0];
s_time = repmat(s_period,1,3);
figure(1)
stem(s_time,'LineWidth',1.2);
axis([0 30 -0.1 1.2])
title('周期性时域方波序列');
for k = 0:1:N-1
    for n = 0:1:N-1
```

```
                W(k+1,n+1) = exp(-sqrt(-1)*2*pi*n*k/N);
        end
    end
        Sk =fftshift( W*s_period');   % fftshift 的功能是将偶数个 FFT 输出信号进行
                                      % 反转，反转以后对应的坐标为[-N/2：1：N/2-1]
Sk2Periods = [Sk; Sk];
k = [-N/2:1:N/2-1 N/2:1:3*N/2-1];
figure(2);
stem(k,abs(Sk2Periods),'LineWidth',2);
axis([-N/2,3*N/2,-0.5,5.5]);
str_label=['$2\pi/N$,$N$ =',num2str(N)];
handle =ylabel('$\vert {S_k}\vert   $');
set(handle,'interpreter','latex');    % 用 latex 解析器表示轴坐标
handle = xlabel(str_label);
set(handle,'interpreter','latex');
grid on;
```

周期性离散方波序列时域波形如图 2-5 所示。

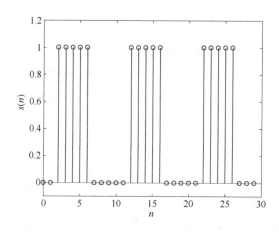

图 2-5　周期性离散方波序列时域波形

通过上述傅里叶系数展开公式可知，周期方波展开所得的傅里叶系数为

$$\tilde{S}(k) = e^{-j\pi k(L-1)/N}e^{-j2\pi k\times 2/N}\frac{\sin(\pi kL/N)}{\sin(\pi k/N)} \tag{2-14}$$

式(2-14)中，参数 L 表示离散方波序列中取值为 1 的离散序列长度，N 表示序列周期。在例 2-4 中 $L=5$，$N=10$。对照式(2-14)与仿真结果图 2-6 可以看出，周期方波序列的离散傅里叶级数在 $k=i\times N$，i 取整数时取最大值 L，在 N/L 整数倍样点且非 L 整数倍处取值为零。

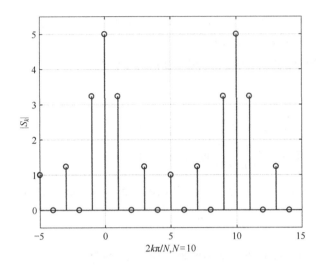

图 2-6　周期性方波序列的离散傅里叶系数展开

2．傅里叶变换

1）连续时间函数的傅里叶变换

傅里叶变换是分析确定性函数频域特性的常用工具。对于一个连续函数 $x(t)$，其傅里叶变换可以写成

$$F(j\omega) = \int_{-\infty}^{+\infty} f(t)e^{-j\omega t}dt \tag{2-15}$$

其中，$\omega=2\pi f$ 表示角频率，单位为 rad/s。傅里叶反变换是傅里叶变换的逆运算

$$f(t) = \frac{1}{2\pi}\int_{-\infty}^{+\infty} F(j\omega)e^{j\omega t}d\omega \tag{2-16}$$

如果按照频率单位运算，傅里叶变换和傅里叶反变换可以写成

$$F(f) = \int_{-\infty}^{+\infty} f(t)e^{-j2\pi ft}dt \tag{2-17}$$

$$f(t) = \int_{-\infty}^{+\infty} F(f)e^{j2\pi ft}df \tag{2-18}$$

傅里叶变换和傅里叶反变换通常可以利用积分运算直接推导，也可以用 MATLAB 函数进行分析。

【例 2-5】求高斯函数 $f(x) = \dfrac{1}{\sigma\sqrt{2\pi}}e^{-\frac{x^2}{2\sigma^2}}$ 的傅里叶变换，其中 $\sigma > 0$。

```
syms x w t;   % 定义符号变量
syms sigma positive   % 定义取值为正的符号变量
FunctionDef = (1/sigma/sqrt(2*sym(pi)))*exp(-x^2/2/sigma^2);
% 注意在含有符号运算的函数定义中使用 pi 时，需要特别标注 sym(pi)
FourierTran = fourier(FunctionDef,x,w);
```

函数 fourier 表示求傅里叶变换，其中，FunctionDef 的自变量为 x，得到的傅里叶变换输

出函数的自变量为 w（单位为弧度/秒）。运算上述代码，得到输出为

```
FourierTran =exp(‑ (sigma^2*w^2)/2)
```

上述符号运算的结果可以通过傅里叶反变换进行验证：

```
f= ifourier(FourierTran,w,t)
```

运算结果为

```
f = (2^(1/2)*exp(‑t^2/(2*sigma^2)))/(2*sigma*pi^(1/2))
```

【例 2-6】求函数 $f(t) = \begin{cases} 1, t \geq c \\ 0, t < c \end{cases}$ 的傅里叶变换。

解： 在 MATLAB 中，信号分析中常使用单位阶跃函数（unit step function）：

$$u(t) = \begin{cases} 0, t < 0 \\ 1, t \geq 0 \end{cases}$$

记为 heaviside(t)，运行 ezplot(heaviside(t),‑10,10)，可得：

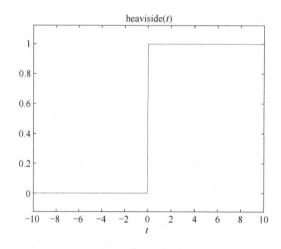

图 2-7　单位阶跃函数

因此函数 $f(t) = \text{heaviside}(t - c)$，直接运行：

```
syms t w c;
F = fourier(heaviside(t‑c),t,w)
```

得到结果为

```
F= exp(‑c*w*1i)*(pi*dirac(w)‑1i/w)
```

上述程序中 dirac(w)表示单位冲激函数 $\delta(t)$，又称狄利克雷 δ 函数（Dirac delta function），满足

$$\delta(t) = \begin{cases} \infty, t = 0 \\ 0, t \neq 0 \end{cases} \tag{2-19}$$

2）离散时间傅里叶变换

严格意义上，MATLAB 中实现的信号分析都是离散信号分析。假设序列 $x(n)$ 绝对可加，

即 $\sum\limits_{n=-\infty}^{+\infty}|x(n)|<\infty$ ，则其离散时间傅里叶变换可以写成

$$X(\mathrm{e}^{\mathrm{j}\Omega}) = \sum_{n=-\infty}^{+\infty} x(n)\mathrm{e}^{-\mathrm{j}\Omega n} \tag{2-20}$$

注意此时数字频率 $\Omega=\omega T_{\mathrm{s}}=2\pi f T_{\mathrm{s}}$ ，单位为 rad/sample，其中 T_{s} 表示离散信号的采样周期，$X(\mathrm{e}^{\mathrm{j}\Omega})$ 是周期为 2π 的周期函数，若从频率 f 的角度则是以 $\dfrac{1}{T_{\mathrm{s}}}$ 为周期的周期函数。逆离散时间傅里叶变换为

$$x(n) = \frac{1}{2\pi}\int_{-\pi}^{\pi} X(\mathrm{e}^{\mathrm{j}\Omega})\mathrm{e}^{\mathrm{j}\Omega n}\mathrm{d}\Omega \tag{2-21}$$

【例 2-7】假设某离散时间序列为 $x(n)=\mathrm{e}^{\mathrm{j}\frac{\pi}{7}n}$ ，$0 \leqslant n \leqslant 15$ ，求该序列的离散时间傅里叶变换。

解：

```
n = 0:1:15;
j = sqrt(-1);
x = exp(j*pi/7).^n;
k = -400:400;
w = (pi/100)*k;    %
X = x*(exp(-j*pi/100)).^(n'*k);
magX = abs(X);
angX = angle(X);
figure(1)
plot(w/(pi),magX);
grid on;
xlabel('Digital frequency in units of \pi');
ylabel('|X|');
title('Magnitude');
axis([-4.1 4.1 -0.1 16.4]);
figure(2)
plot(w/pi,angX);
grid on;
xlabel('Digital frequency in units of \pi');
ylabel('radians')
title('Angle');
axis([-4.1 4.1 -3.2 3.2]);
```

离散时间序列的幅度谱和相位谱如图 2-8 和图 2-9 所示。

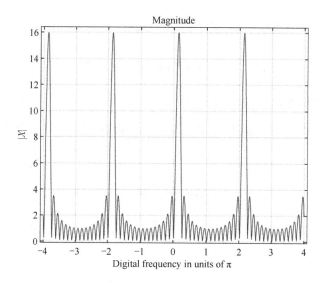

图 2-8　离散时间序列的幅度谱

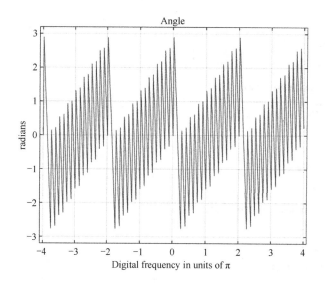

图 2-9　离散时间序列的相位谱

3）离散傅里叶变换

离散时间傅里叶变换的频率采样定理告诉我们，如果时间序列 $x(n)$ 具有有限长度 N，则该序列的离散时间傅里叶变换一个周期内的 N 个等分样本可以唯一地重建 $X(\mathrm{e}^{\mathrm{j}\Omega})$。由此我们可以定义一个 N 点序列的离散傅里叶变换（Discrete Fourier Transform，DFT）及其相应的逆离散傅里叶变换（Inverse Discrete Fourier Transform，IDFT）：

$$X(k) = \sum_{n=0}^{N-1} x(n)\mathrm{e}^{-\mathrm{j}\frac{2\pi}{N}kn} \quad 0 \leqslant k \leqslant N-1 \tag{2-22}$$

$$x(n) = \frac{1}{N} \sum_{k=0}^{N-1} X(k) \mathrm{e}^{\mathrm{j}\frac{2\pi}{N}kn} \quad 0 \leqslant n \leqslant N-1 \tag{2-23}$$

需要注意的是，DFT 和 IDFT 变换对默认的频域取值范围在 $[0, \frac{2\pi}{N}, \cdots, \frac{2\pi}{N}(N-1)]$，时域取值范围为 $[0,1,\cdots,(N-1)]$。假设 N 为偶数，根据周期性，$[0, \frac{2\pi}{N}, \cdots, \frac{2\pi}{N}(N-1)]$ 上的取值等效于 $[0, \frac{2\pi}{N}, \cdots, \frac{2\pi}{N}(\frac{N}{2}-1), \frac{2\pi}{N}(-\frac{N}{2}), \frac{2\pi}{N}(1-\frac{N}{2}), \cdots, -\frac{2\pi}{N}]$。在绘制频谱图时，如果关心从 $[-\pi,\pi]$ 主值区间的频谱，需要利用 fftshift 函数将 FFT 的结果进行对折。

1965 年，Cooley 和 Tukey 提出一种可以大幅度降低 DFT 运算量的方法，这些高效算法统称为快速傅里叶变换（Fast Fourier Transform）和逆快速傅里叶变换（Inverse Fast Fourier Transform）。这里不再单独详述。

在实际应用中，很多模拟信号无法或很难用准确的解析表达式进行表征，此时可以借助模拟信号的采样序列对信号频谱进行分析。下面我们讨论分别用离散时间傅里叶变换和更加高效的 FFT 对信号频谱进行分析的方法。对比式(2-15)和式(2-20)可知，若离散时间序列的采样间隔足够小，傅里叶变换可以用离散时间傅里叶变换进行近似：

$$X(\omega) = T_s \sum_n x(n) \mathrm{e}^{-\mathrm{j}\omega n T_s} = T_s \sum_n x(n) \mathrm{e}^{-\mathrm{j}\Omega n} \tag{2-24}$$

【例 2-8】试分析信号 $x(t) = 100\mathrm{e}^{-800|t|}$ 的频谱。

解：为了验证后续离散分析频谱的准确性，首先求出信号傅里叶变换的解析解：

$$X(\omega) = \int_{-\infty}^{\infty} x(t)\mathrm{e}^{-\mathrm{j}\omega t}\mathrm{d}t = 100\left(\int_{-\infty}^{0} \mathrm{e}^{800t}\mathrm{e}^{-\mathrm{j}\omega t}\mathrm{d}t + \int_{0}^{\infty} \mathrm{e}^{-800t}\mathrm{e}^{-\mathrm{j}\omega t}\mathrm{d}t\right)$$
$$= 160000/(\omega^2 + 640000) \tag{2-25}$$

从解析解的形式可以看出，时域信号为实的偶函数，对应的傅里叶变换为实函数。

```
j = sqrt(-1);
% Continuous time signal, 利用较大的采样频率进行数值计算
Dt = 0.00005;
t= -0.005:Dt:0.005;
x = 100*exp(-800*abs(t) );
%%% Discrete time signal
Ts = 0.0002; n = -25:1:25;          % 假设利用 5000Hz 进行抽样
xn =100*exp(-800*abs(n*Ts));        % 对连续信号进行离散化
figure(1)
plot(t,x); hold on;
stem(n*Ts,xn,'r');
xlabel('t in second');
ylabel('x(t)');
legend('continuous signal','discrete signal')
```

```
title('Time domain Signal');
% 首先对信号进行预分析，估算频率为2000Hz
Fmax = 4000;
Wmax = 2*pi*Fmax;                % 模拟频率最大取值
K = 1000; k= -K:1:K; W =k*Wmax/K;
X_FT = x *exp(-j*t'*W)*Dt;
X_FT = real(X_FT);
figure(2)
subplot(3,1,1)
plot(W/(2*pi), X_FT);
axis([-2500 2500 0 0.4])
xlabel('Frequency in Hz');
ylabel('X(f)');
title('Continuous time Fourier Transform')
% Discrete time Fourier Transform
K = 1000; k= -K:1:K; w =k*pi/K;        % w = WTs = 2*pi*f*Ts
X_DTFT = Ts*xn*exp(-j*n'*w);           % DTFT 的周期为 1/2Ts = 2500
X_DTFT = real(X_DTFT);
subplot(3,1,2)
plot(w/(2*pi*Ts), X_DTFT);             % 频率绘制区间为[-1/(2Ts), 1/(2Ts)]
xlabel('Frequency in Hz');
ylabel('X(f)');
title('Discrete time Fourier Transform')
% 利用快速傅里叶变换分析信号频谱
Ts = 0.0002;
Fs = 1/Ts;
df = 1;                          % 初步设定频谱分辨率为1Hz
NumDFT = Fs / df;                        % 依据设定的频谱分辨率计算 DFT 点数
DataLen = length(xn);                    % 离散数据的实际点数
NumDFT = 2^(max(nextpow2(NumDFT), nextpow2(DataLen)));
% 取与 NumDFT 和 DataLen 最接近的 2 的幂次数值，选择其中较大者做FFT
xn_extended = [ xn((DataLen+1)/2:end) zeros(1,NumDFT-DataLen)   xn(1:(DataLen-1)/2) ];
% 注意这里为了使得原来的离散信号点有正确的坐标，在中间位置插零
X_FFT=fft(xn_extended, NumDFT);
df = Fs/NumDFT;                   % 对应 NumDFT 的频谱分辨率
X_FFT = X_FFT*Ts;                 % 还原连续信号的傅里叶变换
f = [0:df:df*(length(xn_extended)-1)]-Fs/2;
subplot(3,1,3)
plot(f, fftshift(abs(X_FFT)),'r');      % 注意通过 FFT 运算获得的频域信号分布在[0, 2π]
```

```
xlabel('Frequency in Hz');              %  为了得到[−π, π]的频谱需要利用 fftshift 命令
ylabel('X(f)');
title('Fourier Transform via FFT')
```

程序运行结果如图 2-10 和图 2-11 所示。图 2-10 给出了题中所给的连续时间信号及其抽样后所得的离散信号时域波形。

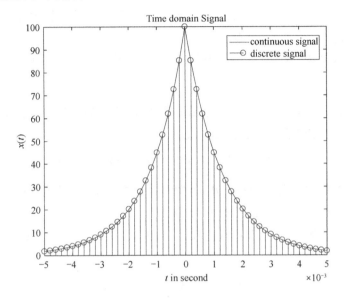

图 2-10　连续时间信号及其抽样后所得的离散信号时域波形

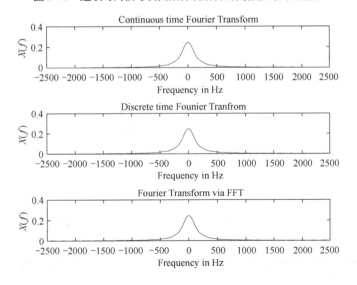

图 2-11　利用不同方法所得的信号频谱

离散时间序列可以视为连续信号所得的抽样信号，因此离散时间序列的离散时间傅里叶变换可以在符合采样定理的条件下近似分析所对应模拟信号的连续傅里叶变换。同理，离散

傅里叶变换对应离散时间傅里叶变换的均匀频域抽样，因此也可以用来近似分析。

2.2.2 确定性信号的时域分析

确定性信号的时域分析主要包含自相关函数和互相关函数等。通常依据该确定性信号为能量信号还是功率信号定义稍有不同。

（1）自相关函数：设 $s(t)$ 是一个确定性能量信号，则 $s(t)$ 的自相关函数定义为

$$R_{ss}(\tau) = \int_{-\infty}^{\infty} s^*(t)s(t+\tau)\mathrm{d}t \;,\; \tau \in \mathbb{R} \tag{2-26}$$

自相关函数是信号时间差的函数，能量信号的自相关函数和其能量谱密度呈傅里叶变换对。对于确定性功率信号，自相关函数定义为

$$R_{ss}(\tau) = \lim_{T \to \infty} \frac{1}{2T} \int_{-T}^{T} s^*(t)s(t+\tau)\mathrm{d}t \;,\; \tau \in \mathbb{R} \tag{2-27}$$

观察式(2-27)可知，当 $\tau = 0$ 时，$R_{ss}(0)$ 即为信号的平均功率。类似于能量信号，功率信号的自相关函数和其功率谱密度呈傅里叶变换对。

（2）互相关函数：设 $s_1(t)$ 和 $s_2(t)$ 是两个能量有限的确定性信号，则 $s_1(t)$ 和 $s_2(t)$ 的互相关函数定义为

$$R_{s_1 s_2}(\tau) = \int_{-\infty}^{\infty} s_1^*(t)s_2(t+\tau)\mathrm{d}t \;,\; \tau \in \mathbb{R} \tag{2-28}$$

对于功率信号，互相关函数定义为

$$R_{s_1 s_2}(\tau) = \lim_{T \to \infty} \frac{1}{2T} \int_{-T}^{T} s_1^*(t)s_2(t+\tau)\mathrm{d}t \;,\; \tau \in \mathbb{R} \tag{2-29}$$

互相关函数满足 $R_{s_1 s_2}(\tau) = R_{s_1 s_2}^*(-\tau)$ 。

【例 2-9】试求 $s(t) = \cos\omega_0 t$ 的自相关函数，设该信号中的参数 ω_0 为常数。

解： $\cos\omega_0 t$ 是周期为 T_0 的信号，可采用式(2-27)得到所需的自相关函数：

$$R_s(\tau) = (1/T_0)\int_{-T_0/2}^{T_0/2} s(t)s(t+\tau)\mathrm{d}t = 0.5\cos\omega_0\tau$$

上述推导可以借助 MATLAB 中的符号运算完成。

```
clear all; close all;
syms w0 t tao                                          % 定义符号
    s_t = cos(w0*t)*cos(w0*(t+tao));                   % 自相关函数的积分项
    T = 2*pi/w0;                                       % 正弦函数的周期
AutoCorrFunc =int(cos(w0*t)*cos(w0*(t+tao))/T,t,0,T);  % 在一个周期之内积分
```

符号运算结果为

```
cos(tao*w0)/2
```

对比可知程序运行结果与理论推导结果相同。

2.3　概率论基础

2.3.1　离散型随机变量

1.离散型随机变量及其分布

离散型随机变量 X 的一切可取值 $x_1,x_2,\cdots,x_n,\cdots$ 与其概率间对应关系

$$P\{X=x_k\}=p_k \qquad k=1,2,\cdots \tag{2-30}$$

称为 X 的概率分布或概率质量函数（Probability Mass Function，PMF），PMF 也可以表示为

X	x_1	x_2	$\cdots$	x_n	$\cdots$
p_k	p_1	p_2	$\cdots$	p_n	$\cdots$

离散型随机变量 X 的分布 p_k 满足如下条件：① $p_k \geqslant 0$，$k=1,2,\cdots$；② $\sum_{k=1}^{\infty}p_k=1$。

2.累积分布函数（Cumulative distribution function）

离散型随机变量 X 一切可取值记为 $x_1,x_2,\cdots,x_n,\cdots$，则其累积分布函数定义为

$$F(x)=P(X\leqslant x)=\sum_{i:x_i\leqslant x}P(x_i) \tag{2-31}$$

累积分布函数 $F(x)$ 度量的是随机变量不大于 x 的概率。对于离散随机变量来说，其累积分布函数具有台阶形状，在 $x=x_i$ 处存在跳跃不连续，上跳幅度为 $P(x_i)$。

3.四种常用的离散型随机分布

1）伯努利分布

伯努利分布又称为两点分布或者 0-1 分布，是一个离散型概率分布，为纪念瑞士科学家雅各布·伯努利而命名。

如果随机变量 X 可能取 0 与 1 两个值，其概率分布为

$$P(X=0)=p \qquad P(X=1)=1-p \qquad 0\leqslant p\leqslant 1 \tag{2-32}$$

伯努利分布的均值为 $1-p$，方差为 $p(1-p)$。

在 MATLAB Simulink 仿真中有模块 Bernoulli Binary Generator 可以用于生成伯努利随机数，在 m 函数仿真中也可以通过简单编程实现，如例 2-10 所示。

【例 2-10】生成长度为 10000 的 Bernoulli 随机变量，其中取零的概率为 0.2，求该离散随机变量的均值和方差。

解：

```
r=rand(1,10000);              % 生成在[0,1]之间均匀分布的随机变量
x= r>0.2;                     % 找出大于 0.2 的数设为 1，小于 0.2 的设为 0
mean(x)                       % 分析离散序列的均值
var(x)                        % 分析离散序列的方差
```

解析：rand(1,10000)生成 1×10000 在 0~1 之间均匀分布的随机变量，意味着随机变量在 0~1 之间积分等于 1，在 0~0.2 之间积分等于 0.2，因此找出所有大于 0.2 的值，将其设为 1，其他设为 0，即得到要求的离散随机变量。x 序列的均值和方差运行结果为

```
mean(x)
ans = 0.8023
var(x)
ans = 0.15863
```

对比理论值伯努利分布的均值为 $1-p=0.8$，方差为 $p(1-p)=0.16$，可以看到数值样本的计算结果已经非常接近理论值。

2）均匀分布

假设随机试验可能生成有限个可能结果，每个结果具有相等的可能性，此时输出服从均匀分布。假设均匀分布的随机变量 X 可能取 $\{0,1,2,\cdots,M-1\}$ 集合中的值，且有

$$P(X=k)=\frac{1}{M}, k=0,1,2,\cdots,M-1 \tag{2-33}$$

则概率质量函数可以写成

$$P(X)=\begin{cases} 1/M, & X=0,1,\cdots,M-1 \\ 0, & \text{其他} \end{cases} \tag{2-34}$$

均匀分布的离散随机整数可用函数 randi 产生。

【例 2-11】生成取值在[0,1,2,3]均匀分布的 2 行 5000 列离散随机变量。

解：

```
r = randi([0,3],2,5000);      % 生成 2 行 5000 列在[0,1,2,3]中均匀分布的离散随机变量
s= reshape(r,1,10000);        % 将变量转化为行矢量方便求均值
mean(s)                       % 求均值
```

运行结果为 1.49，约等于统计计算结果 1.5。

3）二项分布

在 n 重伯努利试验中，若知每次试验事件 A 发生的概率为 p，不发生的概率为 $1-p$，则表示在 n 重伯努利试验中事件 A 发生次数的离散型随机变量 X 服从二项分布。

如果离散随机变量 X 的概率分布为

$$P(X=k)=C_n^k p^k q^{n-k} \qquad q=1-p \quad k=0,1,2,\cdots,n \tag{2-35}$$

其中$0 < p < 1, q = 1 - p$，则称X服从参数为n, p的二项分布，记为$X \sim B(n, p)$。特别地，当$n = 1$时，二项分布化为$P(X = 0) = q = 1 - p$，$P(X = 1) = p$，这也就是伯努利分布。

【例 2-12】做 100 次抛硬币试验，若反面发生概率为 0.6，画出正面发生次数X的概率分布函数，并回答抛 100 次最可能得到多少次正面？抛 100 次得到 30 次正面的概率是多少？抛 100 次得到正面的次数大于 60 次的概率是多少？

解：

令X表示抛硬币实验得到正面的次数。

```
X=0:1:100;
P = binopdf(X,100,1-0.6);            % binopdf(X,n,p)表示 n 次独立实验，每次成功概率为 P
                                     % Binomial 分布在 X 处的取值。
figure; stem(X,P); title('X 的概率分布函数');    % 作图
[v,index]=max(P);
X(index)                             % 最可能得到的正面次数
P_1 =binopdf(30,100,1-0.6);          % 计算 30 次正面的概率
P_2=1 - binocdf(60,100, 1-0.6);      % 计算正面发生次数超过 60 次的概率
```

运行上述程序可知：最可能得到的正面次数为 40，刚好发生 30 次正面的概率为 0.01，正面发生次数超过 60 次的概率为 1.8041e-05，二项分布图如图 2-12 所示。

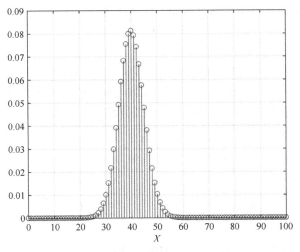

图 2-12　二项分布图

4）泊松分布（Poisson distribution）

泊松随机变量用于对某一段时间间隔内发生事件的数量建模。设离散随机变量X可能取的值为$0, 1, 2, \cdots$，并且

$$P(X = k) = \frac{\lambda^k \mathrm{e}^{-\lambda}}{k!} \quad k = 0, 1, 2, \cdots \tag{2-36}$$

其中，$\lambda > 0$是常数，表示单位时间（或单位面积）内随机事件的平均发生次数。随机变量

X 服从参数为 λ 的泊松分布，记为 $X \sim \pi(\lambda)$，易知

$$\frac{\lambda^k e^{-\lambda}}{k!} > 0 \qquad k = 0, 1, 2, \cdots$$

$$\sum_{k=0}^{\infty} \frac{\lambda^k e^{-\lambda}}{k!} = e^{-\lambda} \sum_{k=0}^{\infty} \frac{\lambda^k}{k!} = e^{-\lambda} e^{\lambda} = 1 \tag{2-37}$$

【例 2-13】在 1s 间隔内向电信中心局发出的呼叫请求数通常可以被建模为一个泊松随机变量 s，假设呼叫的平均到达率为每秒 0.4 次呼叫请求，请问在 0.5s 内没有呼叫的概率是多少？在 2s 间隔内呼叫不超过 3 次的概率是多少？

解：在 MATLAB 中有函数 p = poisspdf(k , λ)和 p = poisscdf(k , λ)用于计算泊松分布的概率分布函数和累积概率函数，则可以用如下程序求解。

```
P_nocalling =poisspdf(0,0.4*0.5);      % 时间间隔 0.5 秒内的平均呼叫请求次数为 0.4×0.5
P_lessthan3 =poisscdf(3,2*0.4);        % 时间间隔 2 秒内的平均呼叫请求次数为 2×0.4
```

运行程序即可得结果，P_nocalling 约等于 0.82，2 秒内不超过 3 次的概率为 0.99。

2.3.2 连续型随机变量

1. 连续型随机变量的概率密度及其分布函数

1）连续型随机变量的概率密度

连续型随机变量是指取值区间在连续集合的随机变量，如载波信号的相位可能是连续型随机变量。设 X 是一个随机变量，x 是任意实数，函数 $F(x) = P(X \leqslant x)$ 称为 X 的累积分布函数（Cumulative Distribution Function，CDF）。对于任意实数 x_1, x_2 ($x_1 < x_2$)，有

$$P\{x_1 < X \leqslant x_2\} = P\{X \leqslant x_2\} - P\{X \leqslant x_1\} = F(x_2) - F(x_1) \tag{2-38}$$

累积分布函数 $F(x)$ 具有以下的基本性质：

① $0 \leqslant F(x) \leqslant 1$；

② $F(x)$ 是一个不减函数；

③ $F(x_2) - F(x_1) = P\{x_1 < X \leqslant x_2\} \geqslant 0$，$x_2 > x_1$； $\tag{2-39}$

④ $F(-\infty) = \lim_{x \to -\infty} F(x) = 0$，$F(\infty) = \lim_{x \to \infty} F(x) = 1$。 $\tag{2-40}$

设 $F(x)$ 为随机变量 X 的累积分布函数，若存在一个非负函数 $f(x)$，使得对于任意实数 x，有

$$F(x) = \int_{-\infty}^{x} f(t) dt \tag{2-41}$$

则称 X 为连续型随机变量，其中函数 $f(x)$ 称为 X 的概率密度函数，简称为概率密度。概率密度函数 $f(x_1)$ 描述了连续型随机变量在 x_1 附近取值的概率。

由定义知道，概率密度函数 $f(x)$ 具有以下性质：

① $f(x) \geqslant 0$; $\qquad\qquad$ (2-42)

② $\int_{-\infty}^{\infty} f(t)\mathrm{d}t = 1$; $\qquad\qquad$ (2-43)

③ $P\{x_1 < X \leqslant x_2\} = F(x_2) - F(x_1) = \int_{x_1}^{x_2} f(x)\mathrm{d}x, \quad x_1 \leqslant x_2$; $\qquad\qquad$ (2-44)

④若 $f(x)$ 在点 x 处连续，则有 $F'(x) = f(x)$ 。 $\qquad\qquad$ (2-45)

2）几种常见的连续分布

（1）均匀分布。

如果随机变量 X 的概率密度函数为

$$f(x) = \begin{cases} \dfrac{1}{b-a}, & \text{当} a \leqslant x \leqslant b\text{时} \\ 0, & \text{其他} \end{cases} \qquad (2\text{-}46)$$

则称 X 服从 (a,b) 区间上的均匀分布。对于 (a,b) 上的任意子区间 (c,d) ，有

$$P\{a < X < b\} = \int_c^d f(x)\mathrm{d}x = \int_c^d \dfrac{1}{b-a}\mathrm{d}x = \dfrac{d-c}{b-a} \qquad (2\text{-}47)$$

这表明 X 取值任意一小区间的概率与该小区间的具体位置无关，而只与小区间的长度有关。即在小区间的取值是均匀的，所以称为均匀随机变量。

【例 2-14】假设数字调制发射机中载波相位在 $[-\pi, \pi)$ 服从均匀分布。试用 MATLAB 生成 100 个均匀分布的随机相位，并求该随机相位取值小于等于 $\pi/4$ 的概率。

解：

```
sita = pi + (2*pi).*rand(100,1);
% r = a + (b–a).*rand(100,1)可以用于生成[a,b] 间隔内均匀分布的随机变量

probability = unifcdf(pi/4,–pi,pi);     % 函数 unifcdf 用于计算连续均匀随机变量的累积分布函数
```

运行结果可以求得随机相位取值小于等于 $\pi/4$ 的概率为 0.625。

（2）指数分布。

如果随机变量 X 的概率密度函数为

$$f(x) = \begin{cases} \lambda \mathrm{e}^{-\lambda x}, & \text{当} x \geqslant 0 \text{ 时} \\ 0, & \text{其他} \end{cases} \qquad (2\text{-}48)$$

则称 X 服从指数分布（参数为 λ ），其累积分布函数为

$$F(x) = \begin{cases} 1 - \mathrm{e}^{-\lambda x}, & \text{当} x \geqslant 0 \text{ 时} \\ 0, & \text{其他} \end{cases} \qquad (2\text{-}49)$$

参数为 λ 的指数分布均值为 $1/\lambda$ 。在 MATLAB 中可以直接调用函数 $Y = \mathrm{exppdf}(X, 1/\lambda)$ 计算指数分布的概率密度函数，注意该函数输入变量为指数分布自变量和指数分布的均值 $1/\lambda$ 。

【例 2-15】比较 $\lambda = 0.5, 1, 1.5$ 三种不同指数分布的指数分布函数。

解:

```
x=0:0.1:6;
y1=exppdf(x,1/0.5);
y2=exppdf(x,1);
y3=exppdf(x,1/1.5);
figure;plot(x,y1,'r-',x,y2,'b-.',x,y3,'g-*');
grid on;
legend('\lambda=0.5','\lambda=1','\lambda=1.5');
xlabel('x');ylabel('Exponential PDF of x')
```

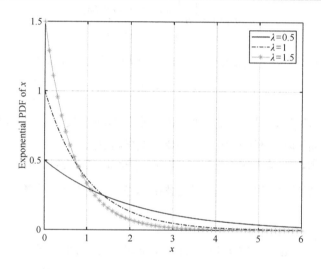

图 2-13 不同 λ 下的指数分布

从图 2-13 中可以看出，指数分布为减函数，随着 λ 增大，均值变小，指数分布的曲线变得高而陡峭。反之，随着 λ 减小，均值增大，指数曲线变得低而平缓。

（3）正态分布。

如果随机变量 X 的概率密度为

$$f(x) = \frac{1}{\sqrt{2\pi}\sigma} e^{-\frac{1}{2\sigma^2}(x-\mu)^2} \quad (-\infty < x < \infty, \ \sigma > 0) \tag{2-50}$$

则称 X 服从正态分布 $N(\mu, \sigma^2)$，简记为 $X \sim N(\mu, \sigma^2)$。$f(x)$ 的形状可描述为：在 $x = \mu$ 处得到最大值；曲线相对于直线 $x = \mu$ 对称；在 $x = \mu \pm \sigma$ 处有拐点；当 $x \to \pm\infty$ 时，曲线以 x 轴为渐近线；当 σ 大时，曲线平缓；当 σ 小时，曲线陡峭。

标准正态分布参数 $\mu = 0$，$\sigma = 1$ 时的正态分布，即 $N(0,1)$ 称为标准正态分布；它的密度函数为

$$\phi(x) = \frac{1}{\sqrt{2\pi}} e^{-\frac{x^2}{2}} \tag{2-51}$$

【**例 2-16**】假设某随机变量服从均值为 2，方差为 1 的高斯分布，求该随机变量取值大于 4 的概率。

解:

```
x=-6:0.1:10; y=normpdf(x,2,1);
P = 1-normcdf(4,2,1)
figure;
plot(x,y,'r-');
hold on;
plot([4 4],[0 normpdf(4,2,1)],'b-s');
axis([-6 10 0 0.45])
grid on;
legend('Gaussian Pdf with mean=2,variance=1' );
xlabel('x');ylabel('Gaussian PDF of x')
```

运行上述代码，可以利用高斯函数的累积概率密度函数可以计算得到概率为 0.02275。绘出的高斯分布图形如图 2-14 所示。

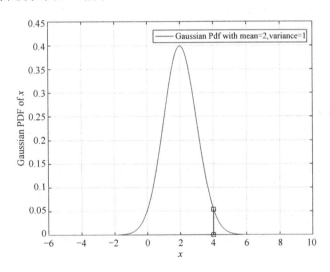

图 2-14　高斯分布的概率密度函数

（4）瑞利分布。

假设 x_1 和 x_2 是两个独立同分布的高斯随机变量，均值都为 0，方差为 σ^2，则随机变量 $r = \sqrt{x_1^2 + x_2^2}$ 服从瑞利分布。瑞利分布的概率密度函数可以写成

$$p(r) = \frac{r}{\sigma^2} \mathrm{e}^{-\frac{r^2}{2\sigma^2}} \qquad r \geqslant 0 \tag{2-52}$$

从瑞利分布的定义可以看出，一个复高斯过程 $z = a + \mathrm{j}b$，若其实部 a 和虚部 b 相互独立而且都服从 $N\left(0, \sigma^2\right)$，则复高斯过程的模（包络）服从瑞利分布。瑞利分布具有如下特性:

$$E(r^2) = 2\sigma^2 \tag{2-53}$$

$$E[r] = \sqrt{\frac{\pi}{2}}\sigma \tag{2-54}$$

$$\mathrm{var}[r] = (2 - \frac{\pi}{2})\sigma^2 \tag{2-55}$$

在 MATLAB 函数中可以调用 raylpdf 函数计算瑞利分布。

【例 2-17】假设某循环对称复高斯随机变量均值为零，方差为 1，试设置门限，使得该循环对称复高斯变量的幅度以 99%概率小于该门限。

解： 对于复高斯随机变量 $z = x + jy$，如果 z 是循环对称的，则表明其实部和虚部相互独立同分布，即 $x, y \in N(0, \frac{1}{2})$。该随机变量的模 $|z| = \sqrt{x^2 + y^2}$ 服从瑞利分布。可以用函数 raylinv(P,B) 直接计算瑞利分布的幅度值以概率 P 小于门限的门限值，函数 raylinv 称为逆累积分布函数，参数 P 表示概率，B 表示所求瑞利分布的参数 σ^2。

```
P=0.99;
Threshold = raylinv(P,0.5);
P_validate = raylcdf(Threshold,0.5)
```

运行上述代码可以求得：Threshold =1.5174，P_validate = 0.99。

2.4　随机过程

通信信号通常带有某种随机性，即它们的某个或几个参数不能预知或不能完全预知。我们把这种具有随机性的信号称为随机信号。通信系统中必然遇到的噪声，如自然界中的各种电磁波噪声和设备本身产生的热噪声等，这些噪声的取值不能预测，统称为随机噪声，或简称为噪声。另外，通信系统中的传输特性也常存在随机变化。所有这些随机现象都需要用随机过程理论来做分析。

1. 随机过程的基本特性

随机过程是依赖于时间的一组随机变量的集合。若对随机过程展开观测，则每次观测的结果都会不同，这些观测结果是时间的不同函数，每次观察之前都不能预知观测的结果，因此称为随机过程。例如，在一个通信接收机输出端的输出实验中，假设接收机输入端并没有信号，但由于器件内部的热噪声作用，在接收机的输出端会有一定的电压信号输出，用示波器对通信接收机输出信号进行多次观察。假定第一次观测中记录的输出信号为 $\xi_1(t)$，第二次、第三次等多次观测记录的输出信号分别为 $\xi_2(t), \xi_3(t), \cdots$，那么这些观测记录的波形的集合构

成随机过程 $\xi(t)$，每一次观测构成随机过程的一个样本。对于这些记录中的某个时刻 t_1，各个样本中记录值各不相同，$\xi(t_1)$ 构成一个随机变量，同理，另一时刻 t_2 的记录值构成另一个随机变量 $\xi(t_2)$。随机过程任一时刻都是一个随机变量，可以用随机变量的分布函数对其统计特性进行描述。

设 $X(t)$ 是一个随机过程，则在任意一个时刻 t_1 上 $X(t_1)$ 是一个随机变量。$X(t_1)$ 的统计特性可用累积分布函数或概率密度函数去描述，即有

$$F_1(x_1,t_1) = P\left\{X(t_1) \leqslant x_1\right\} \tag{2-56}$$

为随机过程 $X(t)$ 的一维累积分布函数。如果存在

$$\frac{\partial F_1(x_1,t_1)}{\partial x_1} = f_1(x_1,t_1) \tag{2-57}$$

则称 $f_1(x_1,t_1)$ 为 $X(t)$ 的一维概率密度函数。由于随机过程是依赖于时间参数的一组随机变量的全体，通常需要在足够多的时刻上考虑随机过程的多维累积分布函数。随机过程 $\xi(t)$ 的 n 维累积分布函数被定义为

$$F_n(x_1,x_2,\cdots,x_n;t_1,t_2,\cdots,t_n) = P\left\{X(t_1) \leqslant x_1, X(t_2) \leqslant x_2, \cdots, X(t_n) \leqslant x_n\right\} \tag{2-58}$$

如果存在

$$\frac{\partial F_n(x_1,x_2,\cdots,x_n;t_1,t_2,\cdots,t_n)}{\partial x_1 \partial x_2 \cdots \partial x_n} = f_n(x_1,x_2,\cdots,x_n;t_1,t_2,\cdots,t_n) \tag{2-59}$$

则称式(2-59)为 $X(t)$ 的 n 维概率密度函数。显然，n 越大，用 n 维累积分布函数或 n 维概率密度函数来描述 $\xi(t)$ 的统计特性就越充分。

2. 随机过程的数字特征

随机过程的重要数字特征包括：均值、方差、自协方差函数和自相关函数。对于任意时刻 t，$X(t)$ 是一个随机变量，该随机变量的均值被定义为随机过程的均值：

$$m_X(t) = E[X(t)] = \int_{-\infty}^{\infty} x f_1(x,t)\mathrm{d}x \tag{2-60}$$

其中，$f_1(x,t)$ 是 $X(t)$ 的一维概率密度函数，x 是 $X(t)$ 的可能取值，t 是任一时刻值。$E(\cdot)$ 表示对 $X(t)$ 进行统计平均运算。随机过程的均值是时间 t 的确定性函数。随机过程的方差定义为

$$\sigma_X^2(t) = E\left\{\left|X(t) - m_X(t)\right|^2\right\} \tag{2-61}$$

随机过程的协方差函数 $\mathrm{Cov}(t_1,t_2)$ 和相关函数 $R(t_1,t_2)$ 可以用于描述随机过程任意两个时刻上随机变量的统计相关特性。协方差函数被定义为

$$\begin{aligned}
\mathrm{Cov}(t_1,t_2) &= E\{[X(t_1) - m_X(t_1)]^*[X(t_2) - m_X(t_2)]\} \\
&= \int_{-\infty}^{\infty}\int_{-\infty}^{\infty}[x_1 - m_X(t_1)]^*[x_2 - m_X(t_2)]f_2(x_1,x_2,t_1,t_2)\mathrm{d}x_1\mathrm{d}x_2
\end{aligned} \tag{2-62}$$

式中，t_1 与 t_2 是任取的两个时刻；$m_X(t_1)$ 与 $m_X(t_2)$ 为在 t_1 及 t_2 时刻的数学期望；$f_2(x_1,x_2,t_1,t_2)$

为随机过程 $X(t)$ 的二维概率密度函数。

相关函数 $R_X(t_1,t_2)$ 被定义为

$$R_X(t_1,t_2) = E[X^*(t_1)X(t_2)] = \int_{-\infty}^{\infty}\int_{-\infty}^{\infty} x_1^* x_2 f_2\left(x_1,x_2,t_1,t_2\right)\mathrm{d}x_1\mathrm{d}x_2 \tag{2-63}$$

$R_X(t_1,t_2)$ 描述的是同一个随机过程时间序列在任意两个不同时刻取值之间的相关程度，又常称为自相关函数。当我们取 $t_1 = t_2$ 时，相关函数计算的就是该随机过程的平均功率 $P = E\left\{|X(t)|^2\right\}$。如果 $t_2 > t_1$，并令 $t_2 = t_1 + \tau$，即 τ 是 t_2 与 t_1 之间的时间间隔，则相关函数 $R_X(t_1,t_2)$ 可表示为 $R_X(t_1,t_1+\tau)$，即

$$R_X(t_1,t_1+\tau) = E[X^*(t_1)X(t_1+\tau)] \tag{2-64}$$

这说明相关函数依赖于起始时刻（或时间起点）t_1 及时间间隔 τ。

协方差函数和相关函数的概念也可引入到两个或更多个随机过程中去，获得互协方差及互相关函数。设 $\xi(t)$ 和 $\eta(t)$ 分别表示两个随机过程，则互协方差函数定义为

$$\mathrm{Cov}_{\xi\eta}(t_1,t_2) = E\{[\xi(t_1)-m_\xi(t_1)]^*[\eta(t_2)-m_\eta(t_2)]\} \tag{2-65}$$

互相关函数定义为

$$R_{\xi\eta}(t_1,t_2) = E[\xi^*(t_1)\eta(t_2)] \tag{2-66}$$

以上互相关函数或互协方差函数与所选的两个时刻 t_1 和 t_2 有关。

【例 2-18】 假设随机过程的样本函数表达式为 $X(t) = \cos(2\pi ft + \varphi)$，其中 φ 是在 $(0,2\pi)$ 均匀分布的随机变量，试画出该随机过程的样本函数，并求该随机过程的均值、方差和自相关函数。

解：

```
SinFreq= 2;     % frequency of sinusoid
Fs = 100;       % 抽样频率
t = (0:200)/Fs;
for i = 1:20
    Phase = 2*pi*rand(1);     % 随机过程的每一样本对应一个随机相位
    StochasticProcessSample(i,:)= cos(2*pi*SinFreq*t+Phase);
end
subplot(3,1,1)
plot(t,StochasticProcessSample(1,:),'k');
ylabel('X_1(t)');
subplot(3,1,2)
plot(t,StochasticProcessSample(2,:),'b');
ylabel('X_2(t)');
subplot(3,1,3)
plot(t,StochasticProcessSample(3,:),'r');
ylabel('X_3(t)');
syms f t fai t1
```

int(cos(2*pi*f*t+fai)/(2*pi),fai,0,2*pi)	% 均值
int(cos(2*pi*f*t+fai)*cos(2*pi*f*t+fai)/(2*pi),fai,0,2*pi)	% 方差
int(cos(2*pi*f*t+fai)*cos(2*pi*f*t1+fai)/(2*pi),fai,0,2*pi)	% 自相关函数

随机过程的样本函数如图 2-15 所示。

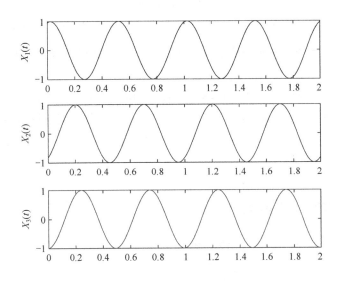

图 2-15　随机过程的样本函数

符号函数的运行结果为

int(cos(2*pi*f*t+fai)/(2*pi),fai,0,2*pi)	ans = 0
int(cos(2*pi*f*t+fai)*cos(2*pi*f*t+fai)/(2*pi),fai,0,2*pi)	ans = 1/2
int(cos(2*pi*f*t+fai)*cos(2*pi*f*t1+fai)/(2*pi),fai,0,2*pi)	ans = cos(2*pi*f*t − 2*pi*f*t1)/2

从分析结果可以看出，该随机过程的均值为 0，方差为 1/2，自相关函数可以写成

$$R(t_1, t_1 + \tau) = E[X^*(t_1)X(t_1 + \tau)] = \frac{1}{2}\cos(2\pi f \tau)$$

2.4.1　广义平稳随机过程

1. 狭义平稳随机过程和广义平稳随机过程

平稳随机过程是指统计特性不随时间而变化的随机过程。平稳随机过程分为狭义平稳（又称为严平稳）过程和广义平稳（又称为宽平稳）过程。若对于任意的正整数 n 及任意实数 $t_1, t_2, \cdots, t_n$ 和 τ，随机过程 $X(t)$ 的 n 维概率密度函数满足

$$f_n(x_1, x_2, \cdots, x_n; t_1, t_2, \cdots, t_n) = f_n(x_1, x_2, \cdots, x_n; t_1 + \tau, t_2 + \tau, \cdots, t_n + \tau) \tag{2-67}$$

则称 $X(t)$ 是狭义平稳或严平稳过程。狭义平稳过程的任何维分布函数或概率密度函数与时

间起点无关，或者说该平稳随机过程的概率分布将不随时间的推移而变化。

若随机过程 $X(t)$ 的均值 $E[X(t)]$ 和自相关函数 $R(t_1,t_2)$ 满足

$$\begin{cases} E[X(t)] = a \\ R_X\left(t_1,t_2\right) = R_X\left(\tau\right) \\ E[X(t)] < +\infty \end{cases} \tag{2-68}$$

式中，随机过程的数学期望 a 为常数，自相关函数只与时间间隔 $\tau = t_2 - t_1$ 有关，则称 $X(t)$ 为广义平稳的随机过程。通信系统中遇到的信号或噪声，有很多都可以视为广义平稳随机过程。

【例 2-19】假设随机过程 $X(t) = \sin(2\pi f_1 t + \varphi_1) + \sin(2\pi f_2 t + \varphi_2)$，其中 $f_1 = 1\text{Hz}$，$f_2 = 10\text{Hz}$，φ_1 和 φ_2 为相互独立且在 $(0,2\pi)$ 均匀分布的随机变量。试画出该随机过程的两个样本，并且判断该随机过程的平稳性。

解：

```
N = 2;
SinFreq = [1 10];     % frequency of sinusoid
Fs = 1000;
t = (0:2000)/Fs;      %   画出一个样本函数
StochasticProcessSample = zeros(1,length(t));
    for i = 1:2
        Phase1 = 2*pi*rand(1);     % 随机过程的每一样本对应一个随机相位
        Phase2 = 2*pi*rand(1);     % 随机过程的每一样本对应一个随机相位
        StochasticProcessSample(i,:)=sin(2*pi*SinFreq(1)*t+Phase1)+sin(2*pi*SinFreq(2)*t+Phase2);
end
figure
subplot(2,1,1)
plot(t,StochasticProcessSample(1,:),'k');
ylabel('X_1(t)');
    subplot(2,1,2)
plot(t,StochasticProcessSample(2,:),'r');
ylabel('X_2(t)');
syms f1 f2 t fai_1 fai_2 t1
% 均值
int(int((sin(2*pi*f1*t+fai_1)+sin(2*pi*f2*t+fai_2))/(2*pi),fai_1,0,2*pi)/(2*pi),fai_2,0,2*pi)     % 均值
% 自相关函数
Simplify( int(int((sin(2*pi*f1*t+fai_1)+sin(2*pi*f2*t+fai_2))*((sin(2*pi*f1*t1+fai_1)+sin(2*pi*f2*t1+fai_2)))/(2*pi),fai_1,0,2*pi)/(2*pi),fai_2,0,2*pi))     % 自相关函数
```

画出的样本函数如图 2-16 所示。

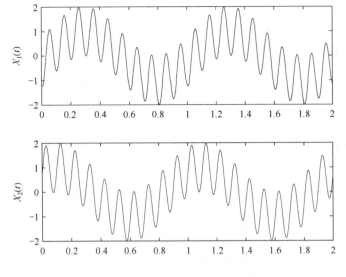

图 2-16　随机过程的两个样本函数

均值和自相关函数和运行结果如下：

> ans = 0
> ans = cos(2*f1*pi*(t - t1))/2 + cos(2*f2*pi*(t - t1))/2;

从运行结果可以看出，所研究的随机过程均值为零，自相关函数仅是时间差的函数，因此该随机过程是平稳随机过程。

2. 平稳过程的自相关函数和功率谱密度

对于广义平稳随机过程而言，自相关函数在零处的取值为

$$R_X(0)=E\left\{\left|X(t)\right|^2\right\}\tag{2-69}$$

就是随机过程的平均功率。自相关函数具有共轭对称性，即

$$R_X^*(\tau)=E\left[X(t)X(t+\tau)^*\right]=R_X(-\tau)\tag{2-70}$$

如果随机过程是实值过程，则其自相关函数是偶函数。如果对足够大的 τ，可以认为 $X(t)$ 和 $X(t+\tau)$ 相互独立，则

$$\lim_{\tau\to\infty}R_X(\tau)=\left|E[X(t)]\right|^2\tag{2-71}$$

即自相关函数在无穷处的取值是随机过程直流功率。方差 $\sigma_X^2(t)$ 表示随机过程 $X(t)$ 的交流功率，则有

$$R_X(0)=R_X(\infty)+\sigma_X^2(t)\tag{2-72}$$

当直流功率为 0 时，$R_X(0)=\sigma_X^2(t)$。

对于广义平稳随机过程，维纳-辛钦定理（Wiener-Khinchin theorem）指出：广义平稳随机过程 $X(t)$ 的自相关函数 $R_X(\tau)$ 的傅里叶变换就是该随机过程的功率谱密度，即

$$P_X(f) = \int_{-\infty}^{\infty} R_X(\tau) \exp(-\mathrm{j}2\pi f\tau)\mathrm{d}\tau \tag{2-73}$$

反之，广义平稳随机过程 $X(t)$ 的功率谱密度 $P_X(f)$ 的傅里叶反变换就是该随机过程的自相关函数 $R_X(\tau)$，即

$$R_X(\tau) = \int_{-\infty}^{\infty} P_X(f) \exp(\mathrm{j}2\pi f\tau)\mathrm{d}f \tag{2-74}$$

2.4.2 各态历经随机过程

上述关于随机过程统计特性的描述都是基于集合平均（ensemble average）（或称统计平均）的，也就是统计特性在求解时需要考虑随机过程所有可能的样本函数。在实际中，我们经常只能获得有限个甚至一个样本函数，此时如果还需要对随机过程进行统计特性描述就需要采用各态历经假设（ergodicity hypothesis）。

如果一个平稳随机过程的所有关于样本函数的统计平均都等于关于任意样本函数的时间平均（temporal average），则该随机过程被称为严格各态历经（strict-sense ergodic）。如果一个随机过程的均值和自相关函数满足集合平均等价于针对单个样本的时间平均，则该随机过程被称为宽各态历经（wide-sense ergodic），即

$$m_X(t) = E[X(t)] = \lim_{T\to\infty} \frac{1}{2T} \int_{-T}^{T} X_s(t)\mathrm{d}t \tag{2-75}$$

$$R_X(\tau) = \lim_{T\to\infty} \frac{1}{2T} \int_{-T}^{T} X_s^*(t) X_s(t+\tau)\mathrm{d}t \tag{2-76}$$

式中，$X_s(t)$ 表示随机过程的一个样本函数。

在实际的通信信号处理中，很多情况下我们处理的都是离散通信信号。假设获得了随机过程一个有限长样本函数的抽样信号 $X_s(n) = X_s(nT_s)$，其中 T_s 表示抽样时间间隔，抽样信号长度为 N。此时该随机过程的均值可以用下式估计：

$$\overline{m}_X = \frac{1}{N} \sum_{n=1}^{N} X_s(n) \tag{2-77}$$

可以证明，式(2-77)对于随机过程期望的估计是一种无偏估计，且随着数据量的增大，估计方差趋于零。同理，我们可以利用离散样本估计随机过程的自相关函数：

$$\overline{R}_X(m) = \begin{cases} \dfrac{1}{N-m} \displaystyle\sum_{n=1}^{N-m} X_s^*(n) X_s(n+m), & m = 0,1,\cdots,M \\[4mm] \dfrac{1}{N-|m|} \displaystyle\sum_{n=1}^{N-|m|} X_s(n) X_s^*(n+m), & m = -1,-2,\cdots,-M \end{cases} \tag{2-78}$$

获得自相关函数的估计值之后，再利用离散傅里叶变换求离散随机过程的功率谱：

$$P_X(f) = \sum_{m=-M}^{M} \overline{R}_X(m) \exp(-\mathrm{j}2\pi fmT_s) \tag{2-79}$$

【例 2-20】产生样本数为 2000 的在(-1, 1)均匀分布的离散随机数序列，试通过程序分析

该离散随机过程的自相关函数的功率谱。

解:

```
N = 2000;
X = 2*rand(1,N)-1;          % 生成在[a,b]均匀分布的随机变量可以用  a+(b-a)*rand(1,N)
Ts= 0.01;                   % 假设离散样点的抽样间隔
M = 100;                    % 给出自相关函数的定义范围
Rx = AutoCorrelationEst(X,M);      % 自相关函数是从-M 到 M 的共轭对称序列
Rx_1 = xcorr(X,M,'unbiased');      % 调用 MATLAB 中的函数，计算自相关函数
figure                      % 画自相关函数
plot([-M:1:M],Rx,'r-o');
hold on;
plot([-M:1:M],Rx_1,'b-*');grid on;
xlabel('Lag');
ylabel('AutoCorrelation');
L = length(Rx);
% 用 FFT 代替离散时间傅里叶变换分析信号的频谱
N = 2^( nextpow2(L));
PSDEst2 = fftshift( abs(fft(Rx,N)));
xaxis2 = [0:(1/Ts)/N:(1/Ts)*(N-1)/N]-1/(2*Ts);
figure
plot(xaxis2,PSDEst2,'b');grid on;
xlabel('Hz');
ylabel('Power Spectrum Density');
function Rx = AutoCorrelationEst(X,M)
% 该函数根据数值公式计算样本的自相关函数
N=length(X);
Rx=zeros(1,2*M+1);
for m=-M:1:M
    if abs(m)>=N
        Rx(m+M+1)=0;
    else
    for n=1:N-abs(m)
        if m<0
            Rx(m+M+1)=Rx(m+M+1)+conj(X(n+abs(m)))*X(n);
        else
            Rx(m+M+1)=Rx(m+M+1)+conj(X(n))*X(n+m);
        end
    end;
    Rx(m+M+1)=Rx(m+M+1)/(N-abs(m));     % 无偏的自相关函数估计需要除以对齐的元素个数
```

```
        end
    end;
    end
```

运行上述程序，结果如图 2-17 所示。从图 2-17（a）中可以看出，函数 AutoCorrelationEst 运行的结果和 MATLAB 自带的 xcorr(X,M,'unbiased')函数运行结果相同。

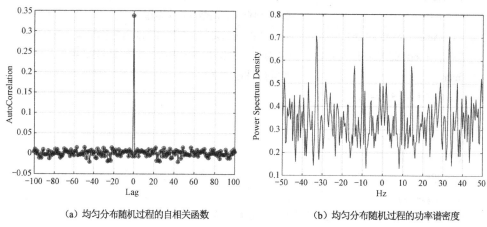

（a）均匀分布随机过程的自相关函数　　　　（b）均匀分布随机过程的功率谱密度

图 2-17　随机过程的自相关函数和功率谱密度

2.4.3　窄带随机过程

1. 窄带随机过程

若随机过程 $X(t)$ 的谱密度满足

$$S_X(f) = \begin{cases} S(f) & |f - f_0| < B \\ 0 & \text{其他} \end{cases} \tag{2-80}$$

则称 $X(t)$ 为带通过程。若 $X(t)$ 为带通过程，且 $B \ll f_0$，即中心频率过大于谱宽，则称 $X(t)$ 为窄带带通随机过程。

2. 窄带随机过程的解析表达方法之一：莱斯表示法

任何一个实窄带随机过程 $X(t)$ 都可表示为

$$X(t) = a(t)\cos(2\pi f_0 t) - b(t)\sin(2\pi f_0 t) \tag{2-81}$$

其中，f_0 为窄带随机过程的中心频率，$a(t)$ 和 $b(t)$ 分别称为 $X(t)$ 的同相和正交分量。$a(t)$、$b(t)$ 有如下性质：

① $a(t)$、$b(t)$ 都是实随机过程；

② $E(a(t)) = E(b(t)) = 0$；

③ $a(t)$ 与 $b(t)$ 各自广义平稳，联合平稳，且 $R_a(\tau) = R_b(\tau)$；

④ $E(a^2(t)) = E(b^2(t)) = E(X^2(t))$，由此可得方差 $\sigma_a^2 = \sigma_b^2$；

⑤ $R_{ab}(0) = 0$，这说明 $a(t)$ 与 $b(t)$ 在同一时刻正交；

⑥ $S_a(\omega) = S_b(\omega)$，即 $a(t)$ 与 $b(t)$ 具有相同的功率谱密度。

3. 窄带随机过程的解析表达方法之二：准正弦振荡表示法

实窄带随机过程 $X(t)$ 的准正弦振荡表示法如式(2-82)所示：

$$X(t) = A(t)\cos(2\pi f_0 t + \Phi(t)) \tag{2-82}$$

由莱斯表示法可知：

$$A(t) = \sqrt{a^2(t) + b^2(t)}, \quad \Phi(t) = \arctan\frac{b(t)}{a(t)} \tag{2-83}$$

相比 $\cos(2\pi f_0 t)$，$A(t)$ 与 $\Phi(t)$ 都是随时间缓慢变化的随机过程。f_0 为窄带随机过程的中心频率，$A(t)$ 为 $X(t)$ 的包络，$\Phi(t)$ 为 $X(t)$ 的相位（初相）。

■ 2.4.4　高斯白噪声和带限白噪声

白噪声是一个理想的宽带过程，本节分别讨论白噪声、低通白噪声和带通白噪声。

1. 白噪声

功率谱密度取值在整个频域内是平坦分布的噪声，被称为白噪声。白噪声称呼的引入来自光学词汇"白光"。因为噪声的谱很宽，就像频谱很宽的白光，因此称为"白噪声"。一噪声若有功率谱密度：

$$P_n(f) = n_0 / 2 \qquad -\infty < f < +\infty \tag{2-84}$$

式中，$n_0 / 2$ 表示某常数，单位取 W/Hz，则称该噪声为白噪声。若白噪声在时域服从高斯分布，则称为高斯白噪声，在分析通信系统性能时人们常用它作为信道中的噪声模型。

式(2-84)中给出的是定义所有正负频率的双边功率谱密度。白噪声的单边功率谱定义在正频域，表示为

$$P_n(f) = n_0, \quad 0 < f < +\infty \tag{2-85}$$

在进行傅里叶变换计算时，要把式(2-85)变回到双边功率谱密度表示后才可进行。对式(2-84)进行傅里叶反变换得到白噪声自相关函数为

$$R_n(\tau) = \left(\frac{n_0}{2}\right)\delta(\tau) \tag{2-86}$$

显然，式(2-86)说明白噪声只有在 $\tau = 0$ 时才相关，而它在任意两个不同时刻上的随机变量都是不相关的。

2．低通白噪声

如果功率谱密度为 $n_0/2$ 的白噪声通过截止频率为 f_H 的理想低通滤波器，则称该滤波器的输出噪声为低通白噪声。低通白噪声的功率谱密度为

$$P_n(f) = (n_0/2) = \begin{cases} \dfrac{n_0}{2} & |f| \leqslant f_H \\ 0 & \text{其他} \end{cases} \tag{2-87}$$

自相关函数为

$$R_n(\tau) = f_H n_0 \mathrm{Sa}(2\pi f_H \tau) \tag{2-88}$$

由式(2-88)看到，带限低通白噪声在 $\tau = k/2f_H$ 上（$k=\pm1,\pm2,\pm3,\cdots$）时，所得到的随机变量不相关。带限低通白噪声的自相关函数与功率谱密度如图 2-18（a）和图 2-18（b）所示。

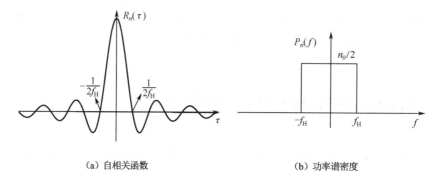

（a）自相关函数　　　　　　　　　　（b）功率谱密度

图 2-18　带限低通白噪声的自相关函数与功率谱密度

3．带通白噪声

如果将一个功率谱密度为 $n_0/2$ 的白噪声加到一个中心频率为 f_c、带宽为 B（Hz）的理想带通滤波器上，则称该滤波器的输出噪声为带通白噪声。功率谱密度为

$$P_n(f) = \begin{cases} \dfrac{n_0}{2}, & f_c - B/2 \leqslant |f| \leqslant f_c + B/2 \\ 0, & \text{其他} \end{cases} \tag{2-89}$$

相关函数与功率谱密度为傅里叶变换对，可知带通白噪声的自相关函数为

$$R(\tau) = n_0 B \mathrm{Sa}(\pi B\tau)\cos 2\pi f_c\tau \tag{2-90}$$

带通白噪声的平均功率为

$$P_n = R_n(0) = n_0 B \tag{2-91}$$

带通白噪声的有关结论和分析方法在今后带通传输系统的抗噪声性能分析中经常会用到。

【例 2-21】生成平均功率为 1W，长度为 1000 的复高斯噪声，并编写程序计算该复高斯噪声序列的平均功率、自相关函数和功率谱密度函数。

解：

```
clear all;close all;
N = 1000;
NumofStac = 50;                    % 通过对统计数据进行 50 次求平均计算
% 复高斯噪声的自相关函数和功率谱密度
VariancePerDim = 1/2;              % 复高斯噪声的单维功率
Ts = 0.01;                         % 复高斯噪声的抽样时间间隔
Fs = 1/Ts;                         % 复高斯噪声的带宽
M = N−1;                           % 复高斯噪声的求相关的最大 Lag
R = zeros(1,2*M+1);
P = zeros(1,1024);
PowerPN_est = 0;
for MontCarlo = 1:NumofStac
% 生成的随机噪声每个维度上都是 VariancePerDim，因此总的方差为 2*VariancePerDim
gt = sqrt(VariancePerDim)*randn(1,N)+sqrt(−VariancePerDim)*randn(1,N);
RSample = xcorr(gt,M,'unbiased');    % 直接调用 MATLAB 函数计算自相关
R= R + RSample;
% 直接调用 pwelch 函数计算随机过程的功率谱密度，FFT 点数为 1024
[PSample,F] =pwelch(gt,[ ],[ ],1024,Fs,'centered');
P = P + PSample';
end
P_av = P/NumofStac;
R_av = R/NumofStac;    % 求平均自相关函数和功率谱密度
figure(1)
plot([−M*Ts:Ts:M*Ts],abs(R_av))        % 画出自相关函数
xlabel('Lag Time');
ylabel('AutoCorrelation');
grid on;
figure(2)
plot(F,10*log10(P_av));                % 画出功率谱密度函数
axis([−50 50 −36 0])
legend('复高斯随机过程的功率谱');
xlabel('频率/Hz');
ylabel('功率谱/dB');grid on;
PowerEst= R_av(M+1);                   % 利用式(2-90)计算平均功率
disp(['The power of the complex AWGN is ', num2str(PowerEst)]);
```

运行上述程序，在命令行窗口显示处估算的高斯噪声序列平均功率：

```
The power of the complex AWGN is 0.99694
```

生成的复高斯随机过程的自相关函数和功率谱密度图形如图 2-19 所示。

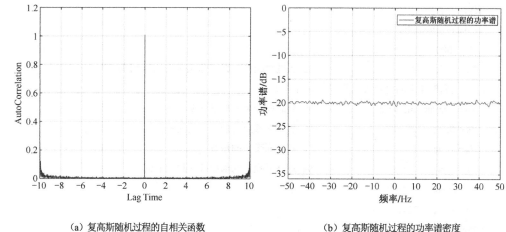

（a）复高斯随机过程的自相关函数　　　　　　　（b）复高斯随机过程的功率谱密度

图 2-19　复高斯噪声自相关函数及其功率谱密度

习题

2-1　试用 ezplot 函数画出确定性周期信号 $s(t) = 2\cos(4t+1) - 5\sin(4t+1)$ 的图形。

2-2　求周期为 10 的离散方波序列的离散傅里叶级数，该序列在 $n = 0, 1, 2, \cdots, 8, 9$ 的一个离散周期内取值为 [0　0　1　2　3　2　1　0　0　0]。

2-3　假设某离散时间序列为 $x(n) = \mathrm{e}^{-\mathrm{j}\frac{\pi}{4}n}$，$-10 \leqslant n \leqslant 10$，求该序列的离散时间傅里叶变换。

2-4　试利用 MATLAB 编程分别基于傅里叶变换、离散傅里叶变换分析信号 $s(t) = 600\mathrm{e}^{-200|t|}$ 的频谱。

2-5　试求 $s(t) = \sin(\omega_0 t + \theta)$ 的自相关函数，设该信号中的参数 ω_0 和 θ 皆为常数。

2-6　生成长度为 5000 的伯努利随机变量，其中取 "1" 的概率为 0.3，求该离散随机变量的均值和方差。

2-7　做抛硬币实验，若正面发生概率为 0.4，画出做 1000 次抛硬币实验正面发生次数 X 的概率质量函数。请问抛 1000 次得到 500 次正面的概率是多少？

2-8　假设某随机变量服从均值为 0，方差为 1 的高斯分布，求该随机变量取值绝对值大于 4 的概率。

2-9　假设随机过程的样本函数表达式为 $X(t) = \cos(2\pi ft + \varphi) - \sin(2\pi ft + \varphi)$，其中 φ 是在 $[0, 2\pi)$ 均匀分布的随机变量，试画出该随机过程的样本函数，并求该随机过程的均值、方差和自相关函数。

2-10　生成平均功率为 1W，长度为 4000 的实高斯白噪声，将该高斯白噪声通过通带频率为 1000Hz，阻带频率为 1200Hz 的 Butterworth 滤波器生成带通窄带高斯过程，分析其自相关函数和功率谱密度。

📚 扩展阅读

我国第一颗静止轨道同步通信卫星"东方红二号"

1984 年 4 月 8 日，我国第一颗静止轨道同步通信卫星"东方红二号"试验通信卫星在西昌卫星发射中心由"长征三号"运载火箭发射升空。它的成功发射标志着我国具备了利用本国通信卫星进行卫星通信的能力，使我国成为世界上第 5 个独立研制和发射静止轨道卫星的国家。"东方红二号"卫星的主体为圆柱形，高为 3.6m，直径为 2.1m，质量为 441kg，主要用于国内远距离电视传输。卫星采用自旋稳定，表面贴有近 2 万片太阳能电池片以提供卫星工作的电源。采用机械消旋装置控制卫星上部的抛物面通信天线，使卫星天线波束始终指向地球，星上装有 4 个 C 波段转发器，等效全向辐射功率（Equivalent Isotropically Radiated Power，EIRP）为 36dBW。

1957 年 10 月，苏联发射了人类历史上第一颗人造地球卫星，震动世界。毛泽东发出了"我们也要搞人造卫星"的号令，在钱学森、赵九章等科学家的建议下，由中科院牵头启动了人造卫星的研究工作。我国第一颗人造地球卫星"东方红一号"卫星于 1970 年 4 月 24 日在酒泉卫星发射中心由"长征一号"运载火箭成功发射。"东方红一号"卫星进行了轨道测控和《东方红》乐曲的播送，在轨工作 28 天，于 5 月 14 日停止发射信号。1975 年 3 月 31 日，被命名为"331"工程的中国卫星通信工程列入国家计划，"东方红二号"通信卫星正式进入工程研制阶段，由孙家栋担任"东方红二号"通信卫星的总设计师。1984 年 4 月 8 日晚，"东方红二号"发射升空，西安卫星测控中心遥测数据显示，卫星上的镉镍电池温度超过设计指标的上限值，如果不及时控制温度，可能烧毁卫星。孙家栋立即召集技术人员，快速研究对策。他们通过测控通信链路对卫星发出应急指令，一方面将星上耗能仪器设备全部打开，尽可能多地消耗电能；另一方面调整卫星姿态，改变太阳辐射角，以减少太阳能电池对卫星的供电，这些措施迅速控制了卫星温度。为了从根本上解决问题，技术人员继续在地面试验系统进行通宵达旦的模拟试验，发现要将温度控制在正常设计指标范围，必须让太阳照射角定点为 90°。要达到这个条件必须让卫星姿态角在原定计划上调整 5°。按照正常程序，"再调 5°"的指令，需要按程序审批签字完毕才能执行。但情况紧急，各种手续都来不及了。压力巨大的操作指挥员临时拿出一张白纸，草草写下"孙家栋要求再调 5°"的字据，孙家栋毅然签上名字，果断下达指令，卫星终于化险为夷。1984 年 4 月 17 日 19 时，昆明、乌鲁木齐等地居民终于第一次通过直播的形式观看了中央电视台《新闻联播》。在此之前，收看同样一段节目，他们要等上整整 7 天。4 月 18 日上午 10 时，时任国务委员兼国防部长张爱萍通过"东方红二号"卫星，与新疆维吾尔自治区党委第一书记王恩茂实现了北京、新疆之间的第一次卫星通话。张爱萍扔下事先准备好的讲稿，大声说："老王，哈密瓜熟了没有？"王恩茂回答："我这就派人给你送过去！"

第 3 章

信道建模与仿真

　　信道就是信息传输的通道，它以传输介质为基础，把通信信号从发射端传送到接收端。信道是通信系统中的重要组成部分。当信号在信道中传播时，不可避免地会受到衰落、噪声和干扰等因素的影响，为了采取有效的措施对信道影响进行补偿，建立合理准确的信道模型至关重要，信道模型能很好地模拟实际场景中信道对信号产生的影响，为通信系统仿真评估和算法设计提供科学依据。

　　本章主要关注移动无线信道的建模和仿真。无线信道传播环境受到地形、地貌等外部因素的影响，可能随时间剧烈变化。无线信道对信号的影响粗略可以分为大尺度（Large-Scale）衰落和小尺度（Small-Scale）衰落。大尺度衰落主要用于描述发射机与接收机（T-R）之间长距离（几百或几千米）上的信号强度变化。小尺度衰落用于描述短距离（几个波长）或短时间（秒级）内接收信号强度的快速变化。在电磁波实际传播过程中，无线信道同时存在大尺度衰落和小尺度衰落。

3.1 信道大尺度衰落仿真

大尺度衰落描述的是接收信号电平随着传播路径的变化规律,其影响主要包括两个因素:①传播距离造成的路径损耗;②由于障碍物阻挡形成的阴影衰落。通常,人们认为路径损耗是传播距离和频率的确定性函数。也就是说,在给定的几百到几千米发送和接收距离下,损耗是固定值。阴影衰落则源于发射端和接收端之间障碍物引起的吸收、反射、散射、衍射等物理现象。与路径损耗相比,阴影衰落的作用距离更小,通常和障碍物的尺寸相关。

■ 3.1.1 自由空间传播路径损耗

路径损耗反映传播距离对接收功率的影响,最常用的路径损耗模型是自由空间传播模型。假设发射天线为全向天线,电波以球面波形式传播,根据能量守恒定理,随着传播距离增大,球面上的能量密度将随着球面面积的增大而线性减小。假设 d 表示发射天线和接收天线之间的距离,单位为米。在距离发射机 d 米处的接收功率 $P_r(d)$ 可以用著名的 Friis 公式表示

$$P_r(d) = P_t \left(\frac{\lambda}{4\pi d} \right)^2 G_t G_r \tag{3-1}$$

其中,P_t 表示发射信号的功率,G_t 和 G_r 分别表示发射天线和接收天线的增益;λ 表示电磁波波长。我们可以定量分析与距离相关的确定性的功率衰减,定义路径损耗如下

$$L_p(\mathrm{dB}) = 10\lg \frac{P_t}{P_r(d)} = 10\lg \left(\frac{4\pi d}{\lambda \sqrt{G_t G_r}} \right)^2 \tag{3-2}$$

由式(3-2)可以看出,路径损耗和传输距离呈对数关系。传播距离导致的确定性衰减对移动通信系统的网络规划有重要的影响,在早期的蜂窝网规划中传播衰减决定了接收机信噪比和最大覆盖范围。除自由空间传播模型以外,人们通过大量测量给出其他特定场景下的传播模型,如应用很广泛的 Okumura 模型,这些模型通过对郊区、农村和城区传播环境的测量给出了传播损耗的经验公式。

【例 3-1】试计算载波频率 $f_c = 800\mathrm{MHz}$、$2.4\mathrm{GHz}$、$30\mathrm{GHz}$ 时电磁波的自由空间路径损耗。

解:

```
clear all;
close all;
fc=[800e6 2.4e9 30e9];        % 电磁波频率
Distance=[1:2:31].^2;         % 传输距离,单位为米
```

```
Gt=[1]; Gr=[1];                    % 发射和接收信号增益
for k=1:3
Lambda = 3e8/fc(k);            % 波长
PL(k,:) = 20*log10((4*pi*Distance)./(Lambda*sqrt(Gt*Gr))); %
end
semilogx(Distance,PL(1,:),'r-o',Distance,PL(2,:),'k->',Distance,PL(3,:),'b-.');
% 按照 x 轴对数坐标画图
grid on;
axis([1 1000 40 110]);
title(['Free Space Path-loss Model']);
xlabel('Distance[m]');
ylabel('Path loss[dB]');
legend('f_c=800MHz','f_c=2.4GHz','f_c=30GHz')
```

运行结果如图 3-1 所示。从运行结果可以看出，随着传播距离的增大，路径损耗变大；在相同的传播距离条件下，电磁波频率越大，路径损耗越大。

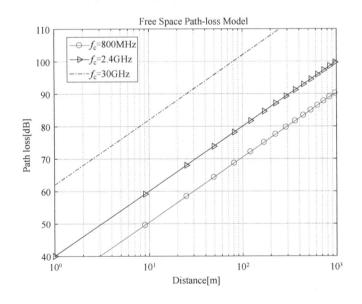

图 3-1　不同频率电磁波的自由空间路径损耗

3.1.2　阴影衰落

自由空间传输损耗仅考虑了传输距离的影响，没有考虑在发射端和接收端附近的散射体存在较大的环境差异。从图 3-2 可以看出，即使传输距离不变，小山阻挡也会对接收功率造成较大的影响。移动车辆在小山的遮挡下，接收功率可能产生大幅波动或下降，这种因为建筑、树林、小山等障碍物阻挡导致的功率衰减就是阴影衰落，这种现象类似于云层部分遮挡阳光形成阴影，因而得名。

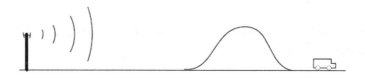

图 3-2　阴影衰落示意图

一般来说，自由空间传输损耗仅能预测接收功率在较大范围内的平均值，而阴影衰落则可能导致接收功率关于均值产生较大的波动。研究表明：阴影衰落可以建模为对数正态分布，总的功率损耗 $L(\mathrm{dB})$ 可以写成路径传输损耗和对数正态分布阴影损耗之和，即

$$L(\mathrm{dB}) = L_p(\mathrm{dB}) + X_\sigma \tag{3-3}$$

其中，$L_p(\mathrm{dB})$ 为路径传输损耗，X_σ 表示阴影衰落因子，在对数表示下，通常认为 X_σ 是零均值的高斯随机变量，标准差为 σ。X_σ 的存在，表示路径衰减除因为长距离传输导致的路径损耗之外，还存在和传输地形及位置相关的变量。注意阴影衰落一般会使得数百波长量级的移动范围内的信号功率发生较大波动，而在数十个波长的距离范围内接收功率不会发生较大变化。对应到时间上，阴影衰落的持续时间通常长达几秒甚至几分钟，这种时间尺度较小尺度的多径衰落要慢得多。

【例 3-2】考虑以 2.4GHz 传输的 WiFi 信号在 1~1000m 的传输损耗，画出叠加了自由空间路径损耗和阴影衰落的接收功率大尺度衰落变化。

解：

```
fc=[2.4e9];
Distance=[1:2:31].^2;
Gt=[1]; Gr=[1];
sigma=8;              % 阴影衰落的标准差，以 dB 表示
Lambda= 3e8/fc;
PL(1,:) = 20*log10((4*pi*Distance)./(Lambda*sqrt(Gt*Gr)));
PLWithShadow(1,:) = PL(1,:) + sigma*randn(size(Distance));
semilogx(Distance,PL(1,:),'r-o',Distance,PLWithShadow(1,:),'k->')
grid on;
axis([1 1000 40 110]);
title(['Free Space Path-loss With Lognormal Shadowing Model']);
xlabel('Distance[m]');
ylabel('Path loss[dB]');
legend('Free Space Path Loss','Path Loss With Shadowing')
```

程序运行结果如图 3-3 所示。

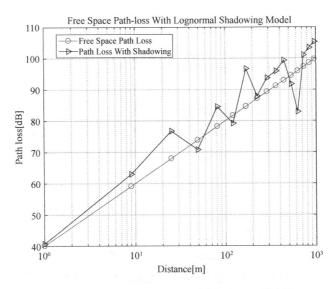

图 3-3　2.4GHz 频段电磁波的路径损耗和阴影衰落

3.2　信道小尺度衰落模型

小尺度衰落简称衰落（Fading），是指无线电信号的幅度、相位在较短时间（秒级）和较短传播距离（几个波长）上的快速变化。多径传播是小尺度衰落中重要的物理现象，多径传播是指电磁波在传播过程中遇到建筑物、树木或起伏的地形等发生反射、散射、绕射等效应，一方面多径传播会引起能量损失；另一方面这些反射、散射或绕射波在经历了不同的传播路径到达接收端，各个路径来波在相位和强度上有很大差别，不同强度、不同相位的多径信号分量（Multipath Components）在接收端叠加会产生同相叠加增强、反相叠加减弱的现象，这种现象导致接收信号的幅度产生剧烈变化。

多径传播现象对小尺度衰落中信号衰落、延迟色散、频率色散有重要影响。首先，多径分量受到发射机、接收机相对位置以及散射体位置和移动的影响，到达接收端相位各有不同，导致相长或相消的叠加，产生信号幅度上的衰落。其次，信号经过多径传播到达接收端时每条路径对应不同的传播时延，这使得到达信号第一径和最后一径之间存在时间上的扩展，产生延迟色散；如果发射端、接收端或者引发多径传播的散射体存在相对运动，导致接收到的信号的不同频率分量产生频率偏移，产生频率色散。在发生频率色散现象时，多径分量的到达方向会直接影响到频率偏移的大小。

发送信号在经历不同的路径时延、不同的衰减后到达接收端，每个多径接收信号和发射信号之间的关系都是线性的，总的接收信号是各个接收信号的叠加，因此线性是多径信道的重要特性。

■ 3.2.1 信道小尺度传输特性分类

在电波传播过程中，若定义信道的第一条径和最后一条径之间的时间扩展为 $\Delta\tau$，则 $\Delta\tau$ 又可以被称为多径扩展（Multipath Spread）或称延迟扩展（Delay Spread）。定义信道的相干带宽（coherent bandwidth）B_c 为

$$B_c = \frac{1}{\Delta\tau} \tag{3-4}$$

对于窄带通信系统，当信号带宽远小于信道相干带宽，即 $B \ll B_c$ 时，信道对整个带宽内的信号影响近似相同，此时我们称信道为频率非选择性衰落（frequency-nonselective）信道或平衰落（flat fading）信道。在平衰落信道中，信道的多径时延扩展往往可以忽略不计，信道对信号影响可以简化为乘性因子衰减；反之，如果相干带宽相对于信号带宽很小，则信道对信号频谱中不同频率分量的影响具有较大差异，此时，信道被称为频率选择性（frequency selective）衰落信道。一般来说，频率选择性衰落意味着信道会引入相对较大的多径时延扩展，给数字信号的传输带来较大的码间串扰。此时如果要保持传输速率，需要在接收端设计相应的均衡算法，从具有码间串扰的信号中恢复原始信息。否则，就必须降低码元传输速率，使得码间串扰的影响减小。从频域的角度，码元速率降低，信号带宽减小，频率选择性衰落的影响也随之减轻。

从频域色散的角度，在实际的无线信道中，不同多径信号呈现不同的多普勒频移。假设无线电波从源出发到达接收端，接收机的移动速度为 v，移动路线和电磁波入射线之间的夹角为 θ_i，则由于接收端移动导致的频率变化 $f_{d,i} = f_c v \cos\theta_i / c$ 即为多普勒频移。在丰富散射的条件下，接收信号的到达角度可能分布在一定范围内，导致频谱分布在 $[f_c + f_{d1}, f_c + f_{d2}]$。我们将最大多普勒频移和最小多普勒频移之间的差值定义多普勒频移扩展（Doppler Spread），多普勒扩展直观地反映了信道对输入信号的频率展宽作用，即

$$f_{spread} = f_{d2} - f_{d1} \tag{3-5}$$

大的多普勒扩展对应快速时变信道，小的多普勒扩展对应慢时变信道，由于多普勒扩展和信道时变之间的对应关系，人们通常定义信道的相干时间（Coherent Time）T_c 为

$$T_c = 1/(f_{spread}) \tag{3-6}$$

相干时间能大致上反映信道保持时不变的时间，因此常用于定性衡量信道衰落的快慢。如果通信系统发射符号时间间隔相对相干时间较小，则可以认为信号经历慢衰落。反之，认为信号经历快衰落。

◾3.2.2 频率非选择性慢衰落信道

假设通信系统带宽 B 远小于信道相干带宽，即 $B \ll B_c$（符号时间间隔远大于最大多径时延扩展），而且发送符号时间间隔远小于信道相干时间，即 $T \leqslant T_c$，则对该通信系统而言，信道可以建模为频率非选择性慢衰落信道。

假设发射信号为 $x(t)$，在频率非选择性慢衰落信道作用下，$x(t)$ 受到信道乘性因子 h 的影响，并叠加高斯白噪声，接收信号 $y(t)$ 可以写成

$$y(t) = hx(t) + n(t) \tag{3-7}$$

频率非选择性慢衰落信道模型如图 3-4 所示。

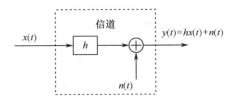

图 3-4 频率非选择性慢衰落信道模型

下面我们从信道因子的物理实质出发，分析 h 的统计特性。假设发送带通实信号为 $\tilde{x}(t)$，发射信号载波频率为 f_c，则有

$$
\begin{aligned}
\tilde{x}(t) &= \mathrm{Re}\{x(t)\exp(\mathrm{j}2\pi f_c t)\} \\
&= \mathrm{Re}\{x(t)\}\cos(2\pi f_c t) - \mathrm{Im}\{x(t)\}\sin(2\pi f_c t) \\
&= x_r(t)\cos(2\pi f_c t) - x_i(t)\sin(2\pi f_c t)
\end{aligned}
\tag{3-8}
$$

式(3-8)中的 $x(t) = x_r(t) + \mathrm{j}x_i(t)$ 表示带通实信号 $\tilde{x}(t)$ 的等效低通信号或复包络。带通实信号通过信道传输，经历不同的反射、散射、折射、衍射形成多径效应，假设存在 N 条密集路径，接收端得到的带通实信号 $\tilde{y}(t)$ 可以写成

$$\tilde{y}(t) = \sum_{i=1}^{N} a_i \tilde{x}(t - \tau_i) \tag{3-9}$$

其中，a_i 表示第 i 条子路径的实数增益，通常 $\{a_i\}$ 的大小取决于第 i 个反射表面的横截面积（Cross-Sectional Area）或第 i 个衍射边缘的长度。τ_i 表示第 i 条子路径的传播时延。将式(3-8)代入式(3-9)可得

$$
\begin{aligned}
\tilde{y}(t) &= \sum_{i=1}^{N} a_i \tilde{x}(t - \tau_i) \\
&= \sum_{i=1}^{N} a_i \mathrm{Re}\left\{x(t - \tau_i)\mathrm{e}^{\mathrm{j}2\pi f_c t}\,\mathrm{e}^{-\mathrm{j}2\pi f_c \tau_i}\right\} \\
&= \mathrm{Re}\left\{\left(\sum_{i=1}^{N} a_i\,\mathrm{e}^{-\mathrm{j}2\pi f_c \tau_i}\,x(t - \tau_i)\right)\mathrm{e}^{\mathrm{j}2\pi f_c t}\right\}
\end{aligned}
\tag{3-10}
$$

因此，接收的等效低通信号（复包络）表示为

$$y(t) = h(t) \otimes x(t) = \sum_{i=1}^{N} a_i \, e^{-j2\pi f_c \tau_i} x(t - \tau_i) \tag{3-11}$$

符号"$\otimes$"表示线性卷积。当信道为频率非选择性衰落信道时，可以近似认为所有子路径的延迟 $\{\tau_i\}$ 相对于系统符号时间间隔 T 很小，可以统一近似为一个 τ_h，此时信道响应写成

$$h(t) = \left(\sum_{i=1}^{N} a_i \, e^{-j2\pi f_c \tau_i} \right) \delta(t - \tau_h) \tag{3-12}$$

在式(3-12)中，若令第 i 条子路径的相位 $\phi_i = -2\pi f_c \tau_i$，$\phi_i$ 受到载波 f_c 的影响，随着时延剧烈变化，通常假设 $\phi_i \sim U[0, 2\pi]$，其中 $U[0, 2\pi]$ 表示在 $[0, 2\pi]$ 之间的均匀分布。第 i 条子路径增益可以写成 $h_i = a_i \exp(j\phi_i)$，在丰富散射、反射产生多条子路径时，每条子路径的幅度和相位都可视为随机变量。总的复信道增益因子 h 实质上是多条子路径增益之和：

$$h = \sum_{i=1}^{N} a_i \, e^{-j2\pi f_c \tau_i} = \sum_{i=1}^{N} h_i \tag{3-13}$$

依据各个子路径中是否存在较强直射分量，可以将平衰落信道进一步区分为瑞利信道和莱斯信道，Nakagami 信道等。下面讨论最经典的瑞利信道模型和莱斯信道模型。

1. 瑞利信道模型

瑞利信道模型是移动无线通信中最为常用的统计模型。该模型假设空中散射体均匀分布且数量足够多，各反射、散射波相互独立，强度近似相同（即不存在较强的直射分量）。根据式(3-13)，可得

$$\begin{aligned} h &= \sum_{i=1}^{N} a_i e^{j\phi_i} \\ &= \sum_{i=1}^{N} a_i \left[\cos\phi_i + j\sin\phi_i \right] \\ &= \sum_{i=1}^{N} a_i \cos\phi_i + j \sum_{i=1}^{N} a_i \sin\phi_i \end{aligned} \tag{3-14}$$

根据中心极限定理，当子路径数目足够大时，信道增益因子的实部 $h_R = \sum_{i=1}^{N} a_i \cos\phi_i$ 和虚部 $h_I = \sum_{i=1}^{N} a_i \sin\phi_i$ 都服从高斯分布。又因为 $\phi_i \sim U[0, 2\pi]$，因此：

$$E(h_R) = \sum_{i=1}^{N} a_i E[\cos\phi_i] = 0 \tag{3-15}$$

$$E(h_I) = \sum_{i=1}^{N} a_i E[\sin\phi_i] = 0 \tag{3-16}$$

频率非选择性慢衰落信道系数 h 可以建模为循环对称复高斯随机变量，即

$$h = h_R + jh_I \qquad h_R, h_I \in N(0, \sigma^2) \tag{3-17}$$

其中，$N(m, \sigma^2)$ 表示均值为 m、方差为 σ^2 的高斯分布，信道系数的实部 h_R 和虚部 h_I 均为均值为 0、方差为 σ^2 的高斯随机变量。信道系数还可以用复指数 $h = r\exp(j\theta)$ 形式表示，此时信道系数的包络可以写成

$$r = |h| = \sqrt{h_R^2 + h_I^2} \tag{3-18}$$

信道系数的相位为 $\theta = \arctan(h_I / h_R)$，相位 θ 服从 $[0, 2\pi)$ 上的均匀分布。包络 r 服从瑞利分布，概率密度函数为

$$p(r) = \frac{r}{\sigma^2} e^{-\frac{r^2}{2\sigma^2}} \quad r \geq 0 \tag{3-19}$$

此时信道的总功率为 $E(r^2) = 2\sigma^2$，包络平方 $z = r^2$ 服从指数分布，即

$$f(z) = \frac{1}{2\sigma^2} e^{-\frac{z}{2\sigma^2}} \quad z \geq 0 \tag{3-20}$$

瑞利衰落信道常用于描述由电离层和对流层反射、散射的短波信道，因为大气中存在的各种粒子能够将无线信号大量散射，还可以用于建模建筑物密集的城市中心地带的无线信道，因为密集的建筑和其他障碍物使得无线设备的发射机和接收机之间没有直射路径，而且使得无线信号发生丰富的反射、折射和衍射。

【例 3-3】试对功率为 1 的瑞利信道进行建模，并编程分析其包络和相位的分布特性。

解：

```
EnvelopeBinSpace = 0.1;              % distribution granularity
ChannelSampleNumber = 100000;
RayleighChannelPower = 1;            % 假设信道系数功率归一化
ChannelGain = sqrt(RayleighChannelPower/2)*randn(1,ChannelSampleNumber)+sqrt(−RayleighChannel
Power/2)*randn(1,ChannelSampleNumber);% 生成瑞利分布信道系数
MaximumEnvelope = 5*RayleighChannelPower;
Envelope = 0:EnvelopeBinSpace:MaximumEnvelope;
RayleighPDF_theory=Envelope/(RayleighChannelPower/2).*exp(−Envelope.^2/(RayleighChannel
Power));      % 瑞利分布的分布函数
SamplesPerBin_theory =RayleighPDF_theory* EnvelopeBinSpace * ChannelSampleNumber;
% 理论计算每个 bin 的样点数
figure
hist(abs(ChannelGain),Envelope);
hold on
plot(Envelope,SamplesPerBin_theory,'r')
title('The distribution of Rayleigh channel amplitude')
legend('Simulation','Theory')
% plot the distribution of channel phase
figure
```

```
hist(angle(ChannelGain),10)
title('The distribution of Rayleigh channel phase')
```

瑞利信道幅度仿真分布与理论分布的对比如图 3-5 所示，瑞利信道的相位分布如图 3-6 所示。

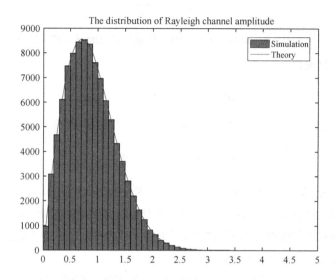

图 3-5　瑞利信道幅度仿真分布与理论分布的对比

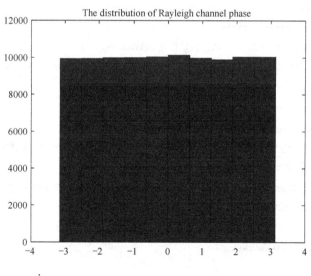

图 3-6　瑞利信道的相位分布

2. 莱斯信道模型

当传输环境中不仅存在丰富散射体带来的大量独立路径，而且存在明显较强的直达路径时，信道衰落系数通常建模为莱斯信道模型。莱斯信道模型常用于对卫星信道或遮挡较少的郊区环境无线信道建模。

莱斯信道系数可由一个均值为 0、方差为 σ^2 的循环对称复高斯变量叠加直射路径分量进行描述，即

$$h_{\text{Rice}} = A_{\text{Los}}\text{e}^{\text{j}\phi_{\text{Los}}} + C_{\text{R}} + \text{j}C_{\text{I}} \qquad C_{\text{R}}, C_{\text{I}} \in N(0,\sigma^2) \tag{3-21}$$

式(3-21)第一项表示直射路径分量，$A_{\text{Los}} \geqslant 0$ 表示直射路径的幅度，ϕ_{Los} 表示直射路径的相位。后两项的表达式与瑞利信道的衰落过程相同，代表丰富散射的多径分量叠加构成的分量。$C_{\text{R}}, C_{\text{I}} \in N(0,\sigma^2)$ 是独立同分布的零均值高斯随机变量，方差都为 σ^2。散射分量部分的功率可以记为 $2\sigma^2$，通常采用莱斯因子 $K = \dfrac{A_{\text{Los}}^2}{2\sigma^2}$ 表征直射分量功率与散射分量功率之比。显然，当 $K = 0$ 时，莱斯信道等效为瑞利信道，当 $K \to \infty$ 时，莱斯信道变为恒定参数信道。若已知信道总功率为 1，则直射分量功率为 $K/(K+1)$，散射分量部分的功率为 $1/(K+1)$。

注意莱斯信道系数实际上是均值非零的复高斯随机变量。令信道系数的包络为 r，则

$$r = \sqrt{\left(A_{\text{Los}}\cos(\phi_{\text{Los}}) + C_{\text{R}}\right)^2 + \left(A_{\text{Los}}\sin(\phi_{\text{Los}}) + C_{\text{I}}\right)^2} \tag{3-22}$$

r 为服从莱斯分布的随机变量，其概率密度函数为

$$p(r) = \frac{r}{\sigma^2}\text{e}^{-\left(\frac{A_{\text{Los}}^2 + r^2}{2\sigma^2}\right)}I_0\left(\frac{A_{\text{Los}}r}{\sigma^2}\right) \qquad r \geqslant 0 \tag{3-23}$$

其中，$I_0(\cdot)$ 为零阶第一类修正贝塞尔函数（the zero-order modified Bessel function of the first kind）：

$$I_0(x) = \frac{1}{2\pi}\int_0^{2\pi}\exp(x\cos\theta)\text{d}\theta \tag{3-24}$$

根据莱斯因子 K 的定义，莱斯随机变量的概率密度函数可以转化成另外一种表述形式，即

$$p(r) = \frac{r}{\sigma^2}\text{e}^{-K-\frac{r^2}{2\sigma^2}}I_0\left(\frac{\sqrt{2K}r}{\sigma}\right) \tag{3-25}$$

【例 3-4】试对功率为 1，莱斯因子 K 分别为 0、3、10 的莱斯信道进行建模，并通过仿真分析其包络和相位的分布特性。

解：

```
EnvelopeBinSpace = 0.1;        % distribution granularity
% 莱斯信道系数生成
ChannelSampleNumber = 100000;
RiceChannelPower = 1;
K = [0 3 10];             % 题中考虑的莱斯因子
LosPathPhase = 0;    % 假设直射路径的初始相位为 0;
EnvelopeBin = 0:EnvelopeBinSpace:RiceChannelPower*5;
```

```
% 莱斯信道包络的取值
for i=1:length(K)
Los_power(i) = RiceChannelPower * K(i)/(K(i)+1);
% 根据 K 计算直射路径的功率
NLos_power(i) = RiceChannelPower/(K(i)+1);
% 根据 K 计算散射路径的功率
RiceChannelGain(i,:) = sqrt(Los_power(i))*exp(sqrt(−1)*LosPathPhase) + sqrt(NLos_power(i)/2)*(randn
(1,ChannelSampleNumber) + sqrt(−1)*randn(1,ChannelSampleNumber));
% 莱斯信道系数包含直射分量和随机散射分量
RicePDF_theory = EnvelopeBin/(NLos_power(i)/2).*exp(−(EnvelopeBin.^2 + Los_power(i))/(NLos_
power(i))).*besseli(0,(sqrt(Los_power(i))*EnvelopeBin/((NLos_power(i)/2))));
% 莱斯分布的理论分布函数
SamplesPerBin_theory(i,:) =RicePDF_theory* EnvelopeBinSpace * ChannelSampleNumber;
% 依据莱斯分布的概率密度函数计算位于 EvelopeBinSpace 内的信道样点概率
end
figure(1)
h1=histogram(abs(RiceChannelGain(1,:)),EnvelopeBin); % K=0 时莱斯信道包络的直方图
h1.FaceColor = [1 0 0];              %   直方图颜色为红色
hold on;
h2 = histogram(abs(RiceChannelGain(2,:)),EnvelopeBin); % K=3 时莱斯信道包络的直方图
h2.FaceColor = [0 1 0];              %   直方图颜色为绿色
hold on
h3 = histogram(abs(RiceChannelGain(3,:)),EnvelopeBin); % K=10 时莱斯信道包络的直方图
h3.FaceColor = [1 1 1];              %%   直方图颜色为白色
hold on
plot(EnvelopeBin,SamplesPerBin_theory(1,:),'k','Linewidth',2);
hold on;plot(EnvelopeBin,SamplesPerBin_theory(2,:),'m','Linewidth',2')
hold on;plot(EnvelopeBin,SamplesPerBin_theory(3,:),'b','Linewidth',2')
title('The distribution of Rice channel amplitude')
legend('Simulation K=0 (Rayleigh)','Simulation K=3','Simulation K=10','Theory K=0 (Rayleigh)','Theory
K=3','Theory K=10')
%plot the distribution of channel phase
figure(2)
h1=histogram(angle(RiceChannelGain(1,:))); %K=0
h1.FaceColor = [1 0 0];
hold on;
h2 = histogram(angle(RiceChannelGain(2,:))); %K=3
h2.FaceColor = [0 1 0];
hold on
```

```
h3 = histogram(angle(RiceChannelGain(3,:))); %K=10
h3.FaceColor = [1 1 1];
title('The distribution of Rice channel phase')
legend('Simulation K=0 (Rayleigh)','Simulation K=3','Simulation K=10')
```

　　程序运行结果如图 3-7 所示，从图 3-7 可知，依据建模仿真生成的信道幅度分布直方图可以和瑞利分布及莱斯分布的理论分布较好地吻合，随着 K 的增大，信道幅度分布趋于集中。图 3-8 给出了莱斯信道的相位分布，从图中可知瑞利分布对应的相位为均匀分布，符合理论假设。

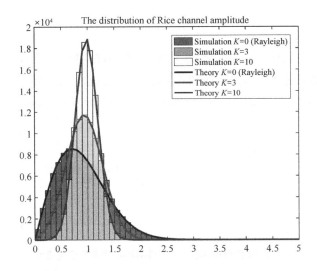

图 3-7　莱斯信道幅度分布仿真与理论对比图

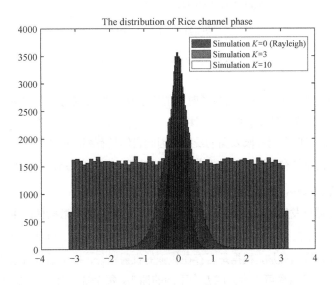

图 3-8　莱斯信道的相位分布图

73

3.2.3 频率选择性慢衰落信道

若通信系统带宽大于信道相干带宽，而且发送符号时间间隔远小于信道相干时间 $T \leqslant T_c$，则信道可以建模为频率选择性慢衰落信道。在频率选择性慢衰落信道的作用下，接收的等效低通信号（复包络）依然可以用式(3-11)表示，但与平衰落信道不同的是：当信道为频率选择性衰落信道时，各个子路径的延迟 $\{\tau_i\}$ 无法近似为一个 τ_h，此时等效低通信道冲激响应写为

$$h(t) = \sum_{i=1}^{N} a_i \, e^{-j2\pi f_c \tau_i} \, \delta(t - \tau_i) \tag{3-26}$$

此时接收信号可以视为发送信号通过具有某种时域冲激响应特性的信道所输出的结果，如图 3-9 所示。如果信道的冲激响应特性不随时间发生变化，则这种信道可以表征为线性时不变滤波器，带有加性噪声的线性时不变滤波器信道模型如图 3-9 所示。

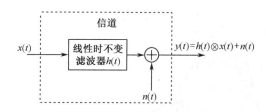

图 3-9 带有加性噪声的线性时不变滤波器信道模型

假设发送信号为 $x(t)$，那么信道输出信号为

$$\begin{aligned}
y(t) &= x(t) \otimes h(t) + n(t) \\
&= \int_{-\infty}^{+\infty} h(\tau) x(t - \tau) \mathrm{d}\tau + n(t) \\
&= \sum_{i=1}^{N} a_i \, e^{-j2\pi f_c \tau_i} x(t - \tau_i) + n(t)
\end{aligned} \tag{3-27}$$

通常，可以把具有相同或相近多径时延的信道路径等效成为一个抽头（Tap），构造如图 3-10 所示的描述路径结构的椭圆散射模型，发射机和接收机分别作为椭圆的两个焦点，路径 l_1、l_2、l_3 都来自内层椭圆表面的反射，因此它们具有相同的路径时延，但是具有不同的到达角，因此也就具有不同的多普勒频移。我们同样注意到，路径 l_2 和 l_5 具有相同的到达角和相同的多普勒频移，然而传播路径长度和时延却不相同。

假设电波传播只发生一次反射或散射，则位于同一个椭圆上散射体产生的散射路径就具有相同的时延，多个具有相同时延的路径组合成为一个抽头系数。因此，每个抽头系数依然来自于大量路径系数的叠加，根据是否存在较强的直射路径，抽头系数可以分为瑞利分布和莱斯分布。假设 N 条路径可以合并成 L 个不同的抽头，每个抽头具有不同的时延 $\{\tau_l\}_{l=0}^{L-1}$，各个抽头系数 $\{h_l\}_{l=0}^{L-1}$ 参考平衰落信道模型产生，式(3-26)的信道可以等效成

$$h(t) = \sum_{l=0}^{L-1} h_l \delta(t - \tau_l) \tag{3-28}$$

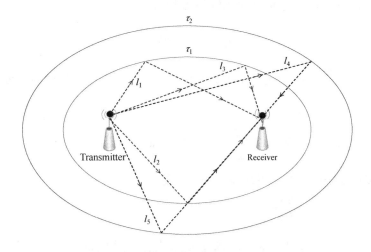

图 3-10 描述路径结构的椭圆散射模型

接收信号可以写成

$$y(t) = \sum_{l=0}^{L-1} h_l x(t - \tau_l) + n(t) \tag{3-29}$$

频率选择性信道通常可以视为由多个不同时延的平坦衰落信道构成,可以用如图 3-11 所示的信道的抽头延迟线模型进行表征。

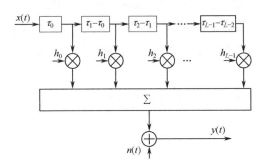

图 3-11 信道的抽头延迟线模型

当在通信系统中考虑对多径信道建模时,需要考虑系统本身的采样时间间隔。由于多径时延 τ_l 并不一定是采样时间间隔的整数倍,因此对于非整数倍采样时间间隔的多径时延需要进行内插处理,将其等效为系统整数倍采样时间间隔上的样点。

假设考察的通信系统等效低通信号双边带宽为 B ,则该系统的延迟时间分辨率用 $T_s = 1/B$ 已经足够对其进行表征,当多径时延不是 T_s 的整数倍时,我们可以采用 Sinc 内插方法，根据采样定理的内插公式：假设 $x(t)$ 是一个带限的连续时间信号，其截止频率为 f_m，则只要采样频率 $f_s \geqslant 2f_m$，该连续信号 $x(t)$ 就可以被抽样信号 $x(kT_s)$ 完全确定，其中 $T_s = 1/f_s$，$x(t)$ 可以通过式(3-30)内插还原出连续信号

$$x(t) = \sum_{k=-\infty}^{\infty} x(kT_s) \operatorname{Sinc}\left(\frac{(t-kT_s)}{T_s}\right) \tag{3-30}$$

其中，$\operatorname{Sinc}(x) = \dfrac{\sin(\pi x)}{\pi x}$。任意的非整数倍时延信号 $x(t-\tau_l)$ 可以视为通过整数倍时延信号内插得来

$$x(t-\tau_l) = \sum_{n=-\infty}^{\infty} x(t-nT_s) \operatorname{Sinc}\left(\frac{(\tau_l - nT_s)}{T_s}\right) \tag{3-31}$$

将式(3-31)代入式(3-29)，则接收信号可以写成

$$
\begin{aligned}
y(t) &= \sum_{l=0}^{L-1} h_l x(t-\tau_l) + n(t) \\
&= \sum_{n=-\infty}^{\infty} x(t-nT_s) \sum_{l=0}^{L-1} h_l \operatorname{Sinc}\left(\frac{(\tau_l - nT_s)}{T_s}\right) + n(t) \\
&= \sum_{n=-\infty}^{\infty} g_n x(t-nT_s) + n(t)
\end{aligned}
\tag{3-32}
$$

其中，

$$g_n = \sum_{l=0}^{L-1} h_l \operatorname{Sinc}\left(\frac{(\tau_l - nT_s)}{T_s}\right) \tag{3-33}$$

式(3-33)内插所得的 $\{g_n\}$ 表示由非整数倍时延处抽头系数通过 Sinc 内插方法得到的等效整数倍时延 nT_s 处的系数。由于 Sinc 函数衰减非常迅速，因此我们通常把 n 限制在原有时延 $\{\tau_l\}_{l=0}^{L-1}$ 附近的区域。假设内插获得的等效信道系数 g_n，$-N_1 \leqslant n \leqslant N_2$，经过整数倍抽样时间间隔内插之后，得到等效信道抽头延迟线信道模型如图3-12所示。

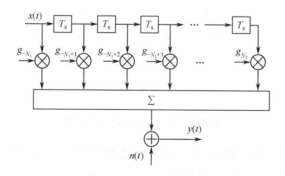

图3-12 时不变的频率选择性衰落信道的抽头时延框图

【例3-5】针对某等效低通双边带宽为 5MHz 的通信系统建模一个离散两径信道，第一径

相对时延为 0ns，平均功率为 0dB，服从莱斯因子为 $K = 3$ 的莱斯衰落，第二径服从丰富散射的瑞利衰落，相对时延为 860ns，平均功率为-9dB。

解：

```
Bandwidth= 5e6;                               %  系统带宽
Ts = 1/Bandwidth;                             %  系统采样间隔
Path_Delay_s= [0 860e−9];                     %  路径的多径时延
Path_Power_dB = [0−9];                        %  路径的功率
Path_power= 10.^(Path_Power_dB/10);
Tau_Ts_ratio= Path_Delay_s/Ts;               %  按照系统采样间隔归一化时延
Path_Num= length(Path_Power_dB);             %  抽头数目
KdB_Los= 3;                                   %  首径的莱斯因子
ChannelSampleNum = 1000;                      %  仿真生成的信道样本数量
for p = 1:Path_Num
    Power = Path_power(p);                    %  第 p 条多径的功率
        if   p==1                            %  第一径为莱斯衰落
        K = 10^(KdB_Los/10);                 %  进行莱斯因子的换算
        RandomPartPower = Power/(K+1);       %  计算随机分量的方差
        Variance = RandomPartPower/2;        %  复随机分量单个维度上的功率
        LosPower = Power*(K/(K+1));          %  计算直射分量功率，如果 K=0，则表示没有
                                                 Los 分量
        A_Los = sqrt(LosPower);              %  计算直射分量幅度
        Theta_Los = pi/6;                    %  直射径的相位
        Los_path = A_Los*( cos(Theta_Los) + sqrt(−1)*sin(Theta_Los));
        Randn_element = (sqrt(Variance))*(randn(1, ChannelSampleNum) + sqrt(−1)*randn(1,
ChannelSampleNum));
        Paths_Coeff(p,:) = Randn_element+ Los_path*ones(1, ChannelSampleNum);%
        else
        Variance = Power/2;              %  实数维的功率
        Paths_Coeff(p,:)=(sqrt(Variance))*(randn(1, ChannelSampleNum) + sqrt(−1)*randn(1, Channel
SampleNum));
        end
    end
%  将非整数倍的多径时延内插为整数倍采样处的多径时延
delay =4;
for t =1:ChannelSampleNum
for n=-delay:1:floor(max(Tau_Ts_ratio))+delay
    temp_sum=0;
        for k=1:length(Path_Delay_s)
            temp_sum = temp_sum+Paths_Coeff(k,t)*sinc(Tau_Ts_ratio(k)−n);
```

```
            end
        Tap_coeff(n+delay+1,t)=temp_sum;
    end
    end
    for i=1:ChannelSampleNum
        total_power=sum(abs(Tap_coeff(:,i)).^2);
        Tap_coeff(:,i)=Tap_coeff(:,i)./sqrt(total_power);
    end
```

■ 3.2.4 时变信道模型

发射端或接收端之间存在相对运动时会导致信号频率发生变化，产生时变效应。这一点在现实物理世界可以直观感受到：当警车或列车向你迎面驶来时，你会感觉声音变高，即频率升高；反之，当警车离开时，你会感觉频率减小，声音变低沉。由于相对运动导致单频信号频率发生变化示意图如图 3-13 所示。

假设在初始 $t=0$ 时刻警车的位置在 $d=0$，辐射的单频电磁波频率为 f_c，则此时警车辐射的电磁波阵面是以 $d=0$ 为中心的球。假设警车以速度 v 移动，在一个周期的时间间隔 $t=1/f_c$ 时警车移动至 $d=v/f_c$，此时接收机观察到的信号波长被压缩 v/f_c，对应的观测频率变为 $f_c(1+\dfrac{v}{c})$，其中 c 为光速，与原始的频率相比，频率增加了 $f_c\dfrac{v}{c}$，此时对应的多普勒频率为 $f_c\dfrac{v}{c}$。同样的道理，当单频 f_c 辐射源保持不动，当观测移动台向着辐射源移动时，接收到的信号频率也会变为 $f_c(1+\dfrac{v}{c})$，对应的多普勒频率为 $f_c\dfrac{v}{c}$。可见，多普勒频移的实质是运动导致电磁波传输距离的变化，最终产生相位以及相位变化率的变化。

图 3-13　由于相对运动导致单频信号频率发生变化示意图

考虑如图 3-14 所示移动终端运动条件下的信道模型，假设终端移动速度为 v m/s，第 i 条传播路径与终端移动方向的到达方位角为 θ_i，基站发送的等效低通信号为 $x(t)$，带通实信号 $\tilde{x}(t)$ 可以由式(3-8)表示，带通实信号 $\tilde{x}(t)$ 经历不同的反射、散射等多径传输，到达接收端时路径长度各有不同。

假设第 i 条传播路径的传播长度为 L_i，则对应传播长度 L_i 导致的传播时延为 $\tau_i = L_i/c$，其中，$c = 3 \times 10^8\,\text{m/s}$。在终端移动效应的影响下，第 i 条传播路径长度变为 $L_i - vt\cos\theta_i$，由此可得对应的多径时延为 $\tau_i - \dfrac{vt\cos\theta_i}{c}$。接收端得到的带通实信号可以写成

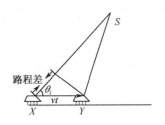

图 3-14　终端移动时产生多普勒频移示意图

$$
\begin{aligned}
\tilde{y}(t) &= \sum_{i=1}^{N} a_i \tilde{x}\!\left(t - \tau_i + \frac{vt\cos\theta_i}{c}\right) \\
&= \operatorname{Re}\!\left\{ \sum_{i=1}^{N} a_i x\!\left(t - \tau_i + \frac{vt\cos\theta_i}{c}\right) \mathrm{e}^{\mathrm{j}2\pi f_c t} \mathrm{e}^{-\mathrm{j}2\pi f_c \tau_i} \mathrm{e}^{\mathrm{j}2\pi f_c \frac{vt\cos\theta_i}{c}} \right\} \\
&= \operatorname{Re}\!\left\{ \sum_{i=1}^{N} a_i x\!\left(t - \tau_i + \frac{vt\cos\theta_i}{c}\right) \mathrm{e}^{-\mathrm{j}2\pi f_c \tau_i} \mathrm{e}^{\mathrm{j}2\pi f_{d,i} t} \mathrm{e}^{\mathrm{j}2\pi f_c t} \right\}
\end{aligned} \tag{3-34}
$$

式 (3-35) 中 $f_{d,i}$ 定义为第 i 条子路径的多普勒频移：

$$
f_{d,i} = f_c \frac{v}{c} \cos\theta_i \tag{3-35}
$$

由式 (3-35) 可知，路径的多普勒频移和终端移动速度、子路径散射信号到达方位角 θ_i 以及载波频率 f_c 相关。当 $\theta_i = 0$ 时，我们可以得到最大多普勒频移

$$
f_D = f_c v / c = \frac{v}{\lambda} \tag{3-36}
$$

在实际的传播场景中，散射的不同传播路径对应的入射角可能存在差异，但我们可以根据余弦函数的性质知道多普勒频移范围总会在 $[-f_D, f_D]$，这些频率偏移使得接收信号的频带得到展宽。

进一步简化式 (3-34)，将相位变化 $\exp(-\mathrm{j}2\pi f_c \tau_i)$ 包含在信道的复增益因子中，即 $\tilde{a}_i = a_i \exp(-\mathrm{j}2\pi f_c \tau_i)$；其次，认为运动引起的时延变化量和发送信号 $x(t)$ 的时间尺度相比非常小，因此近似 $x(t - \tau_i + vt\cos\theta_i / c) \approx x(t - \tau_i)$。则实带通接收信号可以表示为

$$
\tilde{y}(t) = \operatorname{Re}\!\left\{ \sum_{i=1}^{N} \tilde{a}_i x(t - \tau_i) \mathrm{e}^{\mathrm{j}2\pi f_{d,i} t} \mathrm{e}^{\mathrm{j}2\pi f_c t} \right\} \tag{3-37}
$$

对应的等效低通接收信号可以表示为

$$
y(t) = \sum_{i=1}^{N} \tilde{a}_i \mathrm{e}^{\mathrm{j}2\pi f_{d,i} t} x(t - \tau_i) \tag{3-38}
$$

信道的等效低通传输特性可以写成

$$
\begin{aligned}
h(t, \tau) &= \sum_{i=1}^{N} \tilde{a}_i \mathrm{e}^{\mathrm{j}2\pi f_{d,i} t} \delta(\tau - \tau_i) \\
&= \sum_{i=1}^{N} \tilde{a}_i \exp(-\mathrm{j}2\pi f_D \cos\theta_i t) \delta(\tau - \tau_i)
\end{aligned} \tag{3-39}
$$

◼️ 3.2.5 平衰落多普勒功率谱的仿真

本节我们考虑动态平衰落信道系数的多普勒功率谱。假设众多的散射和反射路径导致的传输时延不可分辨，则接收到信号可简写成

$$y(t) = h(t)x(t) + n(t) \tag{3-40}$$

其中，信道系数表示为

$$h(t) = \sum_{i=1}^{N} \tilde{a}_i e^{j2\pi f_{d,i} t} \tag{3-41}$$

如果发射端发射单位幅度的未调制载波，则其等效低通信号 $x(t) = 1$，接收端收到的信号即为 $y(t) = h(t)$。下面我们推导动态平衰落信道系数的自相关函数和功率谱。假设电磁波是二维平面波，接收机位于各向同性散射体中心，入射波到达角 θ 在 $[0, 2\pi)$ 内均匀分布，同时假设接收天线为循环对称全向天线（Omnidirectional antenna）。

假设发射信号的载频为 f_c，某个入射波到达角下的多普勒频率可以表示为

$$f_d(\theta) = f_c \frac{v}{c}\cos\theta = \frac{v}{\lambda}\cos\theta = f_D \cos\theta \tag{3-42}$$

其中，f_D 是最大多普勒频移。由于 $\cos\theta$ 为偶函数，因此到达角为 θ 以及 $-\theta$ 的路径生成的多普勒频率是一致的，即 $f_d(\theta) = f_d(-\theta)$。

令 $S_{f_d}(f_d)$ 表示信道随机过程的功率谱，信道总功率记为 $\int_{-\infty}^{\infty} S_{f_d}(f_d)\mathrm{d}f_d = \Omega$。令 $p(\theta)$ 表示功率随着到达角分布的概率密度函数，则有

$$S_{f_d}(f_d)\big|df_d\big| = \Omega\big[p(\theta) + p(-\theta)\big]\big|\mathrm{d}\theta\big| \tag{3-43}$$

其中，$p(\theta)\mathrm{d}\theta$ 表示在无穷小入射角范围 $\theta \sim \theta + \mathrm{d}\theta$ 内的入射功率占总功率的比重。注意由于一个 f_d 对应 $\pm\theta$ 两个角度，因此多普勒功率谱在 f_d 分布的功率等于在 $\pm\theta$ 两个角度上分布功率之和。

当 $N \to \infty$ 时，$p(\theta)$ 为连续分布。如果入射功率在 $[0, 2\pi)$ 均匀分布，则 $p(\theta)$ 可以表示为

$$p(\theta) = \frac{1}{2\pi} \tag{3-44}$$

对式(3-42)求导，可得

$$\begin{aligned}
\big|\mathrm{d}f_d\big| &= \big|-f_D\sin\theta\,\mathrm{d}\theta\big| = f_D\sqrt{1-(\cos\theta)^2}\,\big|\mathrm{d}\theta\big| \\
&= f_D\sqrt{1-\left(\frac{f_d}{f_D}\right)^2}\,\big|\mathrm{d}\theta\big|
\end{aligned} \tag{3-45}$$

将式(3-45)代入式(3-43)，可得

$$S_{f_d}(f_d) = \begin{cases} \dfrac{\Omega}{\pi f_D\sqrt{1-\left(\dfrac{f_d}{f_D}\right)^2}} & |f_d| \leqslant f_D \\[4mm] 0 & |f_d| > |f_D| \end{cases} \tag{3-46}$$

则式(3-46)可以写成

$$S_{f_{\mathrm{d}}}(f_{\mathrm{d}}) = \frac{\Omega}{\pi f_{\mathrm{D}}\sqrt{1-\left(\dfrac{f_{\mathrm{d}}}{f_{\mathrm{D}}}\right)^{2}}}, \quad |f_{\mathrm{d}}| \leqslant f_{\mathrm{D}} \tag{3-47}$$

式(3-47)就是 Jakes 多普勒功率谱的基本表达式，表明多普勒功率谱以载波为中心，分布在 $\pm f_{\mathrm{D}}$ 之间。时变信道的多普勒功率谱密度如图 3-15 所示。

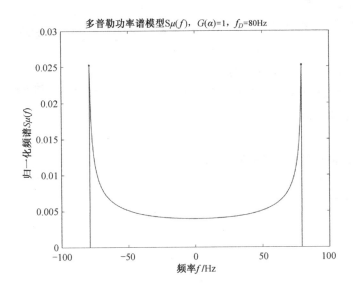

图 3-15　时变信道的多普勒功率谱密度

对式(3-47)进行傅里叶反变换来确定信道系数随机过程 $h(t)$ 的自相关函数 $R_{hh}(\tau)$，因为 $S_{f_{\mathrm{d}}}(f_{\mathrm{d}})$ 为偶函数，得到表达式

$$\begin{aligned}
R_{hh}(\tau) &= \int_{-\infty}^{+\infty} S_{f_{\mathrm{d}}}(f_{\mathrm{d}}) \mathrm{e}^{\mathrm{j}2\pi f_{\mathrm{d}}\tau} \mathrm{d}f_{\mathrm{d}} \\
&= \frac{2\Omega}{\pi f_{\mathrm{D}}} \int_{0}^{f_{\mathrm{D}}} \frac{\cos(2\pi f_{\mathrm{d}}\tau)}{\sqrt{1-(f_{\mathrm{d}}/f_{\mathrm{D}})^{2}}} \mathrm{d}f_{\mathrm{d}} \quad |f_{\mathrm{d}}| \leqslant f_{\mathrm{D}}
\end{aligned} \tag{3-48}$$

令 $f_{\mathrm{d}} = f_{\mathrm{D}}\cos\theta$，代入式(3-48)得到

$$R_{hh}(\tau) = \frac{2\Omega}{\pi} \int_{0}^{\pi/2} \cos(2\pi f_{\mathrm{D}}\tau\cos\theta) \mathrm{d}\theta \tag{3-49}$$

第一类零阶贝塞尔函数的积分表示为

$$J_{0}(x) = \frac{1}{2\pi} \int_{0}^{2\pi} \mathrm{e}^{\mathrm{j}x\cos\theta} \mathrm{d}\theta = \frac{2}{\pi} \int_{0}^{\pi/2} \cos(x\cos\theta) \mathrm{d}\theta \tag{3-50}$$

因此，可以得到

$$R_{hh}(\tau) = \Omega J_{0}(2\pi f_{\mathrm{D}}\tau) \tag{3-51}$$

下面我们介绍利用滤波法仿真多普勒功率谱的原理，滤波法参考模型如图 3-16 所示。

滤波法仿真多普勒功率谱的基本原理基于如下的事实：对于白色高斯随机过程 $G(t)$ ，假设其任意时刻样本值服从均值为零、方差为 1 的标准高斯分布。根据信号与系统的基本原理，将该高斯过程通过传递函数为 $\sqrt{H(f)}$ 的线性时不变滤波器，输出信号 $S_{hh}(f)$ 的功率密度为

$$S_{hh}(f) = S_{GG}(f)\left|H(f)\right|^2 \tag{3-52}$$

假设需要生成的彩色高斯过程功率谱为 $S_{f_d}(f_d)$ ，则只需要取 $H(f) = \sqrt{S_{f_d}(f_d)}$ ，并用其对标准白色高斯过程滤波即可。

【例 3-6】 某通信系统的带宽为 10kHz，通过仿真产生 80000 个服从经典 Jakes 多普勒功率谱的瑞利平衰落信道系数，其载波频率为 800MHz，终端移动速度为 10m/s，并对比仿真生成系数的多普勒功率谱和理论多普勒功率谱。

图 3-16 滤波法参考模型

解：

```
%  使用成形滤波器法仿真瑞利衰落信道
%  输入
%     fdmax = 最大多普勒频率
%     v= 速度
%     fs= 采样频率
%     Ns= 采样数
%  输出
%     channel_out = 复信道衰落，希望生成的点数为 Ns*1 的复高斯过程
fc= 800e6;          % 载波
v= 10;              % 速度
c= 3e8;             % 光速
fdmax = v*fc/c;     % 最大多普勒频移
fs= 1e4;            % 信道系数加载的通信系统的带宽，即样点抽样速率
Ns= 80000;          % 生产的信道系数的个数，生成 8000 个系数
variance = 1;       % 最后生成的信道系数具有归一化的功率
N=1024;                      % 将多普勒功率谱划分为 N 个等份
f_interval = 2*fdmax/N;      % 多普勒功率谱的范围从[-fdmax,fdmax]，定义此区间上的 N
个点对应划分的频域间隔
TimeInterval = 1/(2*fdmax);       % 该频率分辨率对应的时间周期长度
TimePeriod = Ns/fs;               % 仿真要求产生的信道系数的时间长度
f_interval_required = 1/TimePeriod; % 仿真要求产生系数时间长度，对应的频域分辨率
if f_interval_required > f_interval   % 取其中较小的频域分辨率
    DeltaF = f_interval;
else
    DeltaF = f_interval_required;
```

```
end
Nifft = ceil( fs/DeltaF);                    % 按照当前频域分辨率对应的 Nifft 点数
% 在频域 I、Q 两路产生相互独立的复高斯随机过程
GaussI =randn(1,N);
GaussQ =randn(1,N);
% 产生多普勒功率谱，生成 Nfft 个多普勒谱采样值
DopplerFilter_coeff = Jakes_DopplerPSD(fdmax,N);
% 对得到的高斯随机变量滤波，该滤波器的幅度谱为上一步得到的多普勒谱的平方根
h_GI = GaussI.*sqrt(DopplerFilter_coeff);
h_GQ = GaussQ.*sqrt(DopplerFilter_coeff);
% 该步骤在频域进行，时域的内插对于频域的延拓，故只需要在频域的数据中间补零，
% 补零个数为（Nifft-Nfft）
InterpolationZeros=zeros(1,Nifft-N);
Filtered_CGI=[h_GI(1:N/2) InterpolationZeros h_GI(N/2+1:N)];
Filtered_CGQ=[h_GQ(1:N/2) InterpolationZeros h_GQ(N/2+1:N)];
hI=ifft(Filtered_CGI);
hQ=ifft(Filtered_CGQ);
% 求出 I 路和 Q 路分量的幅度平方，然后将其相加
channel = hI + sqrt(-1)*hQ;
% 由于信号处理不能保持范数，因此重新归一化功率
MeanPower = norm(channel).^2/length(channel);
Channel_out = channel./sqrt(MeanPower);
% 画图
% 1. 验证所得的彩色高斯随机过程是否具有设计的功率谱
figure(1)
Hhamm = spectrum.periodogram('Hamming');
[Pxx]=psd(Hhamm,Channel_out, 'fs', fs);          % 求信道输出信号的 PSD
PSDSample_Simulation = fftshift( Pxx.Data );
F_Range = Pxx.Frequencies-fs/2;
%  仿真中的目标功率谱 U 型谱
JakesPSD=1.5./(2*pi*fdmax*(sqrt(1+eps-(F_Range/fdmax).^2)));
plot(F_Range,10*log10(JakesPSD/max(JakesPSD)),'r-');
hold on
plot(F_Range,10*log10(PSDSample_Simulation/max(PSDSample_Simulation)),'b')
grid on
axis([-40 40 -36 0])
title(['滤波法仿真多普勒功率谱'])
legend('仿真模型功率谱','理论多普勒功率谱');
xlabel('频移/Hz')
ylabel('功率/dB')
function y=Jakes_DopplerPSD(fd,N)
```

```
% fd=最大多普勒频率
% Nfft=划分的频率份数
df = 2*fd/N;                  % 频率间隔
% 第一个 DC 分量
f(1) = 0;   y(1) = 1.5/(pi*fd);
% 由于多普勒谱具有对称性，可以同时计算第 i 个和第 N-i+2 的数值相同
for i = 2:N/2
    f(i) = (i-1)*df;              % 用于多项式拟合的频率编号
    y([i N-i+2]) = 1.5/(pi*fd*sqrt(1-(f(i)/fd)^2));
end
% 使用最后的 3 个频率采样值实现多项式拟合时的奈奎斯特频率
PolynomialOrder = 3;
DataPoints= min(6,N/2-1);   % 设计了 6 个点进行拟合，如果 N 值太小，则使用 N/2-1 个点拟合
kk=[N/2-DataPoints:N/2];     % 用距离第(N/2+1)个点最近的 DataPoints 个点进行拟合
% polyfit:曲线拟合,用多项式求过已知点的表达式。
% 格式：（横坐标，纵坐标，拟合阶数）输出为从高到低多项式系数
% 表示多项式的最高次数为 3 次，那么从 0 次方开始有 4 个系数
polyFreq = polyfit(f(kk),y(kk),PolynomialOrder);
y(N/2+1) = polyval(polyFreq,f(N/2)+df);          % polyval: 求多项式在 x 处的值
end
```

仿真所得的多普勒功率谱和理论值的对比如图 3-17 所示，从图中可以看出通过仿真模型统计的时变信道多普勒功率谱呈现出类似 U 型多普勒功率谱的形状，可以较好地与理论模型相吻合。

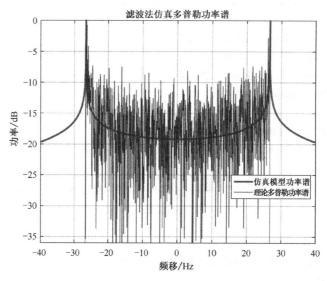

图 3-17　多普勒功率谱和理论值的对比

3.3　信道中的噪声和干扰

■ 3.3.1　信道中的噪声

在实际的通信信道中，存在着大量独立于信道所传输信号的加性噪声，如热噪声、电流噪声等，以这种噪声影响为主的信道称为加性噪声信道，其信道模型是最简单的，也是最常用的通信信道模型。如式(3-53)所示，在通信信道传输过程中发送信号不可避免地发生衰减，因此发送信号 $s(t)$ 首先乘以衰减因子 α，然后叠加加性随机噪声 $n(t)$。接收信号 $r(t)$ 由此可以表示为

$$r(t) = \alpha s(t) + n(t) \tag{3-53}$$

通信系统中伴随着消息信号的干扰信号为噪声。噪声总是存在于通信系统之中，即使通信系统不传输有用信号，接收机也会接收到噪声。噪声以叠加的方式干扰信号，其强度会影响接收机识别信号的能力，并限制信息传输速率。

按噪声产生的原因可以将噪声分为人为噪声和自然噪声。人类活动造成的噪声信号称为人为噪声，如开关接触噪声、家电用具产生的电磁辐射等；自然噪声是指自然界的电磁波源所产生的噪声，如大气噪声、来自太阳和银河系等的宇宙噪声和热噪声等。

热噪声（Thermal Noise）是一种对于通信系统非常重要的噪声，它来自于电阻性元件中电子的热运动。在电阻一类的导体中，自由电子因含热能而引起热能运动，这些电子与其他粒子随机碰撞以曲折路径运动，人们称此运动为布朗运动。在没有外界作用力时，所有这些电子的布朗运动形成了均值为零的电流，该电流中含交流成分，人们称此交流分量为热噪声。测量和分析表明热噪声功率谱密度可以表示为

$$P_N(f) = \frac{N_0}{2} = \frac{k_B T}{2} \ \text{Wat/Hz} \tag{3-54}$$

式中，k_B 为玻尔兹曼常数，其单位为焦耳每开尔文（Joules/K），T 表示以开尔文为单位的环境温度，$k_B = 1.38054 \times 10^{-23} \ \text{Joules/K}$。通常高空中非太阳直射下的空气温度大约为 4K，地球表面温度大约为 300K，一般研究地面设备的热噪声时可以近似取温度为 300K。假设已知通信设备的接收带宽为 B Hz，则可以计算出噪声功率为

$$P = N_0 B \tag{3-55}$$

根据热噪声形成的物理过程看出，大量电子形成电流时满足中心极限定理，因此热噪声可以用高斯随机过程表征，又称为高斯噪声。从式(3-54)可以看出，热噪声功率谱密度在信号频谱范围内是常数，像白光的频谱在可见光频谱范围内均匀分布那样，因此热噪声还被称

为高斯白噪声（Gaussian White Noise），又因其以加性方式干扰信号，常称为加性高斯白噪声（Additive White Gaussian Noise，AWGN）。

对于具体的频带通信系统而言，系统解调器输入端都存在带通滤波器，热噪声通过带通滤波器后带宽受到限制，不再是白色的，而成为窄带高斯噪声或称为带限（band-limited）白噪声。

3.3.2　信道中的干扰

干扰是通信链路中除去噪声之外其他不想要的信号的统称。根据干扰产生的来源，可以将干扰分为无意干扰和恶意干扰。无意干扰主要包含己方设备或是相邻民用设备之间相互造成的干扰，包括同频干扰、邻频干扰、杂散辐射干扰和谐波辐射干扰等。同频干扰又称为同道干扰（Co-Channel Interference，CCI），当两个或多个不同的发射机使用相同频率发送时，就有可能使得接收端接收到期望信号之外的同频干扰信号。这种情况在蜂窝移动通信中主要由频率复用引起，由于频率资源非常宝贵，人们常常在相距一定地理距离的两个小区中复用相同频率，由于无线信号的广播特性，某一小区的用户很可能接收到从非期望基站发射来的同频信号，造成同频干扰。邻频干扰又称为邻道干扰（Adjacent-Channel Interference，ACI），是指当前频段接收机受到相邻频段信道发送来非期望干扰信号。邻频干扰的产生可能有两个原因：一是信号射频滤波不理想，导致邻道信号频谱发生频谱泄露（Adajacent Channel Leakage）；二是信号受到非线性功放或其他非线性处理的影响发生的交调（Intermodulation），产生新的频率分量对邻道信号形成干扰。杂散辐射干扰和谐波辐射干扰主要来源于射频器件的非理想性。

恶意干扰在军事通信中研究较多，主要包含定频式干扰、瞄准式干扰、阻塞式干扰以及扫频式干扰。定频式干扰（Spot Jamming）即具有确定信道或频率的干扰样式，单频干扰属于最简单的定频式干扰，这种干扰通常对定频通信系统具有较好的干扰效果。瞄准式干扰（Follow on Jamming）是指将干扰信号调整到与被干扰方通信信号频率重合，而且频谱宽度基本相同，功率明显强于被干扰方通信信号的干扰样式。瞄准式干扰利用率较高，干扰效果好，但要求干扰频率重合度较好，因此需要扫描频谱确定干扰位置或者设立专门引导干扰频率的侦查单元。阻塞式干扰（Barrage Jamming）是指干扰机同时在多个频率或频段发射干扰信号，其优点是可以同时干扰多个频率位置，但干扰功率也会因为干扰频段的扩宽而相应降低。扫频式干扰（Sweep Jamming）是指干扰机将功率集中在某个频率上，让该频率扫过待干扰的频段。这种干扰能集中干扰功率，但是无法同时干扰多个频段，只能顺序干扰各个频率。

【例3-7】试利用 MATLAB 仿真产生频率为 2kHz 的单音干扰信号，频率为 1kHz、2kHz 及 3kHz 的多音干扰信号，以及频率范围在 1～2kHz 的部分频带干扰信号。

解:

```
% 产生单音、多音、部分频带干扰信号
% Length_jam        表示产生干扰的长度
% fs                表示采样速率
% JammerType        干扰类型
% Jam               时域干扰序列
fs = 1e4;
Length_jam = 10000;
JammerType ='mono_tone';%'PartialBand';%'multi_tone';%
SINR = -10;
Ps = 1;
PJ = Ps/10^(SINR/10);
dt = 1/fs;                              % 采样间隔
t = 0:dt:(Length_jam*dt-dt);           % 采样时间
switch JammerType
% 单音干扰
case 'mono_tone'
        f1 = 2/10 * fs;                % 单音干扰频率
            Jam = exp(1i*2*pi*f1*t);
            P = norm(Jam)^2/length(Jam);
            Jam =sqrt(PJ)*Jam/P;
            figure
            PlotPSD(Jam,fs);
            xlabel('Frequency');ylabel('Power(dB)')
            title('单音干扰');
% 多音干扰
case 'multi_tone'
f = [(1/10 * fs) (1/5 * fs) (3/10 * fs)];
            Jam = zeros(1,Length_jam);
            for i = 1 : length(f)
Jam = Jam + exp(1i*2*pi*f(i)*t);
            end
            P = norm(Jam)^2/length(Jam);
            Jam =sqrt(PJ)*Jam/P;
            figure
            PlotPSD(Jam,fs);
            xlabel('Frequency');ylabel('Power(dB)')
```

```
                    title('多音干扰');
       case 'PartialBand'
       noise = wgn(Length_jam,1,1) + 1i* wgn(Length_jam,1,1);   % 生成高斯白噪声
              fb1 = 1/5;
              fe1 = 2/5;
              bp1 = [fb1    fe1];                      % 通带范围 0.2*(fs/2);中心频率 0.4*(fs/2)
              Coefficiets = fir1(100,bp1,'bandpass');  % 设计带通 FIR 滤波器
              figure
              freqz(Coefficiets,1,512)                 % 画出滤波器幅频相频特性
              Jam = filter(Coefficiets,1,noise);       % 部分频带干扰
              P = norm(Jam)^2/length(Jam);
              Jam =sqrt(PJ)*Jam/P;
              figure
              PlotPSD(Jam,fs);
              xlabel('Frequency');ylabel('Power(dB)')
       title('部分频带干扰');
       end
       function PlotPSD(jam,fs)                 % 该函数用于画频谱图
       [Pxx,F]=pwelch(jam,[],[],[],fs,'centered');%
       plot(F,10*log10(Pxx));
       end
```

仿真程序运行结果如图 3-18 所示。

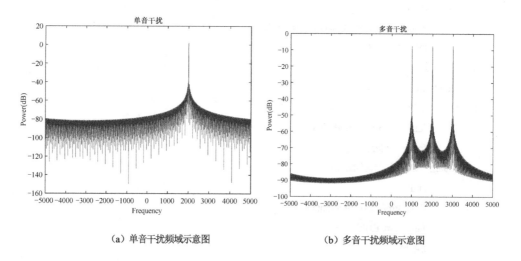

（a）单音干扰频域示意图　　　　　　（b）多音干扰频域示意图

图 3-18　仿真生成的单音干扰信号、多音干扰信号以及部分频带干扰信号

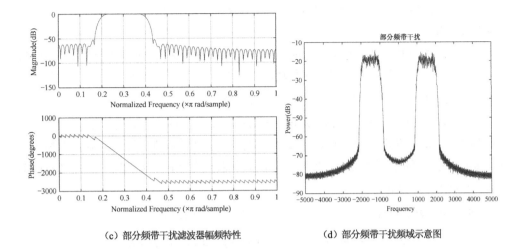

（c）部分频带干扰滤波器幅频特性　　　　（d）部分频带干扰频域示意图

图 3-18　仿真生成的单音干扰信号、多音干扰信号以及部分频带干扰信号（续）

习题

3-1　奥村-哈塔模型（Okumura-Hata Model）是移动通信系统中最为常用的路径损耗传播模型。该模型的使用范围为 150MHz≤f_c≤1GHz，基站天线高度 30m≤H_b≤200m，移动端天线高度为 1m≤H_m≤10m，传播距离 1km≤d≤20km。奥村-哈塔路径损耗模型如下：

$$P_L(\text{dB}) = \begin{cases} A + B\lg(d) & \text{Urban area} \\ A + B\lg(d) - C & \text{Suburban area} \\ A + B\lg(d) - D & \text{Open area} \end{cases}$$

其中，

$$A = 69.55 + 26.16\lg(f_c) - 13.82\lg(H_b) - a(H_m)$$

$$B = 44.9 - 6.55\lg(H_b)$$

$$C = 5.4 + 2\left[\lg(f_c/28)\right]^2$$

$$a(H_m) = \begin{cases} 8.28\left[\lg(1.54H_m)\right]^2 - 1.1 & f_c \leqslant 200\text{MHz} \\ 3.2\left[\lg(11.75H_m)\right]^2 - 4.97 & f_c \geqslant 200\text{MHz} \end{cases}$$

试通过计算机仿真画出大型城市的城区（Urban area）、郊区（Suburban area）和开阔地（Open area）从 1km 到 10km 的路径损耗，假设载波频率为 900MHz，基站天线高度为 40m，移动端天线高度为 1m。

3-2　某典型城市的移动通信系统载波频率为 800MHz，基站天线高度为 35m，移动端天线高度为 2m，该通信系统的传播模型在奥村-哈塔模型（Okumura-Hata Model）基础上叠加了由于建筑物阻挡引入的标准差为5.6dB的对数正态阴影衰落因子，试画出该大尺度衰落与距离的关系图。

3-3 假设某通信系统带宽为 5MHz，该系统工作场景对应的信道模型为典型瑞利衰落两径模型：第一径延迟为0μs，相对平均功率为-5.2dB；第二径的延迟为1μs，相对平均功率为-8.6dB。试用 MATLAB 对该两径信道进行建模。

3-4 假设某通信系统带宽为10 MHz，该系统工作场景对应的信道模型为两径模型：第一径信道系数服从莱斯分布，其相对延迟为 0 μs，相对平均功率为-5.2dB，莱斯因子 $K = 3$dB；第二径服从瑞利分布，延迟为1.5μs，相对平均功率为-8.6dB。试用 MATLAB 对该两径信道进行建模。

3-5 某无线信道时变平衰落无线信道服从莱斯型多普勒频率谱，

$$S(f) = \frac{0.41}{2\pi f_{\mathrm{m}} \sqrt{1 - \left(\dfrac{f}{f_{\mathrm{m}}}\right)^2}} + 0.91\delta(f - 0.7 f_{\mathrm{m}}), \quad |f| \leqslant f_{\mathrm{m}}$$

其中，最大多普勒频移 $f_{\mathrm{m}} = 100$Hz，试求该平衰落无线信道的平均功率和莱斯因子。

3-6 假设无人机空–地通信链路载波频率为 2.4 GHz，带宽为 2MHz，无人机飞行速度为 60km/h，若该空–地信道为时变平衰落信道，多普勒功率谱服从经典的 Jakes 多普勒功率谱，试通过 MATLAB 对该信道进行仿真。

扩展阅读

信道传播领域的著名科学家：张明高院士

张明高，男，湖北京山人，1937 年出生，我国电波传播研究领域的学术带头人，中国工程院院士。张院士改进和发展了五项国际电信联盟（ITU-R）建议中的传播模型，创立的"Zhang 氏方法"——"全球适用型对流层散射传输损耗统计预算方法"，曾代替在国际上沿用 20 多年的美国 NBS 方法，成为现行国际通用的标准。

张明高出生于普通农家，自小聪颖好学，成绩优异，1957 年考入武汉大学数学系。1963 年，张明高加入中国电波传播研究所（当时为第四机械工业部 22 所），开始从事电波传播基础理论研究工作。电波传播理论研究需要很多物理知识，数学专业出生的张明高为了补充知识短板，从单位图书馆借来大量书籍，利用闲暇时间坚持自学，奠定了扎实的物理知识基础。

20 世纪 50、60 年代，电磁波对流层散射传播模型成为国际学术界的研究热点。美国、法国、苏联和日本等国家都展开了大量的理论研究和试验探索，总结了一些计算模型。当时，我国虽然在该方面的研究尚处于起步阶段，但也开始加大投入、开展实际测量。在实践中，张明高发现：国外在对流层散射方面的权威研究成果并不符合我国传播测量结果。到底是国外的权威结果有问题还是我们的测量方法不对？张明高立即开始了细致的研究和考证工作，他分析了权威性研究成果的理论和实验依据，发现当时国际通用的对流层散射模型理论上存在局限性。为了建立准确的模型，张明高夜以继日地开展数据分析、理论建模和野外测量，提出了可以综合反映我国气象条件的实用模型，并利用自己开发的模型成功地指导了我国的对流层数据通信工程建设。

1976 年，国际无线电咨询委员会（CCIR），即国际电信联盟（ITU）的前身，在日内瓦召开年会，张明高将自己研究的"对流层散射传输损耗统计预算方法"作为中国提案提交给大会，经会议讨论，该提案获得通过并被列入 238 号报告。

由于张明高最初所提方法的测量数据基础仅限于中国，因此被认为是区域性适用模式，只能作为 238 号主报告——美国 NBS 方法的附录，供各国科学界参考。但这个"附录"却立即在各国科学家中引起强烈反响，人们发现张明高提出的中国方法简洁实用、对实测数据的吻合度好，而美国的 NBS 方法复杂度高，在应用过程中还需要大量修正。1987 年，CCIR 核心专家组在美国的马里兰州召开会议，会上张明高进一步提交了自己基于全球对流层数据库修正以后的"全球适用型对流层散射传输损耗统计预测方法"，经过专家组讨论，一致提议用中国方法取代 238 号报告中主报告的美国 NBS 方法。会上有人提出：美国 NBS 方法我们用了 20 多年，马上用中国方法取代是否太仓促了？因此，大会建议各国主管部门都试用中国方法，同美国方法进行比对，比一比究竟哪个更好。两年后，各国的比对有了结论，中国方法简便而且精度高，远远优于美国 NBS 方法和法国方法。在 CCIR 大会就要通过决议肯定中国提案的节骨眼儿上，美国国家电信管理局提出异议，他们抛出了一份厚厚的资料，声称中国方法的预测结果与其中的许多数据不符！铁证如山！真是如此吗？在电波传播领域潜心钻研了多年的张明高很快发现：美国所提交的所谓铁证其实错误百出，许多试验结果与试验场景不对应。为了维护真理，张明高将美方的具体谬误一一详细指出，并制作成册印发给与会专家。1990 年，CCIR 第十七届全会确定由中国科学家张明高领衔创立的"Zhang 氏方法"，即"全球适用型对流层散射传输损耗统计预算方法"正式替代在国际上沿用 20 多年的美国 NBS 方法，作为国际通用方法列为 CCIR 238 号报告主体技术。1992 年，"Zhang 氏方法"进一步形成《CCIR617 建议》，向全球学者颁布。该成果被列入我国 1992 年度十大电子科技成果之一。

第4章

模拟调制技术

调制就是将基带信号进行频谱搬移，以便于在信道上进行传输。在实际中载波调制方式最为常用，载波调制就是用基带信号去控制载波参数（幅度、频率、相位等）的过程，使载波的某一个或者某几个参数按照基带信号的规律而变化。根据调制信号是数字信号还是模拟信号，其调制过程可以分为数字调制技术和模拟调制技术，本章重点介绍模拟调制技术。模拟调制技术包括幅度调制和角度调制两类。幅度调制属于线性调制，其调制方式包括振幅调制（AM）、抑制载波双边带调制（DSB-SC）、单边带调制（SSB）、残留边带调制（VSB）。角度调制属于非线性调制，包括频率调制（FM）和相位调制（PM）。本章在介绍模拟调制技术的基础上，对各种调制方式进行 MATLAB 案例仿真，并分析其性能。

4.1　幅度调制基本原理

■ 4.1.1　振幅调制

振幅调制又称为常规双边带调制，或称为常规调幅，调制信号 $m(t)$ 叠加直流 A_0 后与载波相乘，就可形成调幅（Amplitude Modulation，AM）信号，如图 4-1 所示。

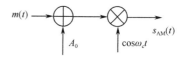

图 4-1　AM 调制器模型

AM 信号的时域表达式为

$$s_{AM}(t) = [A_0 + m(t)]\cos \omega_c t \tag{4-1}$$

当调制信号为单频余弦信号时，即 $m(t) = A_m \cos(\omega_m t + \theta_m)$。定义调幅指数为

$$\beta_{AM} = \frac{A_m}{A_0} \tag{4-2}$$

其中，$\beta_{AM} \leqslant 1$。当 $\beta_{AM} = 1$ 时，称为临界调幅或满调幅。

【例 4-1】假设单频调制信号为 $m(t) = \cos(2\pi f_m t)$，其中 $f_m = 10\mathrm{Hz}$，载波为 $c(t) = \cos 2\pi f_c t$，其中 $f_c = 100\mathrm{Hz}$，试画出调幅指数等于 0.5、1、1.2 时的已调信号波形，并对调幅指数等于 1.2 的已调信号波形进行频域分析。

解：

```
Am = 1;
fm = 10;
fc = 100;
UpsampleRate = 10;
Fs= UpsampleRate*fc;
Ts= 1/Fs;
N= UpsampleRate*ceil(fc/fm)*3;
%  由于是 UpsampleRate 倍过采样，因此一个样点的时长等于 Tc/UpsampleRate
t= [0:N-1]*Ts;
%  UpsampleRate 个样点就是一个载波周期，这里大致画出 3 个调制信号周期
FFT_length = N;
IndexAM= [0.5 1 1.2];                %  不同的调幅指数
MessageSig= Am*cos(2*pi*fm*t);       %  调制信号波形
for num=1:length(IndexAM) %AM 已调信号
Modulated_Sig = (Am/IndexAM(num) + MessageSig).*cos(2*pi*fc*t);
figure(num)
```

```
plot(t,Modulated_Sig);
hold on;
plot(t,Am/IndexAM(num)+MessageSig,'r');
hold on;
plot(t,−Am/IndexAM(num)−MessageSig,'k');
title('The AM modulated Signal');
xlabel('t/s');
end
% 对调幅指数为 1.2 的 AM 已调信号进行频谱分析
FFT_Length =1024;                        % Fs 抽样率是整个通信系统能表示的最大频率
df= Fs/FFT_Length;                       % 计算频谱分辨率
f = [0:df:df*(FFT_Length-1)]-Fs/2;       % 修改频谱显示的坐标，从-Fs/2 到 Fs/2
Modelated_Sig_Spectrum = abs( Ts*fft(Modulated_Sig,FFT_Length)); % 利用 FFT 分析频谱
plot(f,fftshift( Modelated_Sig_Spectrum));        % 利用 fftshift 得到负频域到正频域的信号
grid on;
axis([−200 200 −0.1 0.2])
title('Spectrum of Modulated Signal');
xlabel('frequency/Hz');
```

不同调幅指数下的已调 AM 信号如图 4-2 所示。

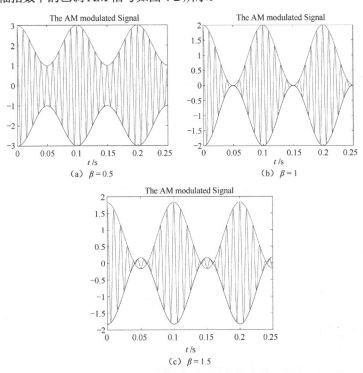

图 4-2　不同调幅指数下的已调 AM 信号

已调 AM 信号的频谱图如图 4-3 所示。从图中可以看出，AM 信号包含一个较强的载波，左右各包含一个边频，分别位于 110Hz 和 90Hz。

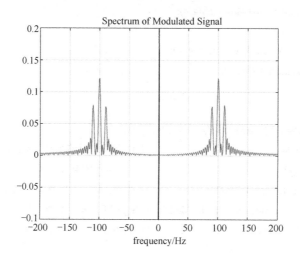

图 4-3　已调 AM 信号的频谱图

由于 AM 已调信号中包含载波分量，而载波中并不包含有用信息，只有边带部分与调制信号有关。我们定义调制效率为边带功率与总功率之比。当调制信号为单频余弦信号时，调幅信号的调制效率为

$$\eta_{\mathrm{AM}} = \frac{A_{\mathrm{m}}^2}{2A_0^2 + A_{\mathrm{m}}^2} = \frac{\beta_{\mathrm{AM}}^2}{2 + \beta_{\mathrm{AM}}^2} \tag{4-3}$$

从式(4-3)可以看出，调制效率随调幅因子正向变化，调幅因子越大，调制效率越高。但是，当调幅因子超过 1 时，AM 信号进入过调幅状态，不再能够进行包络检波解调。

【例 4-2】假设调制信号为单频余弦信号，试比较不同调幅指数下的振幅调制（AM）信号调制效率。

　　解：

```
IndexAM=[0:0.1:1];                        % 调幅指数
PowerEff=(IndexAM.^2)./(2+IndexAM.^2);     % 调制效率
figure(1)
bar(IndexAM,PowerEff);
hold on;
plot(IndexAM,PowerEff,'red-o');
hold off;
xlabel('调幅指数');
ylabel('调制效率');
title('AM 信号在不同调幅指数下的调制效率对比图')
```

仿真结果如图 4-4 所示，从图中可以看出，当调幅指数为 1 时，系统进入临界调幅状态，

此时达到最大的调制效率，约为 0.33。

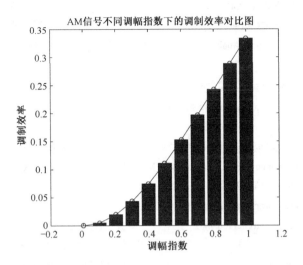

图 4-4　AM 信号不同调幅指数下的调制效率对比图

针对 AM 信号，可采用相干解调法进行接收。相干解调法流程图如图 4-5 所示，AM 信号 $s_{\mathrm{AM}}(t)$ 通过带通滤波器（BPF）后与本地载波 $\cos\omega_{\mathrm{c}}t$ 相乘，再经过低通滤波器（LPF）去除高频分量后就完成了 $s_{\mathrm{AM}}(t)$ 信号的解调。

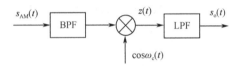

图 4-5　AM 信号的相干解调

$s_{\mathrm{AM}}(t)$ 与载波相乘后输出为

$$z(t) = s_{\mathrm{AM}}(t)\cos\omega_{\mathrm{c}}t = [A_0 + m(t)]\cos\omega_{\mathrm{c}}t\cos\omega_{\mathrm{c}}t$$
$$= \frac{1}{2}(1 + \cos 2\omega_{\mathrm{c}}t)[A_0 + m(t)]$$

(4-4)

经过低通滤波后的输出信号为

$$s_{\mathrm{o}}(t) = \frac{A_0}{2} + \frac{1}{2}m(t)$$

(4-5)

在式(4-5)中，常数 $A_0/2$ 为直流成分，可以方便地用一个隔直流电路就能够无失真地恢复原始调制信号。

【例 4-3】设调制信号为 $m(t) = \cos(2\pi \cdot 75t)$，振幅调制（AM）的载波频率 $f_{\mathrm{c}} = 1\,\mathrm{kHz}$，调幅指数为 0.5，试采用相干解调法解调 AM 信号，并展示解调过程的波形和频谱。

解：

SampleFreq=12000;	% 采样频率
CarrierFreq=1000;	% 载波信号频率
ModFreq=75;	% 基带调制信号频率
AmpDC=2;	% 直流信号幅度
TimeInt=0.1;	% 样本采样时长

```
Time=[−TimeInt/2:1/SampleFreq:TimeInt/2];                    % 样本时间点
SignalMod=cos(2*ModFreq*pi*Time);                           % 基带调制信号
SignalCarrier= cos(2*pi*CarrierFreq*Time);                  % 载波信号
[FFTMod,F_mod]=SpectrumAnalysis(SignalMod,SampleFreq);      % 基带信号频域表示
% 振幅调制 AM
SignalAM=(AmpDC+SignalMod).*SignalCarrier;                  % 幅度调制信号
[f1,SignalAMSpec] = SpectrumAnalysis(SignalAM,SampleFreq);
% 相干解调过程
MultiplierOutAM=SignalAM.*SignalCarrier*2;                  % 幅度调制信号相干解调
[f2,MultiplierOutAMSpec] = SpectrumAnalysis(MultiplierOutAM,SampleFreq);
% 设计 Butterworth 低通滤波器
FreqPassBand=600/(SampleFreq/2);                            % 通带截止频率
FreqStopBand= 1200/(SampleFreq/2);                          % 阻带截止频率
FlucPassBand=1;                                             % 通带最大波动（dB）
FlucStopBand=30;                                            % 阻带最大衰减（dB）
[NFilt,Freq3dB]=buttord(FreqPassBand,FreqStopBand,FlucPassBand,FlucStopBand);
                                                           % Butterworth 滤波器阶数和 3dB 频率设计
[PolyMol,PolyDeno]=butter(NFilt,Freq3dB);                   % Butterworth 滤波器分子分母系数求解
freqs(PolyMol,PolyDeno)
fvtool(PolyMol,PolyDeno)
LowpassOut=filter(PolyMol,PolyDeno,MultiplierOutAM);        % 低通滤波
[f3,LowpassOutSpec] = SpectrumAnalysis(LowpassOut,SampleFreq);
DemodAM = LowpassOut −AmpDC;                                % 隔直流分量
[f4,DemodAMSpec] = SpectrumAnalysis(DemodAM,SampleFreq);
figure(1)
subplot(211);plot(Time,SignalMod);title('基带调制信号时域图')
subplot(212);plot(Time,real(DemodAM));title('AM 信号相干解调时域图');axis([−0.05 0.05 −1 1])
figure(2)
subplot(311); plot(Time,MultiplierOutAM);axis([−0.05 0.05 −1 7]);title('相乘器输出的信号时域图')
subplot(312); plot(Time,LowpassOut); axis([−0.05 0.05 −2 4]);title('低通滤波器输出的信号时域图')
subplot(313); plot(Time,DemodAM); axis([−0.05 0.05 −2 4]);title('隔直流后输出的信号时域图')
figure(3)
subplot(411);plot(f1,SignalAMSpec); axis([−3000 3000 0 0.1]);title('AM 已调信号频谱')
subplot(412);plot(f2,MultiplierOutAMSpec);axis([−3000 3000 0 0.2]);title('相乘器输出的信号频谱')
subplot(413);plot(f3,LowpassOutSpec);axis([−3000 3000 0 0.2]);title('低通滤波器输出的信号频谱')
subplot(414);plot(f4,DemodAMSpec);axis([−3000 3000 0 0.04]);title('隔直后的信号频谱')
function [f,Sig_Spectrum] = SpectrumAnalysis(Sig,Fs,df)
% 离散信号的幅度谱分析函数
% 输入：Sig   时域信号矢量
```

```
%          Fs      输入信号的抽样频率
%          df      要求的频谱分辨率
% 输出：f        输出信号幅度谱的频率横坐标
%          Sig_Spectrum   信号的幅度谱
DataLen = length(Sig);          % 离散数据实际的点数
Ts= 1/Fs;                        % 利用 FFT 分析信号频谱
if nargin <3                     % 如果没有规定信号频谱分辨率，则默认采用 1024 点 FFT 分析
FFT_Length = max(1024,nextpow2(DataLen));   % Fs 抽样率是整个通信系统能表示的最大频率
df= Fs/FFT_Length;               % 计算频谱分辨率
f = [0:df:df*(FFT_Length-1)]-Fs/2;           % 修改频谱显示的坐标，从-Fs/2 到 Fs/2
Sig_Spectrum = abs( Ts*fft( Sig,FFT_Length)); % 利用 FFT 分析频谱
Sig_Spectrum = fftshift(Sig_Spectrum);
else                             % 如果规定了信号频谱分辨率，则需要按分辨率计算 FFT 点数
NumDFT= Fs / df;                 % 依据设定的频率分辨率计算 DFT 点数
FFT_Length= 2^(max( nextpow2(NumDFT),nextpow2(DataLen)));
 % 取两个点数中较为接近的 2 的幂次数，选择较大者
X_FFT = fft(Sig,FFT_Length);     % 作为 FFT 频谱分析的点数
df = Fs/FFT_Length;              % 实际的频谱分辨率
Sig_Spectrum = fftshift(real(X_FFT*Ts)); % 还原连续信号的傅里叶变换
f = [0:df:df*(length(xn_extended)-1)]-Fs/2;
end
end
```

上述程序运行的结果如图 4-6 所示。从图中可以看出，相干解调的结果可以和发送的基带信号很好地吻合，但在-0.05～-0.04s 时间间隔内由于滤波器初始化影响，会出现波形畸变。

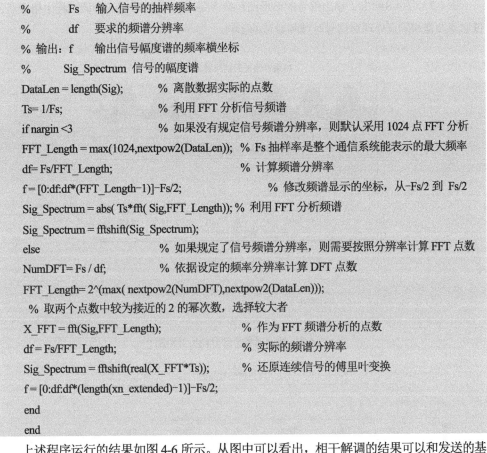
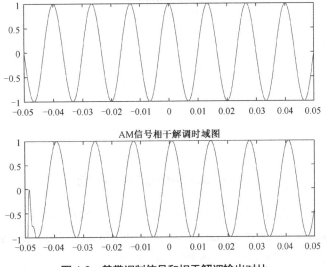

图 4-6　基带调制信号和相干解调输出对比

图4-7和图4-8给出了输出信号的波形图和频谱图,从中可以看出在解调过程中相乘器、低通滤波器和隔直处理对信号时域和频域的影响。

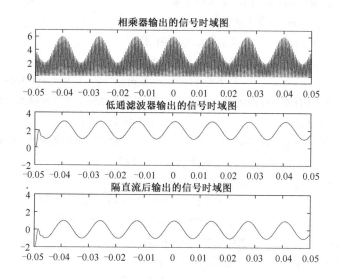

图4-7 解调器各个部分输出波形图

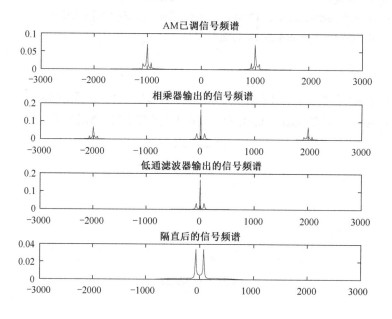

图4-8 解调器各个部分输出频谱图

在模拟调制的解调器中,滤波器的设计非常重要。下面简要介绍几种常用滤波器的设计方法,包括 Butterworth 滤波器、Chebyshev 滤波器和 Elliptic 滤波器。Butterworth 滤波器的特点是通带内的频率响应具有最大限度的平坦特性,没有起伏,而在阻带则逐渐下降为零。

Chebyshev 滤波器在通带或阻带上幅频响应具有等波纹波动特性，能够最小化与理想频率响应之间的峰值误差。与 Butterworth 滤波器以及 Chebyshev 滤波器相比，Elliptic 滤波器从通带到阻带的下降速度最快，但是 Elliptic 滤波器的阻带下降不是单调的，它在通带和阻带上都有较大的波动。

在通信系统仿真中设计滤波器时，通常按照如下步骤进行。

（1）估计滤波器的阶数。Butterworth 滤波器、Chebyshev 滤波器和 Elliptic 滤波器实际上都是目标幅频响应的近似方法，通过下面的函数可以估算出滤波器阶数。

```
[N,Wn] = buttord(Wp,Ws,Rp,Rs);
[N,Wn] = cheb1ord(Wp,Ws,Rp,Rs);
[N,Wn] = ellipord(Wp,Ws,Rp,Rs);
```

其中，Wp 表示通带截止频率（Passband Edge Frequency），Ws 表示阻带截止频率（Stopband Edge Frequency），通带和阻带截止频率都以归一化形式输入，取值为 0～1，1 对应 π rad/s 的角频率。Rp 表示通带纹波（Passband Ripple），Rs 表示阻带衰落（Stopband Attenuation）。滤波器阶数估算函数返回的 N 表示各种滤波器满足参数要求的最低阶数，Wn 表示截止频率（Cutoff Frequency）。

（2）根据滤波器阶数计算滤波器的系数。

```
[b,a] = butter(N,Wn);
[b,a] = cheby1(N,Rp,Wn);
[b,a] = ellip(N , Rp, Rs Wn);
```

函数 butter、cheby1 和 ellip 分别实现了阶数为 N、截止频率为 Wn 的低通滤波器设计，其中，cheby1 表示生成的是 Chebyshev-I 型的滤波器，Rp 表示通带纹波；ellip 生成 Elliptic 滤波器系数，如果想要设计带通滤波器，只需要将其中的 Wn 参数改成矢量，分别标定通带上、下截止频率即可。生成系数 b 表示滤波器的长度为 N+1 的分子系数，a 表示滤波器分母系数。

（3）分析确认滤波器特性，并对数据进行滤波处理。

```
freqz(b,a,w)
fvtool(b,a)
dataOut = filter(b,a,dataIn);
```

函数 freqz 可以用于分析滤波器的频率响应，其中参数 w 表示角频率，也可以用滤波器的可视化设计工具函数 fvtool。通过函数分析和确认滤波器系数之后，即可调用 filter 函数对数据 dataIn 进行滤波处理，得到输出 dataOut。

AM 信号也可采用非相干解调法进行接收。AM 信号非相干解调的原理框图如图 4-9 所示，主要包括带通滤波器（BPF）、线性包络检波器（LED）和低通滤波器（LPF），其中线性包络检波器用于提取 AM 信号的包络，最简单的包络检波器由二极管和阻容电路组成。

图 4-9　AM 信号非相干解调的原理框图

【例 4-4】设调制信号为 $m(t) = \cos(2\pi \cdot 75t)$，振幅调制（AM）的载波频率 $f_c = 1\,\text{kHz}$，调幅指数为 0.5，试采用包络检波法解调 AM 信号，并展示解调过程的波形和频谱。

解：

```
SampleFreq=12000;                                          % 采样频率
CarrierFreq=1000;                                          % 载波信号频率
ModFreq=75;                                                % 基带调制信号频率
AmpDC=2;                                                   % 直流信号幅度
TimeInt=0.1;                                               % 样本采样时长
Time=[-TimeInt/2:1/SampleFreq:TimeInt/2];                 % 样本时间点
SignalMod=cos(2*ModFreq*pi*Time);                         % 基带调制信号
SignalCarrier= cos(2*pi*CarrierFreq*Time);               % 载波信号
[FFTMod,F_mod]=SpectrumAnalysis(SignalMod,SampleFreq);   % 基带信号频域表示
% 振幅调制 AM
SignalAM=(AmpDC+SignalMod).*SignalCarrier;               % 幅度调制信号
[f1,SignalAMSpec] = SpectrumAnalysis(SignalAM,SampleFreq);
% 求已调信号包络过程
EnvelopAm= abs( hilbert(SignalAM) );
[f2,EnvelopAmSpec] = SpectrumAnalysis(EnvelopAm,SampleFreq);
% 隔离直流
EnvelopDetectionAM = EnvelopAm -AmpDC;
[f3,DemodAMSpec] = SpectrumAnalysis(EnvelopDetectionAM,SampleFreq);
figure(1)
subplot(311); plot(Time,SignalAM);
title('相乘器输出的信号时域图')
subplot(312); plot(Time,EnvelopAm);
axis([-0.05 0.05 -2 4])
title('低通滤波器输出的信号时域图')
subplot(313); plot(Time,EnvelopDetectionAM);
axis([-0.05 0.05 -2 4])
title('隔直流后输出的信号时域图')
figure(2)
subplot(311);
plot(f1,SignalAMSpec);
axis([-3000 3000 0 0.1]);
title('AM 已调信号频谱')
subplot(312);
plot(f2,EnvelopAmSpec);
axis([-3000 3000 0 0.2]);
title('包络检波器输出的信号频谱')
```

```
subplot(313);
plot(f3,DemodAMSpec);
axis([-3000 3000 0 0.04]);
title('隔直后的信号频谱');
```

仿真结果如图 4-10 和图 4-11 所示。

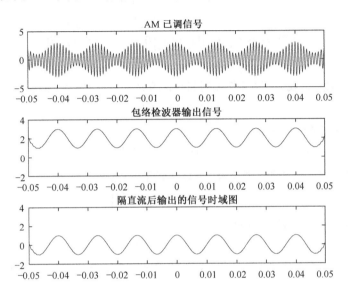

图 4-10　AM 信号包络检波各部分输出波形

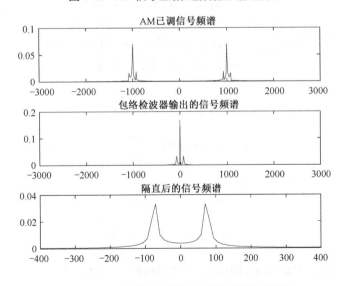

图 4-11　AM 信号包络检波各部分输出波形频谱

在包络检波过程中，采用了先求带通信号的解析信号，再求解析信号模的方式求解带通实信号的包络。对于已调 AM 信号，其频率分量位于载波中心频率附近，是一种带通实信号。对于一般的带通信号 $s(t)$ ，其频谱满足

$$S(f) = 0, |f \pm f_c| > B \tag{4-6}$$

其中，f_c 为带通信号的中心频率。我们可以定义带通信号的解析信号

$$A(t) = s(t) + j\hat{s}(t) \tag{4-7}$$

其中，$\hat{s}(t)$ 表示信号 $s(t)$ 的希尔伯特变换，它们在时域和频域分别满足

$$\hat{s}(t) = s(t) * (1/\pi t) \tag{4-8}$$

$$S(f) = -j\,\text{sgn}[S(f)]S(f) = \begin{cases} -jS(f) & S(f) > 0 \\ 0, & S(f) = 0 \\ jS(f) & S(f) < 0 \end{cases} \tag{4-9}$$

在 MATLAB 函数中，我们可以直接调用 hilbert 函数生成一个信号 x 的解析信号，即

$$\text{hilbert}(x) = x + j\hat{x} \tag{4-10}$$

带通信号的等效低通信号记为

$$s_l(t) = A(t)e^{-j2\pi f_c t} \tag{4-11}$$

显然，等效低通信号 $s_l(t)$ 和带通实信号 $s(t)$ 之间存在关系

$$s(t) = \text{Re}\{s_l(t)e^{j2\pi f_c t}\} \tag{4-12}$$

通常，一个带通实信号的等效低通信号是复信号，即

$$s_l(t) = s_c(t) + js_s(t) \tag{4-13}$$

其中，$s_c(t)$ 为等效低通信号的同相分量，$s_s(t)$ 表示等效低通信号的正交分量。将式(4-7)代入式(4-11)，可知

$$s(t) = s_c(t)\cos(2\pi f_c t) - s_s(t)\sin(2\pi f_c t) \tag{4-14}$$

$$\hat{s}(t) = s_s(t)\cos(2\pi f_c t) + s_c(t)\sin(2\pi f_c t) \tag{4-15}$$

令 $E(t)$ 表示带通实信号的包络，$\varphi(t)$ 表示带通实信号的相位，则有

$$s(t) = E(t)\cos(2\pi f_c t + \varphi(t)) \tag{4-16}$$

其中，

$$E(t) = \sqrt{s_c^2(t) + s_s^2(t)} \tag{4-17}$$

$$\varphi(t) = \arctan\left(\frac{s_s(t)}{s_c(t)}\right) \tag{4-18}$$

根据包络和相位也可以等效写成

$$E(t) = \sqrt{x^2(t) + \hat{x}^2(t)} \tag{4-19}$$

$$\varphi(t) = \arctan\left(\frac{\hat{x}(t)}{x(t)}\right) - 2\pi f_c t \tag{4-20}$$

从式(4-19)可以看出，带通实信号的包络就等于其解析信号的模。

▪ 4.1.2 抑制载波双边带调制

抑制载波双边带（Double Side Band with Suppressed Carrier，DSBSC）调制，简称双边带

（DSB）调制，就是在 AM 信号的基础上抑制载波分量的发送。其时域波形表达式为

$$s_{DSB}(t) = m(t)\cos\omega_c t \tag{4-21}$$

针对 DSB 信号，可采用相干解调法进行接收。其相干解调过程与 AM 信号类似，DSB 信号 $s_{DSB}(t)$ 通过带通滤波器（BPF）后与本地载波 $\cos\omega_c t$ 相乘再经过低通滤波器（LPF）后就完成了 $s_{DSB}(t)$ 信号的解调。

DSB 信号与本地相干载波相乘后的输出为

$$\begin{aligned}
z(t) &= s_{DSB}(t)\cos\omega_c t = m(t)\cos\omega_c t \cos\omega_c t \\
&= \frac{m(t)}{2}(1+\cos 2\omega_c t)
\end{aligned} \tag{4-22}$$

经过合适的低通滤波后就能够无失真地恢复原始调制信号，即

$$s_o(t) = \frac{1}{2}m(t) \tag{4-23}$$

【例 4-5】读取音乐文件 trumpet.wav，分析其时频特性。用 DSB 调制完成调制和相干解调，载波频率 $f_c = 8$ kHz 。

解：

```
[SigAudio,Fs] = audioread('trumpet.wav');%  读取 trumpet.wav 音乐文件
% sound(SigAudio,Fs);%  播放
Audiolength = length(SigAudio);              %  获取音频文件的数据长度
t = (1:1:Audiolength)/Fs;
[f,Sig_Spectrum] = SpectrumAnalysis(SigAudio,Fs); %  对拟发射的信号进行频谱分析
figure(1),
subplot(211);plot(t,SigAudio(1:Audiolength));
xlabel('Time');
ylabel('Music Signal');
title('原始音频信号时域信号分析');
subplot(212)
plot(f,Sig_Spectrum)
title('原始音频信号频域分析');
% DSB 调制的参数设置
CarryFreq = 8000;                                   %  载波信号频率
SignalCarrier = cos(2*pi*CarryFreq*t);              %  载波信号
% DSB 振幅调制
SignalDSB = SigAudio'.*SignalCarrier;               %  DSB 幅度调制信号
[f1,SignalDSBSpec] = SpectrumAnalysis(SignalDSB,Fs);
% 相干解调
MultiplierOutDSB=SignalDSB.*SignalCarrier*2;        %  幅度调制信号相干解调
[f2,MultiplierOutDSBSpec] = SpectrumAnalysis(MultiplierOutDSB,Fs);
% 低通滤波器
```

```
FreqPassBand= 4000/(Fs/2);           % 依据对原始音乐信号的频域分析设置通带截止频率
FreqStopBand= 4500/(Fs/2);           % 依据对原始音乐信号的频域分析设置阻带截止频率
FlucPassBand=1;                       % 通带最大波动（dB）
FlucStopBand=20;                      % 阻带最大衰减（dB）
[NFilt,Freq3dB]=buttord(FreqPassBand,FreqStopBand,FlucPassBand,FlucStopBand);
% Butterworth 滤波器阶数和 3dB 频率设计
[PolyMol,PolyDeno]=butter(NFilt,Freq3dB);      % Butterworth 滤波器分子分母系数求解
DemodDSB=filter(PolyMol,PolyDeno,MultiplierOutDSB);        % 低通滤波
[f3,DemodDSBSpec] = SpectrumAnalysis(DemodDSB,Fs);
% 对相干解调的音乐进行回放
sound(DemodDSB)
figure(2)
subplot(211);plot(t,SigAudio);
title('基带调制信号时域图')
subplot(212);plot(t,real(DemodDSB));
title('DSB 信号相干解调时域图')
figure(3)
subplot(311);plot(f1,SignalDSBSpec); title('DSB 已调信号频谱');
subplot(312);plot(f2,MultiplierOutDSBSpec);title('相乘器输出的信号频谱');
subplot(313);plot(f3,DemodDSBSpec);
title('低通滤波器输出的信号频谱')
```

在进行音频信号传输时，我们首先需要分析调制信号的时频特性。从图 4-12 可以看出，该音乐信号最高频率不超过 4000Hz。

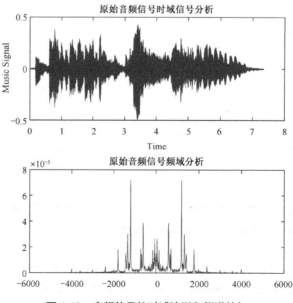

图 4-12　音频信号的时域波形和频谱特征

对音频信号进行 DSB 调制和相干解调后恢复的信号波形如图 4-13 所示。

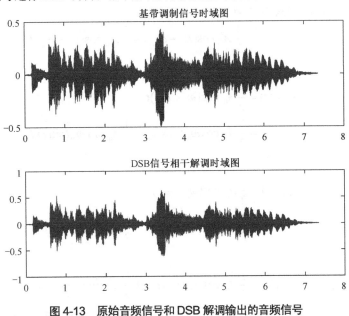

图 4-13　原始音频信号和 DSB 解调输出的音频信号

各部分波形的频谱如图 4-14 所示。

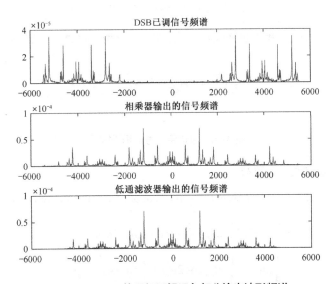

图 4-14　DSB 信号相干解调各部分输出波形频谱

4.1.3　单边带调制

单边带调制就是在传输信号过程中，只传输上边带或者下边带。当单频调制信号为

$m(t) = A_{\mathrm{m}} \cos \omega_{\mathrm{m}} t$，载波为 $\cos \omega_{\mathrm{c}} t$ 时，DSB 信号的时域表示式为

$$
\begin{aligned}
s_{\mathrm{DSB}}(t) &= A_{\mathrm{m}} \cos \omega_{\mathrm{m}} t \cos \omega_{\mathrm{c}} t \\
&= \frac{1}{2} A_{\mathrm{m}} \cos(\omega_{\mathrm{c}} + \omega_{\mathrm{m}})t + \frac{1}{2} A_{\mathrm{m}} \cos(\omega_{\mathrm{c}} - \omega_{\mathrm{m}})t
\end{aligned}
\tag{4-24}
$$

保留上边带，则

$$
\begin{aligned}
s_{\mathrm{USB}}(t) &= \frac{1}{2} A_{\mathrm{m}} \cos(\omega_{\mathrm{c}} + \omega_{\mathrm{m}})t \\
&= \frac{1}{2} A_{\mathrm{m}} \cos \omega_{\mathrm{m}} t \cos \omega_{\mathrm{c}} t - \frac{1}{2} A_{\mathrm{m}} \sin \omega_{\mathrm{m}} t \sin \omega_{\mathrm{c}} t
\end{aligned}
\tag{4-25}
$$

保留下边带，则

$$
\begin{aligned}
s_{\mathrm{LSB}}(t) &= \frac{1}{2} A_{\mathrm{m}} \cos(\omega_{\mathrm{c}} - \omega_{\mathrm{m}})t \\
&= \frac{1}{2} A_{\mathrm{m}} \cos \omega_{\mathrm{m}} t \cos \omega_{\mathrm{c}} t + \frac{1}{2} A_{\mathrm{m}} \sin \omega_{\mathrm{m}} t \sin \omega_{\mathrm{c}} t
\end{aligned}
\tag{4-26}
$$

可以统一表示为

$$
s_{\mathrm{SSB}}(t) = \frac{1}{2} A_{\mathrm{m}} \cos \omega_{\mathrm{m}} t \cos \omega_{\mathrm{c}} t \pm \frac{1}{2} A_{\mathrm{m}} \sin \omega_{\mathrm{m}} t \sin \omega_{\mathrm{c}} t
\tag{4-27}
$$

式中，"–"表示上边带信号，"+"表示下边带信号。将单音调制推广到一般情况，单边带幅度调制信号的一般表达式为

$$
s_{\mathrm{SSB}}(t) = \frac{1}{2} m(t) \cos \omega_{\mathrm{c}} t \pm \frac{1}{2} \hat{m}(t) \sin \omega_{\mathrm{c}} t
\tag{4-28}
$$

SSB 信号不能采用简单的包络检波，需采用相干解调，解调过程如图 4-15 所示。

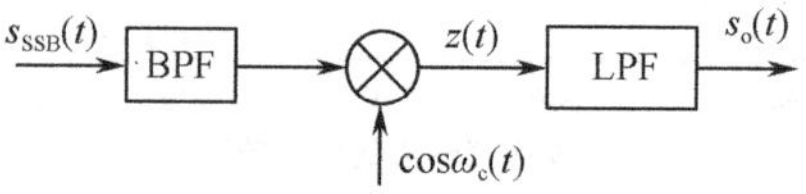

图 4-15　单边带信号的相干解调

与同频同相载波相乘，可得

$$
\begin{aligned}
z(t) = s_{\mathrm{SSB}}(t) \cos \omega_{\mathrm{c}} t &= \frac{1}{2}[m(t) \cos \omega_{\mathrm{c}} t \pm \hat{m}(t) \sin \omega_{\mathrm{c}} t] \cos \omega_{\mathrm{c}} t \\
&= \frac{1}{2} m(t) \cos^2 \omega_{\mathrm{c}} t \pm \frac{1}{2} \hat{m}(t) \cos \omega_{\mathrm{c}} t \sin \omega_{\mathrm{c}} t \\
&= \frac{1}{4} m(t) + \frac{1}{4} m(t) \cos 2\omega_{\mathrm{c}} t \pm \frac{1}{4} \hat{m}(t) \sin 2\omega_{\mathrm{c}} t
\end{aligned}
\tag{4-29}
$$

经过低通滤波器之后滤除了 $2\omega_{\mathrm{c}}$ 频率成分，输出为

$$
s_{\mathrm{o}}(t) = \frac{1}{4} m(t)
\tag{4-30}
$$

【例 4-6】设调制信号为 $m(t) = \sin(100\pi t) + 2\cos(200\pi t)$，载波频率 $f_{\mathrm{c}} = 1 \text{ kHz}$。试仿真分析单边带调制（SSB）过程中信号的波形和频谱。

解：

```
Fs=12000;                                      % 采样频率
CarrierFreq=1000;                              % 载波信号频率
TimeInt=0.1;                                   % 样本采样时长
t=[-TimeInt/2:1/Fs:TimeInt/2];                 % 样本时间点
SignalMod=sin(2*pi*50*t)+2*cos(2*pi*100*t);    % 基带调制信号
[f,Sig_Spectrum] = SpectrumAnalysis(SignalMod,Fs); % 对拟发射的信号进行频谱分析
SignalModHilbert = imag(hilbert(SignalMod));
[f,SigHilbert_Spectrum] = SpectrumAnalysis(SignalModHilbert,Fs);
% 对拟发射信号的希尔伯特变换进行频谱分析
SignalCarrierC= cos(2*pi*CarrierFreq*t);       % 同相载波信号
SignalCarrierS= sin(2*pi*CarrierFreq*t);       % 正交载波信号
% 单边带调制 SSB
SignalUSB = SignalMod.*SignalCarrierC-SignalModHilbert.*SignalCarrierS ; % 上边带调制
SignalLSB = SignalMod.*SignalCarrierC+SignalModHilbert.*SignalCarrierS; % 下边带调制
[f1,SignalUSBSpec] = SpectrumAnalysis(SignalUSB,Fs);   % 上边带调制信号频域表示
[f2,SignalLSBSpec] = SpectrumAnalysis(SignalLSB,Fs);   % 下边带调制信号频域表示
% 相干解调
MultiplierOutUSB=SignalUSB.*SignalCarrierC*2;  % 上边带调制信号相干解调
MultiplierOutLSB=SignalLSB.*SignalCarrierC*2;  % 下边带调制信号相干解调
% 低通滤波器
FreqPassBand=400/(Fs/2);                        % 通带截止频率
FreqStopBand=600/(Fs/2);                        % 阻带截止频率
FlucPassBand=1;                                 % 通带最大波动（dB）
FlucStopBand=15;                                % 阻带最大衰减（dB）
[NFilt,Freq3dB]=buttord(FreqPassBand,FreqStopBand,FlucPassBand,FlucStopBand);
                                % Butterworth 滤波器阶数和 3dB 频率设计
[PolyMol,PolyDeno]=butter(NFilt,Freq3dB);       % Butterworth 滤波器分子分母系数求解
DemodUSB=filter(PolyMol,PolyDeno,MultiplierOutUSB);
% 低通滤波，上边带相干解调后恢复信号
DemodLSB=filter(PolyMol,PolyDeno,MultiplierOutLSB);
% 低通滤波，下边带相干解调后恢复信号
[f4,DemodUSBSpec] = SpectrumAnalysis(DemodUSB,Fs);
[f5,DemodLSBSpec] = SpectrumAnalysis(DemodLSB,Fs);
% 画图
figure(1),
subplot(221)
plot(t,SignalMod);
xlabel('Time');
ylabel('m(t)');
```

```
title('调制信号时域分析');
subplot(222)
plot(f,Sig_Spectrum); axis([-600 600 0 0.08]);
xlabel('Frequency');
ylabel('M(f)');
title('调制信号频域分析');
subplot(223)
plot(t,SignalModHilbert);
xlabel('Time');
ylabel('${\hat{m}(t)}$','interpreter','latex');
title('调制信号的希尔伯特变换');
subplot(224);
plot(f,SigHilbert_Spectrum);
xlabel('Frequency');
ylabel('${\hat{M}(f)}$','interpreter','latex');
axis([-600 600 0 0.08]);
title('调制信号希尔伯特变换频域分析');
figure(2)
subplot(211);
plot(t,SignalUSB); xlabel('Time');
ylabel('s_{USB}(t)');
title('USB 上边带已调信号时域图')
subplot(212);
plot(t,SignalLSB); xlabel('Time');
ylabel('s_{LSB}(t)');
title('LSB 下边带已调信号时域图')
figure(3)
subplot(211);plot(f1,abs(SignalUSBSpec));axis([-1500 1500 0 0.08]);xlabel('Frequency');
ylabel('S_{USB}(f)');title(' USB 上边带调制信号频谱图');
subplot(212);plot(f2,abs(SignalLSBSpec));axis([-1500 1500 0 0.08]);xlabel('Frequency');
ylabel('S_{LSB}(f)');title(' LSB 下边带调制信号频谱图');
figure(4)
subplot(311);plot(t,SignalMod); xlabel('Time');ylabel('调制信号');title('时域调制信号');
subplot(312);plot(t,DemodUSB);xlabel('Time');ylabel('解调信号');title('LSB 下边带相干解调恢复信号
时域图');
subplot(313);plot(t,DemodLSB);xlabel('Time');ylabel('解调信号');
title(' LSB 下边带相干解调恢复信号时域图')
```

运行上述程序，可以分析信号在调制和解调过程中发生的时频变化。如图 4-16 所示，调制信号及其希尔伯特变换在时域波形上有明显的区别，但在幅频特性上是保持一致的。

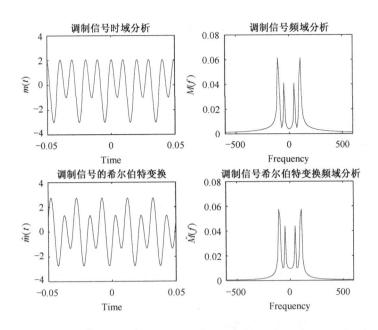

图 4-16　调制信号及其希尔伯特变换的时频图

从图 4-17 可以看出，上、下边带已调信号分别保留了绝对值大于载频和绝对值小于载频的边带分量。从图 4-18 可以看出，USB 和 LSB 的相干解调都可以很好地恢复出原始波形。

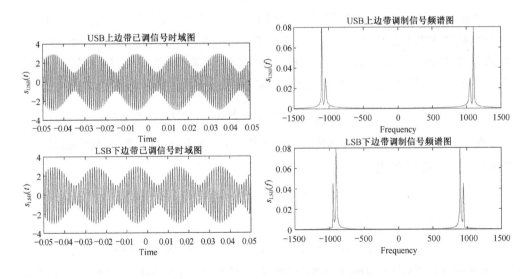

图 4-17　上、下边带 SSB 已调信号的波形和频谱图

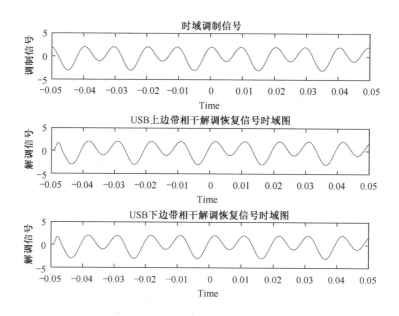

图 4-18　原始调制信号和上、下边带 SSB 的解调信号对比

4.1.4　残留边带调制

残留边带调制（VSB）是介于单边带调制和双边带调制之间的一种调制方式，能够降低单边带调制的实现复杂度，同时也克服了双边带调制占用频带宽的缺点。残留边带调制通过设置一个残留边带滤波器 $H_{\text{VSB}}(\omega)$，设法让一个边带的大部分通过，同时又保留另一个边带的小部分。假设调制信号的频谱为 $M(\omega)$，残留边带已调信号的频谱表示为

$$S_{\text{VSB}}(\omega)=\frac{1}{2}\big[M(\omega+\omega_{\text{c}})+M(\omega-\omega_{\text{c}})\big]H_{\text{VSB}}(\omega) \tag{4-31}$$

对残留边带调制信号进行相干解调，首先乘以相干载波 $2\cos\omega_{\text{c}}t$，然后经过低通滤波器，最后输出信号频谱表达式为

$$S_{o}(\omega)=\frac{1}{2}M(\omega)\big[H_{\text{VSB}}(\omega+\omega_{\text{c}})+H_{\text{VSB}}(\omega-\omega_{\text{c}})\big] \tag{4-32}$$

为了无失真恢复解调信号，要求

$$\big[H_{\text{VSB}}(\omega+\omega_{\text{c}})+H_{\text{VSB}}(\omega-\omega_{\text{c}})\big]=常数,\ |\omega|\leqslant\omega_{\text{H}} \tag{4-33}$$

【例 4-7】设调制信号为 $m(t)=\sin c^{2}(2\pi\cdot20t)$，载波频率 $f_{\text{c}}=1\,\text{kHz}$，试仿真分析残留边带调制（VSB）过程中信号的波形和频谱。

解：

```
ModFreq=20;                                          % 基带调制信号频率
CarrierFreq=1000;                                    % 载波信号频率
SampleFreq=12000;                                    % 采样频率
TimeInt=0.1;                                         % 样本采样时长
Time= [-TimeInt/2: 1/SampleFreq:TimeInt/2];          % 样本时间点
df=SampleFreq/length(Time);                          % 频率间隔
f = [0:df:df*(length(Time)-1)]-SampleFreq/2;         % 频率坐标轴
SignalMod=(sinc(2*pi*ModFreq*(Time))).^2;            % 基带调制信号
FFTSignalMod=fft(SignalMod)/sqrt(length(SignalMod)); % 基带信号频域表示
SignalCarry= cos(2*pi* CarrierFreq *Time);           % 载波信号
% 单频信号的 VSB 调制
SignalDSB=SignalMod.* SignalCarry;                   % 抑制载波双边带调制信号
FFTSignalDSB=fft(SignalDSB)/sqrt(length(SignalDSB)); % 双边带调制信号频域表示
[FFTH_VSB]=VSBFilter(f,FFTSignalDSB,10*ModFreq,CarrierFreq);
% 残留部分下边带的滤波器频域函数构造
FFTSignalVSB=FFTH_VSB.*fftshift(FFTSignalDSB);       % VSB 调制信号频域输出
SignalVSB=real(fft(fftshift(FFTSignalVSB)))/sqrt(length(FFTSignalVSB));
% 将 VSB 频域信号转化为时域表示
% VSB 调制信号解调
Signalp=SignalVSB.* SignalCarry *2;                  % 相干解调，乘以相干载波信号
FFTSignalp=fft(Signalp)/sqrt(length(Signalp));       % 将相干解调输出信号转化为频域表示
BandLPF=8*ModFreq;                                   % 低通滤波器带宽设置
[FFTLPF]=LPFFunction(f,FFTSignalp, BandLPF);         % 低通滤波器频域函数构造
FFTSignalo=fftshift(FFTSignalp).*FFTLPF;
% 相干解调输出信号经过低通滤波器，得到重建信号
Signalo=real(fft(fftshift(FFTSignalo)))/sqrt(length(FFTSignalo));   % 将重建频域信号转化为时域信号
figure(1)
subplot(311)
plot(Time,SignalMod); xlabel('t(时间)');        ylabel('m(t)');
axis([-TimeInt/2 TimeInt/2 -0.1 1]);
title('基带调制信号时域图') ;
subplot(312)
plot(Time,SignalVSB); xlabel('t(时间)');        ylabel('s_{VSB}(t)');
axis([-TimeInt/2 TimeInt/2 -1 1]);
title('VSB 调制信号时域图') ;
subplot(313)
plot(Time,2*Signalo); xlabel('t(时间)');        ylabel('s_{o}(t)');
axis([-TimeInt/2 TimeInt/2 -0.1 1]);
title('重建信号时域图') ;
```

```
figure(2)
subplot(311)
plot(f,fftshift(abs(FFTSignalMod)),'--',f,(abs(FFTH_VSB)),'-.',f,fftshift(abs(FFTSignalDSB))); xlabel('f');
axis([-2000 2000 0 3])
legend('M(f)','H_{VSB}(f)','S_{DSB}(f)')
subplot(312)
plot(f,(abs(FFTSignalVSB)),f,fftshift(abs(FFTSignalp)),'-.',f,FFTLPF,'--');xlabel('f');
legend('S_{VSB}(f)','S_{p}(f)','H_{LPF}(f)')
axis([-2000 2000 0 1.5])
subplot(313)
plot(f,abs(FFTSignalo));xlabel('f');
axis([-2000 2000 0 1.5])
legend('S_{o}(f)')
% 调用残留部分下边带的滤波器函数构造函数 VSBFilter:
function [H_VSB]=VSBFilter(Freq,FFTSignal,B1, CarrierFreq);
% Freq: 频谱采样值; FFTSignal: 信号频域表示; B1:三角形带通滤波器斜边带宽一半; CarrierFreq:
载波频率; H_VSB: 滤波器频域响应
    df=Freq(2)-Freq(1);    % 频谱采样值间隔
    H_VSB=zeros(1,length(Freq));    % 滤波器频谱响应初始化
    Flag_1=ceil(length(Freq)/2)+[floor((CarrierFreq-B1)/df:floor(CarrierFreq+B1)/df)];
                % 正频率三角形带通滤波器斜边对应的频率采样值
    H_VSB(Flag_1)=[1/length(Flag_1):1/length(Flag_1):1];    % 带通滤波器斜边赋值
    Flag_2=ceil(length(Freq)/2)-[floor((CarrierFreq-B1)/df:floor(CarrierFreq+B1)/df)];
    % 负频率三角形带通滤波器斜边对应的频率采样值
    H_VSB(Flag_2)=[1/length(Flag_2):1/length(Flag_2):1];    % 梯形带通滤波器斜边赋值
end
% 调用低通滤波器频域构造函数 LPFFunction:
function [FFTLPF]=LPFFunction(Freq,FFTSignal,B);
% Freq: 频域采样点; FFTSignal: 信号频域表示; B: 低通滤波器带宽; FFTLPF: 低通滤波器频
谱响应;
    df=Freq(2)-Freq(1);         % 频谱采样值间隔
    FFTLPF=zeros(1,length(Freq));    % 低通滤波器频谱响应初始化
    Flag=[-floor(B/df):floor(B/df)]+floor(length(Freq)/2);    % 低通滤波器通带对应的频率采样值
    FFTLPF(Flag)=1;         % 通带赋值
end
```

解调仿真结果如图 4-19 和图 4-20 所示，VSB 调制信号经过相干解调可以较好地还原基带调制信号。图 4-20 给出了 VSB 已调信号的频谱，从图中可以看出，通过构造互补对称的残留边带滤波器，经过相干运算，能够无失真地恢复原始调制信号的频谱。

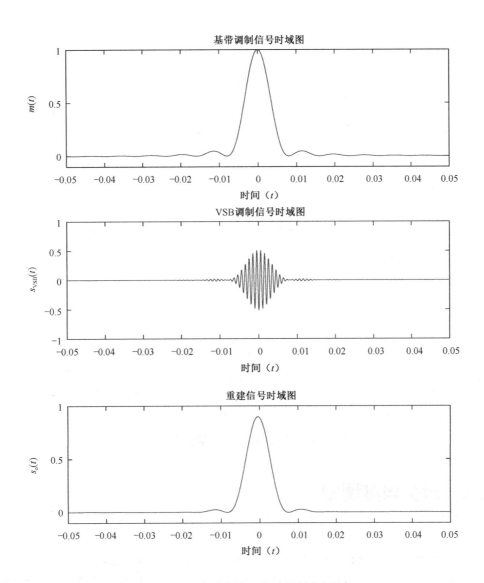

图 4-19　VSB 调制信号与重建信号时域图

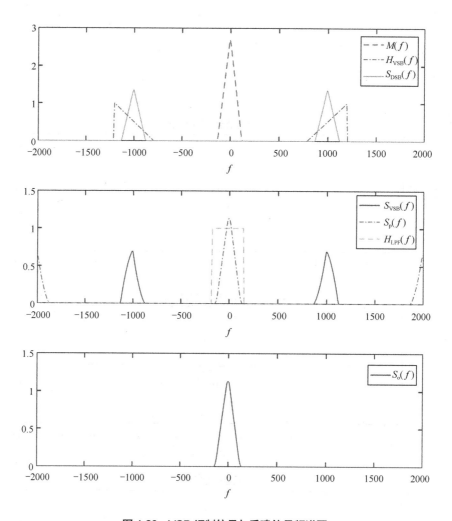

图 4-20　VSB 调制信号与重建信号频谱图

4.2　模拟角度调制

　　振幅保持恒定，使高频载波的频率或相位按调制信号变化而变化的调制方式，称为频率调制（FM）或相位调制（PM），分别简称为调频和调相。因为频率或相位的变化都可以视为载波角度的变化，故调频和调相又统称为角度调制。

4.2.1 相位调制

相位调制是指瞬时相位偏移 $\varphi(t)$ 随调制信号 $m(t)$ 线性变化，即

$$\varphi(t) = K_p m(t) \tag{4-34}$$

式中，K_p 是相移常数，也称为调相灵敏度，这是取决于具体实现电路的一个比例常数。于是，调相信号可表示为

$$s_{\mathrm{PM}}(t) = A\cos[\omega_c t + K_p m(t)] \tag{4-35}$$

【例 4-8】设调制信号为 $m(t) = \cos(200\pi t)$，载波频率 $f_c = 1\,\mathrm{kHz}$，载波幅度为 $A = 1$，相移常数 $K_p = 8$。试求频率调制（PM）信号的波形和频谱。

解：

```
SampleFreq=12000;                                    % 采样频率
CarryFreq=1000;                                      % 载波信号频率
ModFreq=100;                                         % 基带调制信号频率
AmpCarry=1;                                          % 载波信号幅度
TimeInt=0.1;                                         % 样本采样时长
Time=[-TimeInt/2:1/SampleFreq:TimeInt/2];           % 样本时间点
SignalMod=cos(2*ModFreq*pi*Time);                   % 基带调制信号
SignalCarry=AmpCarry*cos(2*pi*CarryFreq*Time);      % 载波信号
[f,SignalModSpec] = SpectrumAnalysis(SignalMod,SampleFreq);
% 单频信号的 PM 调制
Kp = 8;
SignalPM=AmpCarry*cos(2*pi*CarryFreq*Time + Kp*SignalMod);        % PM 信号
[f1,SignalPMSpec] = SpectrumAnalysis(SignalPM,SampleFreq);
figure(1)
subplot(211);plot(Time,SignalMod);
xlabel('t(时间)');        ylabel('m(t)');
axis([-0.02,0.02,-1,1]);
title('基带调制信号时域图');
subplot(212);plot(Time,SignalPM);
xlabel('t(时间)');       ylabel('s_{PM}(t)');
axis([-0.02,0.02,-1,1]);
title('PM 信号时域图')
figure(2)
subplot(211);
plot(f,SignalModSpec);
xlabel('频率（Hz）');    ylabel('M(f)');
title('单频调制信号频谱')
```

```
subplot(212);
plot(f1,SignalPMSpec);
xlabel('频率(Hz)');   ylabel('S_{PM}(f)');
title('PM 信号频谱');
```

程序运行结果如图 4-21 和图 4-22 所示。从图 4-21 可知，PM 已调信号从波形上体现出明显的频率快慢变化。在没有给定基带信号的前提下，无法分辨已调信号是调频还是调相。

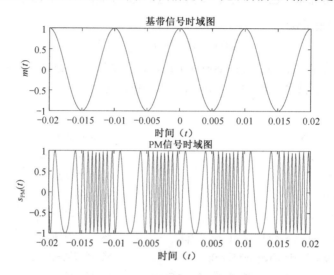

图 4-21　单频信号及其 PM 已调信号

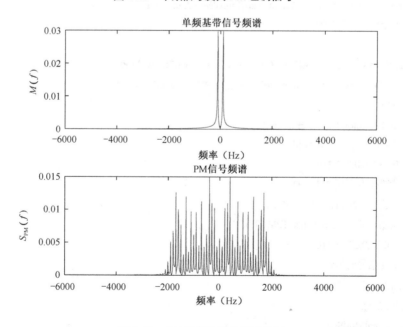

图 4-22　PM 已调信号的频谱分析

从如图 4-22 所示的已调信号的频谱分析中可知，PM 信号是一种典型的非线性调制，已调信号频谱与调制信号不存在线性对应关系，经过调相处理之后，已调信号衍生出大量离散谱线。

4.2.2　频率调制

频率调制是指瞬时角频率偏移随调制信号 $m(t)$ 线性变化，即

$$\frac{\mathrm{d}\varphi(t)}{\mathrm{d}t} = K_f m(t) \tag{4-36}$$

式中，K_f 是频偏常数，也称为调频灵敏度，这时瞬时相位偏移为

$$\varphi(t) = K_f \int_{-\infty}^{t} m(\tau)\mathrm{d}\tau \tag{4-37}$$

调频信号表达式为

$$s_{\mathrm{FM}}(t) = A\cos\left[\omega_c t + K_f \int_{-\infty}^{t} m(\tau)\mathrm{d}\tau\right] \tag{4-38}$$

当最大瞬时相位偏移量较小时，即一般认为满足

$$\left| K_f \int_{-\infty}^{t} m(\tau)\mathrm{d}\tau \right|_{\max} \ll \frac{\pi}{6} \tag{4-39}$$

时，信号占据带宽较窄，称为窄带调频（Narrow Band Frequency Modulation，NBFM）；反之，称为宽带调频（Wide Band Frequency Modulation，WBFM）。

从理论上讲，调频信号的频带宽度为无限宽，卡森通过研究证明：按照占总功率 98%以上边频功率的原则统计带宽，可以得出调频信号的带宽可近似为

$$B_{\mathrm{FM}} = 2(m_f + 1)f_m = 2(\Delta f_{\max} + f_m) \tag{4-40}$$

式中，f_m 表示调制信号的频率，m_f 为调频指数，$\Delta f_{\max}$ 为最大频偏。式(4-40)说明调频信号的带宽取决于最大频偏和调制信号的频率，该式称为卡森公式。若 $m_f \ll 1$，则 $B_{\mathrm{FM}} \approx 2f_m$，这就是窄带调频的带宽。若 $m_f \gg 1$，则 $B_{\mathrm{FM}} \approx 2\Delta f_{\max}$，这是宽带调频的情况，此时带宽由最大频偏决定。

当调制信号为窄带调频信号时，其表达式可以近似写成

$$s_{\mathrm{NBFM}}(t) \approx A\cos\omega_c t - \left[AK_f \int_{-\infty}^{t} m(\tau)\mathrm{d}\tau \right]\sin\omega_c t \tag{4-41}$$

此时频率调制信号可采样相干解调法进行接收。其相干解调法流程图如图 4-23 所示。

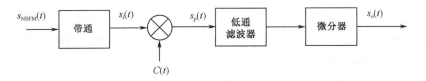

图 4-23　窄带调频信号的相干解调

图 4-23 中带通滤波器用来限制信道所引入的噪声，调频信号可以正常通过。设窄带调频信号为

$$s_i(t) = A\cos\omega_c t - A\left[K_f\int_{-\infty}^{t} m(\tau)\mathrm{d}\tau\right]\sin\omega_c t \tag{4-42}$$

相乘器的相干载波 $C(t) = -2\sin\omega_c t$ ，则相乘器的输出为

$$s_p(t) = -A\sin 2\omega_c t + \left[AK_f\int_{-\infty}^{t} m(\tau)\mathrm{d}\tau\right](1-\cos 2\omega_c t) \tag{4-43}$$

经低通滤波及微分后，得

$$s_o(t) = AK_f m(t) \tag{4-44}$$

【例 4-9】设调制信号为 $m(t) = \cos(200\pi t)$ ，载波频率 $f_c = 1\,\mathrm{kHz}$ ，载波幅度为 $A = 1$ ，频偏常数 $K_f = 100$ 。试计算该频率调制（FM）信号的调频指数和带宽，并采用相干解调对其进行解调。

解： 当调制信号是单频余弦信号时，FM 信号可以写成

$$\begin{aligned}
s_{\mathrm{FM}}(t) &= A\cos\left(2\pi f_c t + K_f A_{\mathrm{m}}\int_{-\infty}^{t}\cos 2\pi f_{\mathrm{m}}\tau\,\mathrm{d}\tau\right)\\
&= A\cos\left(2\pi f_c t + \frac{K_f A_{\mathrm{m}}}{2\pi f_{\mathrm{m}}}\sin 2\pi f_{\mathrm{m}}t\right)\\
&= A\cos\left(2\pi f_c t + m_f\sin 2\pi f_{\mathrm{m}}t\right)
\end{aligned} \tag{4-45}$$

式中，$m_f = K_f A_{\mathrm{m}}/\omega_{\mathrm{m}}$ 称为调频指数，最大频率偏移为 $\Delta f_{\max} = K_f A_{\mathrm{m}}/2\pi$ 。代入题中所给参数可知

$$m_f = K_f A_{\mathrm{m}}/(2\pi f_{\mathrm{m}}) = 100/(2\pi f_{\mathrm{m}}) \approx 0.16 \tag{4-46}$$

这是属于窄带调频的情况，因此带宽 $B \approx 2f_{\mathrm{m}} = 200\mathrm{Hz}$ 。

下面通过编程进行验证。

```
SampleFreq=12000;                                    % 采样频率
CarryFreq=1000;                                      % 载波信号频率
ModFreq=100;                                         % 基带调制信号频率
Am =1;                                               % 载波信号幅度
TimeInt=0.1;                                          % 样本采样时长
Time=[-TimeInt/2:1/SampleFreq:TimeInt/2];            % 样本时间点
SignalMod =Am*cos(2*pi*ModFreq*Time);               % 基带调制信号
SignalCarrier= cos(2*pi*CarryFreq*Time);            % 载波信号
% 调频
Kf=100;                                              % 频偏常数
IntegMod(1)=0;                                       % 瞬时相位频偏初始化
for i=1:length(SignalMod)−1
    IntegMod(i+1)=IntegMod(i)+SignalMod(i)/SampleFreq;   % 瞬时相位频偏计算
end
SignalFM= cos(2*pi*CarryFreq*Time+Kf*IntegMod);     % 调频信号
```

```
MaximumFrequencyShift = Am*Kf/(2*pi);                          % 最大频偏
ModulationIndex = MaximumFrequencyShift/ModFreq;              % 调频指数
CarsonBW = 2*(ModulationIndex+1)*ModFreq;                    % 卡森公式计算带宽
[f1,SignalFMSpec] = SpectrumAnalysis(SignalFM,SampleFreq);
% 窄带调频信号相干解调
% 低通滤波器
FreqPassBand=150/(SampleFreq/2);                              % 通带截止频率
FreqStopBand=300/(SampleFreq/2);                              % 阻带截止频率
FlucPassBand=1;                                               % 通带最大波动（dB）
FlucStopBand=15;                                              % 阻带最大衰减（dB）
[NFilt,Freq3dB]=buttord(FreqPassBand,FreqStopBand,FlucPassBand,FlucStopBand);
                                % Butterworth 滤波器阶数和 3dB 频率设计
[PolyMol,PolyDeno]=butter(NFilt,Freq3dB);        % Butterworth 滤波器分子分母系数求解
MultiplierOutFM=-SignalFM.*sin(2*pi*CarryFreq*Time)*2;        % 乘以相干载波
FilterOutFM=filter(PolyMol,PolyDeno,MultiplierOutFM);        % 低通滤波
DemodFM=(FilterOutFM-[0,FilterOutFM([1:end-1])])*SampleFreq/Kf;
% 对滤波后信号进行微分计算
figure(1)
subplot(211);
plot(Time,SignalMod);
axis([-0.05 0.05 -1 1]);
title('基带调制信号时域图')
subplot(212);
plot(Time,DemodFM);axis([-0.05 0.05 -1 1]);
title('NBFM 信号相干解调结果');
figure(2)
plot(f1,SignalFMSpec);
xlabel('频率(Hz)');
ylabel('S_{FM}(f)');
axis([-2000, 2000,0,0.035]);
```

解调仿真结果如图 4-24 所示，窄带 FM 信号经过相干解调可以较好地还原单频信号。图 4-25 给出了 NBFM 已调信号的频谱，从图中可以看出，在窄带调频时，已调信号的频谱与 AM 信号非常类似，表现为中间的载波和左、右两侧位于 $f_c - f_m$ 和 $f_c + f_m$ 的上、下边频，带宽近似为 200 Hz，与卡森公式理论分析结果基本吻合。

宽带调频信号可以通过非相干解调法进行接收，其非相干解调法流程如图 4-26 所示。

基于 FM 信号的表达式(4-38)进行解调处理，微分器输出为

$$s_d(t) = -A\left[2\pi f_c + K_f m(t)\right]\sin\left[2\pi f_c t + K_f \int_{-\infty}^{t} m(\tau)\mathrm{d}\tau\right] \tag{4-47}$$

取其包络信息，并且滤去直流分量后，包络检波器输出为

121

$$s_o(t) = K_d K_f m(t) \tag{4-48}$$

这里，K_d 称为鉴频器灵敏度。

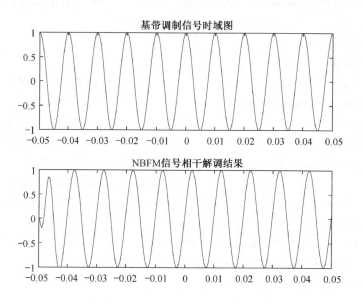

图 4-24 NBFM 信号相干解调的仿真结果

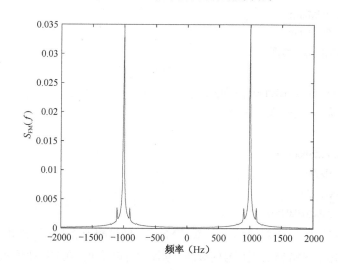

图 4-25 NBFM 频谱分析

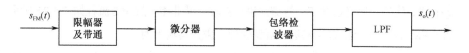

图 4-26 FM 信号非相干解调框图

在利用 MATLAB 仿真完成 FM 非相干解调的过程中，我们首先采用求相位函数的方法得到 FM 已调信号的相位函数 $K_f \int_{-\infty}^{t} m(\tau)\mathrm{d}\tau$，然后再直接调用 unwrap 函数对该相位解卷绕，使得所求的相位连续变化，接着对相位求微分得到 $K_f m(t)$，最后除以调频灵敏度，得到解调信号。

【例 4-10】设调制信号为如图 4-27 所示的信号，对该信号进行 FM 调制。载波频率 $f_c = 500\mathrm{Hz}$，载波幅度为 $A = 1$，频偏常数 $K_f = 160\pi$。试求频率调制（FM）信号的波形和频谱，以及采用非相干解调法的解调信号波形和频谱。

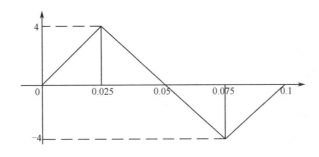

图 4-27 调制信号

解：

```
Fs=10000;                                            % 采样频率
Ts= 1/Fs;
CarryFreq=500;                                       % 载波信号频率
AmpCarry=1;                                           % 载波信号幅度
TimeInt=0.1;                                          % 样本采样时长
% 调制信号
t=[0:1/Fs:TimeInt];
t_1=0:Ts:TimeInt/4;
t_2=TimeInt/4+Ts:Ts:TimeInt*3/4;
t_3=TimeInt*3/4+Ts:Ts:TimeInt;
InputSig(1:length(t_1))=160*t_1;
InputSig(length(t_1)+1:length(t_1)+length(t_2))=-160*t_2+0.05*160;
InputSig(length(t_1)+length(t_2)+1:length(t_1)+length(t_2)+length(t_3))=160*t_3-0.1*160;
% 基带调制信号
SignalCarry=AmpCarry*cos(2*pi*CarryFreq*t);          % 载波信号
% 调频
Kf=80*2*pi;                                          % 频偏常数
IntegMod(1)=0;                                       % 瞬时相位频偏初始化
for i=1:length(InputSig)−1
```

```
        IntegMod(i+1)=IntegMod(i)+InputSig(i)*Ts;
end
SignalFM= cos(2*pi*CarryFreq*t+Kf*IntegMod);              % 调频信号
[f1,SignalFMSpec] = SpectrumAnalysis(SignalFM,Fs);        % 频谱分析
% 非相干解调
PhaseFM = angle(hilbert(SignalFM).*exp(-sqrt(-1)*2*pi*CarryFreq*t));
% 根据等效低通函数求相位偏移,注意这里的相位不包含载波随时间变化得到的相位。
UnwrapPhase = unwrap(PhaseFM);   % 相位解卷绕
DiffUnwrapPhase= [diff(UnwrapPhase)]/Ts;
% 求差分操作,注意离散域差分操作会导致数据量减少
DemodFM= DiffUnwrapPhase/Kf;
figure(1)
plot(t,SignalFM);
xlabel('时间(t)');
ylabel('S_{FM}(t)');
axis([0 0.1 -1.1 1.1])
figure(2)
subplot(211);
plot(t,InputSig);
xlabel('时间(t)');ylabel('m(t)');
  axis([0 0.1 -4 4]);
title('基带调制信号时域图')
subplot(212);
plot(t(1:length(DemodFM)),DemodFM);
xlabel('时间(t)');ylabel('$s_{0}(t)$','interpreter','latex');
axis([0 0.1 -4 4]);
title('FM 非相干解调结果');
figure(3)
plot(f1,SignalFMSpec);
xlabel('频率(Hz)');
ylabel('S_{FM}(f)');
axis([-2000, 2000,0,0.01]);
```

仿真结果如图 4-28 所示,非相干解调可以恢复出原始发送信号。从已调 FM 信号的时域波形图(见图 4-29)可知,FM 是一种频率偏移随着调制信号线性变化的非线性调制,当调制信号为正信号时,已调的 FM 信号频率较原始载波频率变大,当调制信号转为负信号时,已调 FM 信号频率降低。从图 4-30 可以看出,原始信号经过非线性 FM 调制后出现明显的频谱展宽。

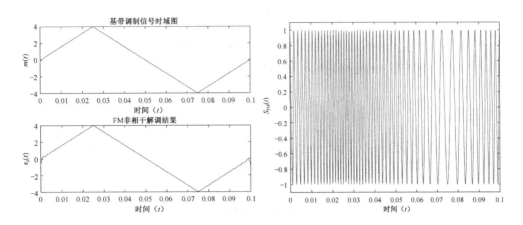

图 4-28　原始发送信号和 FM 非相干解调信号　　　图 4-29　已调 FM 信号时域波形图

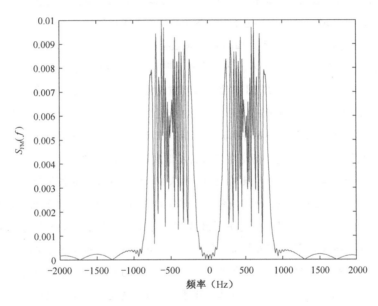

图 4-30　已调 FM 信号的频谱

习题

4-1　设调制信号为 $m(t) = \cos(2\pi \cdot 75t)$ ，直流信号为 $A_0 = 2$ ，载波频率 $f_c = 1\,\text{kHz}$ 。试求振幅调制（AM）信号的频谱，以及采用包络检波法的解调信号波形和频谱。

4-2　设信号为 $m(t) = \cos(2\pi \cdot 300t) + \cos(2\pi \cdot 3400t)$ ，试采用二级滤波方案获得信号的单边带波形和频谱，要求单边带滤波器的归一化值不能低于 0.01。

4-3　设调制信号为 $m(t) = \cos(2\pi \cdot 75t)$ ，载波频率 $f_c = 1\,\text{kHz}$ 。试求单边带（SSB）信号

的频谱，以及采用非相干解调法的解调信号波形和频谱。

4-4　设调制信号为$m(t)=\cos(2\pi\cdot75t)$，频偏常数$K_f=100$，载波频率$f_c=1\,\text{kHz}$，载波幅度$A=1$。试求窄带调频（NBFM）信号的波形和频谱。

📚 扩展阅读

发明家 Edwin Howard Armstrong

埃德温·霍华德·阿姆斯特朗（Edwin Howard Armstrong，1890 年 12 月 18 日—1954 年 1 月 31 日），美国著名无线电工程师，发明家、无线电研究先驱。他发明了再生反馈电路（Regenerative Feedback Circuit）、超再生电路及超外差无线接收机。1933 年，他获得了宽带频率调制的发明专利权。1955 年，国际电信联盟将他的名字写入了伟人名录。1980 年他被列入美国国家发明名人堂。1983 年，美国发行了阿姆斯特朗的纪念邮票。

阿姆斯特朗于 1890 年 12 月 18 日生于纽约市曼哈顿上城。他从小就是个痴迷无线电的爱好者，在他房间里满是莱顿瓶、线圈、检波器和电容器等。为建设天线，他沿河堤铺设了几千英尺的电线。他不分昼夜地把耳机戴在头上，专注地接听从加拿大或者美国小岛基韦斯特发送来的电报信号，自己也给扬克斯市的朋友们敲击莫尔斯电码。

1909 年，阿姆斯特朗进入哥伦比亚大学，师从 Micheal.J Pupin 教授学习电气工程学科。在他毕业前一年，1912 年 8 月，阿姆斯特朗在佛蒙特州的一座山上产生灵感，发明了再生反馈电路，该电路不仅可以作为无线电波的放大器，而且可以作为无线电波发生器。1917 年 4 月，第一次世界大战期间，阿姆斯特朗加入军队，并被任命为美国信号部队的上尉被派驻到法国前线。1918 年 3 月，在巴黎大街上听到防空炮兵盲目地向根本看不见的德军轰炸机开炮时，阿姆斯特朗脑海中闪过一个念头：有可能通过改进电路捕获到飞机引擎点火系统发出的短波。后来，基于这一思想，他发明了高频信号"超外差接收机"。1918 年 11 月，阿姆斯特朗在美国和法国分别为其申请了专利。

战争结束后，阿姆斯特朗返回哥伦比亚大学任教，致力于解决消除无线电静电噪声（Static Noise）这一长期未解决的问题。当时，美国无线电通信收音机全都使用调幅体制，静电噪声是一个普遍感到头痛的问题。1927 年，阿姆斯特朗总结了他多年实验研究结果，得出了一个初步解决方案。他建议"消除"静态噪声，并认为静态碰撞或爆发的干扰在紧密相邻的频段上高度相关。他描述该技术的论文发表在 1928 年的 IRE 会议上，然而，该成果迅速被 AT&T 贝尔实验室的著名学者卡森批评，卡森在回应阿姆斯特朗论文时说，阿姆斯特朗认为静态噪声可以消除的观点是错误的，"像穷人一样，静电将永远伴随着我们"。13 年以后，阿姆斯特朗在纽约州帝国大厦同时发射调幅信号和调频信号，并在新泽西州的实验室里进行接收，调幅信号已被噪声淹没，而调频信号则十分清晰。阿姆斯特朗用事实证明卡森评论的片面性。

1933 年 11 月 26 日，阿姆斯特朗关于宽带调频电路的发明获得授权，1939 年，贝尔电话实验室又将这项技术用于飞机测高计的生产。第二年，美国无线电公司（Radio Corporation of America，RCA）公司总裁萨诺夫登门求助，希望阿姆斯特朗向该公司转让调频电路专利，但遭到他拒绝。美国无线电公司在 1946 年设法绕过他的专利，设计出一种类似的电路。阿姆斯特朗得知此事后在 1949 年向法院控告美国无线电公司。后来，萨诺夫提出一个解决纠纷的方案，也被他拒绝。由于长期的专利诉讼和不善于运用财力，阿姆斯特朗在律师和实验室上开销无度，与他为伴 30 年的妻子（曾是萨诺夫的秘书）也离他而去，阿姆斯特朗的精神彻底崩溃了。1954 年 1 月 31 日，他给妻子写了一封绝别信，穿戴整齐后从纽约寓所跳楼自杀。

第 5 章

模拟信号数字化

在实际通信中，为了在数字通信系统中传输模拟信息，必须对模拟信号进行抽样、量化和编码等数字化处理。抽样是将时间连续的模拟信号转化为时间上离散的抽样信号，完成时间上的离散化；量化是将取值连续的模拟信号转化为有限取值的量化信号，完成幅度上的离散化；编码是将时间离散且取值离散的量化信号用二进制码表示。本章将介绍几种典型的抽样、量化和编码的基本原理，对典型的抽样、量化和编码方式进行 MATLAB 案例仿真，并分析其性能。

5.1 模拟信号的抽样

■ 5.1.1 低通抽样定理

低通抽样定理：一个频带限制在 $(0, f_H)$ 内的时间连续信号 $x(t)$，如果抽样频率 f_s 大于或等于 $2f_H$，则可以由样值序列 $\{x(nT_s)\}$ 无失真地重建和恢复原始信号，其中 $T_s = 1/f_s$。

设 $x(t)$ 是低通模拟信号，$\delta_{T_s}(t)$ 是抽样脉冲序列，则抽样过程可表示为 $x(t)$ 与 $\delta_{T_s}(t)$ 的乘积，则抽样信号表达式为

$$x_s(t) = x(t)\delta_{T_s}(t) \tag{5-1}$$

其中，$\delta_{T_s}(t)$ 是一个周期性冲激序列，

$$\delta_{T_s}(t) = \sum_{n=-\infty}^{\infty} \delta(t - nT_s) \tag{5-2}$$

根据频域卷积定理，抽样信号的频谱可表示为低通模拟信号频谱和抽样脉冲序列频谱的卷积，即

$$X_s(\omega) = \frac{1}{2\pi}[X(\omega) * \delta_{T_s}(\omega)] \tag{5-3}$$

其中，$X(\omega)$ 为低通信号的频谱，$\delta_{T_s}(t)$ 是抽样脉冲序列 $\delta_{T_s}(t)$ 的频谱，其表达式为

$$\delta_{T_s}(\omega) = \frac{2\pi}{T_s} \sum_{n=-\infty}^{\infty} \delta(\omega - n\omega_s) \tag{5-4}$$

其中，$\omega_s = 2\pi f_s = \dfrac{2\pi}{T_s}$。将式(5-4)代入式(5-3)，有

$$\begin{aligned}
X_s(\omega) &= \frac{1}{T_s}[X(\omega) * \sum_{n=-\infty}^{\infty} \delta(\omega - n\omega_s)] \\
&= \frac{1}{T_s} \sum_{n=-\infty}^{\infty} X(\omega - n\omega_s)
\end{aligned} \tag{5-5}$$

抽样后信号的频谱是原信号的频谱经过周期延拓得到的，在 $\omega_s \geq 2\omega_H$ 的情况下，周期性频谱无混叠现象，因此，将抽样后信号通过截止频率为 ω_H 的理想低通滤波器后，可无失真地恢复原始信号。如果 $\omega_s < 2\omega_H$，则频谱间出现混叠现象，这时不可能无失真地重建原始信号。

【例 5-1】设模拟信号为 $m(t) = \sqrt{2}\cos(2\pi f_m t)$，其中 $f_m = 500\text{Hz}$。当抽样频率为 $f_s = 8f_m$ 时，试对比原始信号、采样信号的波形和频谱，以及经过低通滤波器后重建原始信号的波形和频谱。

解：

```
ObserveTime = 1e-5;                                    % 信号观测时间间隔
Fs= 1/ObserveTime;                                     % 仿真系统的抽样间隔
SignalFreq= 500;                                       % 信号频率
AmpSig= sqrt(2);                                       % 信号幅度
TimeInt= 0.5;                                          % 样本点采样时长
Time=[-TimeInt/2:ObserveTime:TimeInt/2];              % 采样时间点
Signal= AmpSig*cos(2*pi*SignalFreq*Time);             % 信号时域表示
[FreqSig,SignalSpec]=SpectrumAnalysis(Signal,1/ObserveTime);   % 原始信号频谱
% 低通采样
SamplingFreq = SignalFreq*8;                           % 采样频率
SamplePulse= zeros(1,length(Signal));                  % 脉冲信号初始化
SamplePulse([1:ceil(Fs/SamplingFreq):end])=1;          % 周期脉冲信号
SampledSignal=Signal.*SamplePulse;                     % 抽样
[FreqSampledSig,SampledSignalSpec]=SpectrumAnalysis(SampledSignal,1/ObserveTime);
% 抽样信号频域表示
% 低通滤波器设计
FreqPassBand= SignalFreq/(Fs/2);                       % 通带截止频率
FreqStopBand= (SignalFreq+500)/(Fs/2);                 % 阻带截止频率
FlucPassBand=1;                                        % 通带内最大波动（dB）
FlucStopBand=15;                                       % 阻带内最大衰减（dB）
[NFilt,Freq3dB]=buttord(FreqPassBand,FreqStopBand,FlucPassBand,FlucStopBand);
% Butterworth 滤波器阶数和 3dB 频率设计
[PolyMol,PolyDeno]=butter(NFilt,Freq3dB);         % Butterworth 滤波器表达式中分子和分母
RecovSig=filter(PolyMol,PolyDeno,SampledSignal);       % 低通滤波，恢复信号
PowerRecovSig = norm(RecovSig).^2/length(RecovSig);
RecovSig = RecovSig./sqrt(PowerRecovSig);
[FreqRecovSig,RecovSigSpec]=SpectrumAnalysis(RecovSig,1/ObserveTime);
% 恢复信号频域表示
figure(1)
subplot(121);plot(Time,Signal);
axis([-0.004 0.004 -1.4*AmpSig 1.4*AmpSig])
title('低通信号时域图');
subplot(122);plot(FreqSig,SignalSpec);
axis([-600,600,0,0.35]);
title('低通信号频域图');
figure(2)
subplot(121);stem(Time,SampledSignal,'filled','markersize',3);
```

```
axis([−0.004 0.004 −1.8 1.8]);
title('低通采样信号时域图');
subplot(122); plot(FreqSampledSig,SampledSignalSpec);
axis([−5000,5000,0,0.015]);
title('低通采样信号频域图');
figure(3)
subplot(121);plot(Time, RecovSig);
axis([−0.004 0.004 −2*AmpSig 2*AmpSig])
title('恢复信号时域图');
subplot(122);plot(FreqRecovSig,RecovSigSpec);
axis([−600,600,0,0.35]);
title('恢复信号频域图');
```

仿真结果如图 5-1 所示。图中给出了原始模拟余弦信号的波形和频谱，可以看到其频谱表现为在正频域 500Hz 和负频域−500Hz 对称的两根离散谱线。

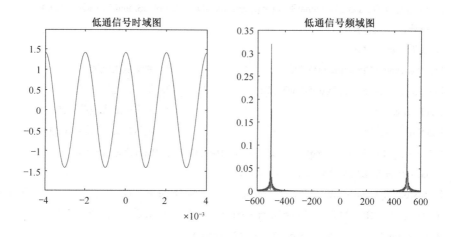

图 5-1　原始模拟信号的波形和频谱

图 5-2 给出了低通抽样信号的波形和频谱，从图中可以看出，抽样信号仅保留在整数倍抽样时间间隔上的信号点，对应频谱相当于原始频谱以 4000Hz 进行周期延拓所得的扩展频谱。由于在 MATLAB 仿真中，我们只能用离散信号近似模拟信号对信号进行处理，因此，图中采样信号的频谱幅度有起伏。图 5-3 给出了利用低通滤波恢复的时域信号和频谱，从图中可以看出，原始模拟信号得到了很好的恢复，但由于低通滤波引入了一定量的相移，因此时域恢复信号需要经过一定调整才能与原始余弦信号完全对齐。

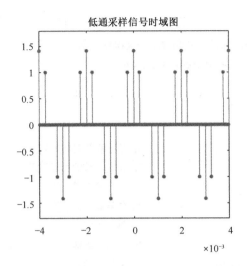
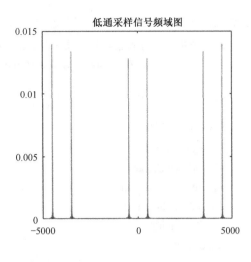

图 5-2 低通抽样信号的波形和频谱

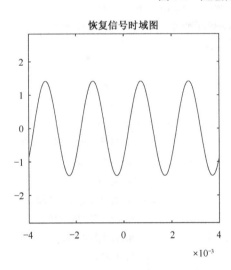
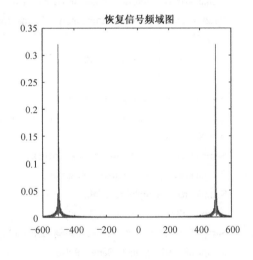

图 5-3 低通抽样信号以及信号重建的仿真结果

■ 5.1.2 带通抽样定理

带通抽样定理：一个频带限制在 (f_L, f_H) 内的时间连续信号 $x(t)$，信号带宽 $B = f_H - f_L$，令 N 为不大于 f_L / B 的最大正整数，如果抽样频率 f_s 满足条件

$$\frac{2f_H}{m+1} \leqslant f_s \leqslant \frac{2f_L}{m}, \quad 0 \leqslant m \leqslant N \tag{5-6}$$

则可以由抽样序列无失真地重建原始信号 $x(t)$。

【例 5-2】设模拟信号为 $m(t) = \sqrt{2}\cos(2\pi f_H t) + \cos(2\pi f_L t)$，其中 $f_H = 2000\text{Hz}$，$f_L = 1650\text{Hz}$。试求最小带通采样频率，并在可行的抽样频率中选择一个进行带通抽样。画

出带通抽样信号的波形和频谱，以及经过带通滤波器后重建原始信号的波形和频谱。

解： 该带通信号的低端截止频率为 1650Hz，高端截止频率为 2000Hz，则

$$B = 2000 - 1650 = 350\text{Hz}, \quad N = \lfloor 1650/350 \rfloor = 4$$

因此，允许的抽样频率区间为 $\dfrac{2f_H}{m+1} \leqslant f_s \leqslant \dfrac{2f_L}{m}$，$0 \leqslant m \leqslant 4$，最小的带通抽样频率为 $2f_H/(N+1) = 800\text{Hz}$。

```
ObserveTime = 1e-5;                                          % 信号观测时间间隔
Fs= 1/ObserveTime;                                           % 仿真系统的抽样间隔
SignalFreqMax = 2000;                                        % 信号频率最大值
SignalFreqMin = 1650;                                        % 信号频率最小值
AmpSig= sqrt(2);                                             % 信号幅度
TimeInt= 0.5;                                                % 样本点采样时长
Time= [-TimeInt/2:ObserveTime:TimeInt/2];                    % 采样时间点
Signal = AmpSig*cos(2*pi*SignalFreqMax*Time)+cos(2*pi*SignalFreqMin*Time);
[FreqSig,SignalSpec]=SpectrumAnalysis(Signal,1/ObserveTime);  % 原始信号频谱
% 带通采样
B= SignalFreqMax-SignalFreqMin;
N =floor(SignalFreqMin/B);                                   % 求解 N
SampleFreqMin = 2*SignalFreqMax/(N+1);                       % 最小采样频率
fprintf('The minimum bandpass sampling frequency is %d Hz.\n', SampleFreqMin);
m = N-1;                                                     % 取其中的第 N-1 个区间
SampleFreqLow= 2*SignalFreqMax/(m+1);                        % 区间下限
SampleFreqHigh =2*SignalFreqMin/(m);                         % 区间上限
SampleFreq = SampleFreqHigh;                                 % 选择带通抽样频率
SamplePulse= zeros(1,length(Signal));                        % 脉冲信号初始化
SamplePulse([1:ceil(1/ObserveTime/SampleFreq):end])=1;       % 周期脉冲信号
SampledSignal = Signal.*SamplePulse;                         % 抽样信号
[FreqSampledSig,SampledSignalSpec] = SpectrumAnalysis(SampledSignal,1/ObserveTime);
% 带通滤波器
FreqPassBand=[SignalFreqMin,SignalFreqMax]/(Fs/2);           % 通带截止频率
FreqStopBand=[SignalFreqMin-80,SignalFreqMax+80]/(Fs/2);     % 阻带截止频率
FlucPassBand=3;                                              % 通带内最大波动
FlucStopBand=15;                                             % 阻带内最大衰减
[NFilt,Freq3dB]=buttord(FreqPassBand,FreqStopBand,FlucPassBand,FlucStopBand);
% Butterworth 滤波器阶数和 3dB 频率设计
[PolyMol,PolyDeno]=butter(NFilt,Freq3dB);                    % Butterworth 滤波器表达式中分子和分母
RecovSig=filter(PolyMol,PolyDeno,SampledSignal);   % 带通滤波，恢复信号
PowerRecovSig = norm(RecovSig).^2/length(RecovSig);
RecovSig = RecovSig./sqrt(PowerRecovSig);
[FreqRecovSig,RecovSigSpec]=SpectrumAnalysis(RecovSig,1/ObserveTime);
```

```
% 恢复信号频域表示
figure(1)
subplot(121);plot(Time,Signal);
axis([-0.004 0.004 -2.5 2.5])
title('带通信号时域图');
subplot(122);plot(FreqSig,SignalSpec);
axis([-4000,4000,0,0.35]);
title('带通信号频域图');
figure(2)
subplot(121);stem(Time,SampledSignal,'filled','markersize',3);
axis([-0.004 0.004 -2.5 2.5]);
title('带通采样信号时域图');
subplot(122); plot(FreqSampledSig,SampledSignalSpec);
axis([-3000,3000,0,0.004]);
title('带通采样信号频域图');
figure(3)
subplot(121);plot(Time, RecovSig);
axis([-0.004 0.004 -2.5 2.5])
title('恢复信号时域图');
subplot(122);plot(FreqRecovSig,RecovSigSpec);
axis([-4000,4000,0,0.3]);
title('恢复信号频域图');
```

经过仿真计算，在工作区间显示出允许的最小抽样频率为 800Hz。

图 5-4 给出了带通信号的时域图和频谱，可以看到在 1650Hz 和 2000Hz 处各有一条谱线。图 5-5 给出了当 $m = 3$ 时对应采样区间的高端频率 1100Hz 抽样的时域图和频谱图，可以看到经过频谱延拓，则 0～1650Hz 之间的空白频段被延拓边带填充。图 5-6 给出了抽样之后恢复的信号和频谱，可以看到经过带通滤波，原始信号得到了较好的恢复。

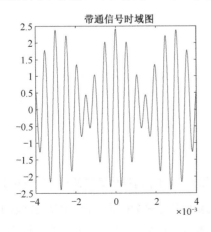
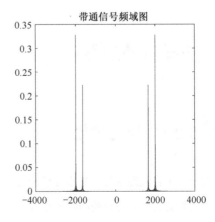

图 5-4　带通模拟信号及其频谱

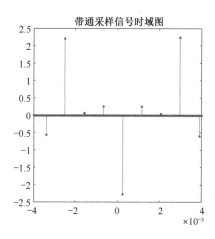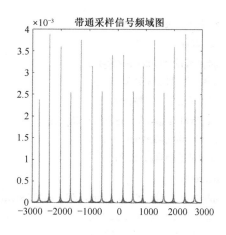

图 5-5　带通抽样信号及其频谱

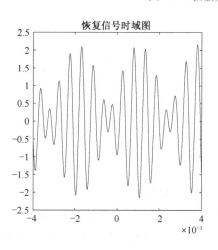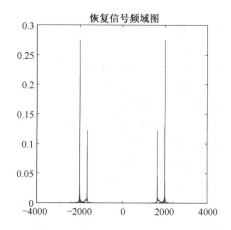

图 5-6　带通滤波之后恢复的信号和频谱

5.2　抽样信号的量化

■ 5.2.1　均匀量化

均匀量化也称线性量化，是指在整个量化范围 $(-V, V)$ 内量化间隔都相等的量化器。只有在输入信号具有均匀分布的概率密度时，均匀量化器才是最佳的，量化电平通常取在各量化区间的中点。尽管通常情况下均匀量化器不是最佳量化器，但是均匀量化器的数学分析最简单，而且对于分析设计实际的量化器有很重要的参考价值。

若量化范围 $(-V, V)$ 内，量化间隔数为 L 个，则均匀量化器的量化间隔

$$\Delta_k = \Delta = 2V / L, \quad k = 1, 2, \cdots, L \tag{5-7}$$

分层电平数量为 $L+1$ 个

$$x_k = \frac{k-1-L}{L}V, \quad k = 1, \cdots, L+1 \tag{5-8}$$

量化电平

$$y_k = (x_k + x_{k-1})/2 \tag{5-9}$$

这时最大量化误差为 $\Delta/2$。在数字通信系统中，衡量量化器的主要技术指标是信噪比，即信号功率 S 与量化噪声功率之比 S/σ_q^2，通常用 SNR 表示。下面以正弦波为例来分析均匀量化的信噪比（SNR）特性。

假设输入是正弦波，且信号幅度不超过量化器的量化范围 $(-V, V)$。若正弦波幅度为 A_m，则正弦波功率为 $S = A_m^2/2$。于是量化信噪比为

$$\text{SNR} = \frac{S}{\sigma_q^2} = \frac{A_m^2/2}{V^2/(3L^2)} = \frac{3A_m^2 L^2}{2V^2} = \frac{3}{2}\left(\frac{A_m}{V}\right)^2 L^2 \tag{5-10}$$

对均匀量化的量化电平用 n 位码表示，就得到了数字编码信号。若量化值用 n 位二进制码来表示，则量化间隔数 $L = 2^n$。令归一化有效值 $D = A_m/(\sqrt{2}V)$，则式(5-10)可以表示为

$$\text{SNR} = S/\sigma_q^2 = 3D^2 L^2 \tag{5-11}$$

通常用分贝（dB）为单位来表示信噪比，则

$$[\text{SNR}]_{dB} = 10\lg 3 + 20\lg D + 20\lg 2^n \approx 4.77 + 20\lg D + 6.02n \tag{5-12}$$

其中，D 的含义是信号有效值与最大量化电平的比值。当 $A_m = V$ 时，$D = 1/\sqrt{2}$，则量化信噪比达到最大，这时有

$$[\text{SNR}]_{\text{max dB}} \approx 1.76 + 6.02n \tag{5-13}$$

【例 5-3】设模拟信号为 $m(t) = 0.8\cos(2\pi f_m t)$，其中 $f_m = 500\text{Hz}$，采用低通抽样频率为 $f_s = 40 f_m$。抽样后的信号经过 4 比特均匀量化器进行量化后进行线性编码，量化器的工作区间为 $[-1, 1]$。试求量化后输出信号及其量化信噪比，并比较仿真量化信噪比和理论量化信噪比。

解：

```
V= 1;                                          % 量化器工作范围
ObserveTime = 1e-5;                            % 信号观测时间间隔
SignalFreq= 500;                               % 信号频率
Am= 0.8;                                        % 可能的正弦信号幅度
for n = 1:length(Am)                           % 加入循环后可以计算量噪比曲线
D(n) = Am/(sqrt(2)*V);
TimeInt=0.006;                                 % 样本点采样时长
Time=[-TimeInt/2:ObserveTime:TimeInt/2];       % 采样时间点
```

```
Signal=Am*(cos(2*pi*SignalFreq*Time));                    % 信号时域表示
% 低通采样
SampleFreq=40*SignalFreq;                                 % 采样间隔
NSampleInt=ceil(1/ObserveTime/SampleFreq);                % 采样周期
SamplePulse=zeros(1,length(Signal));                      % 周期脉冲信号初始化
SamplePulse([1:NSampleInt:end])=1;                        % 周期脉冲信号
SampledSignal=Signal.*SamplePulse;                        % 采样信号时域表示
% 均匀量化
QuanBit=4;                                                % 量化后比特数目
LQuantInt=2^QuanBit;                                      % 量化电平数目
QuanInterval=2*V/LQuantInt;                               % 量化间隔
LayerLevel=([1:LQuantInt+1]-1-LQuantInt/2)*QuanInterval;  %分层电平
QuanLevelStart = sum(LayerLevel([1,2]))/2;
QuanLevel= [QuanLevelStart:QuanInterval:QuanLevelStart+(LQuantInt-1)*QuanInterval]; %量化电平
CompareLayer= LayerLevel(2:end-1);
SigUsed=SampledSignal([1:NSampleInt:end]).';             % 采样点信号
% 通过对比分层电平进行均匀量化
for j = 1:length(SigUsed)
sig= SigUsed(j);
indx = 0;
for i = 1 : length(CompareLayer)
        indx = indx + (sig > CompareLayer(i));
end;
QuantizationOut(j) = QuanLevel(indx+1);                   % 均匀量化
QuanLevel_Bits(1:QuanBit,j)= dec2bin(indx,QuanBit);      % 进行线性二进制编码
QuanError(j) = sig-QuantizationOut(j);                    % 量化误差
end
QuanSignal = zeros(1,length(SampledSignal));
for i=1:length(QuantizationOut)
QuanSignal((i-1)*NSampleInt+1)=QuantizationOut(i);
% 将量化后的电平在相应观测点上进行赋值
end
OutputBits = QuanLevel_Bits(:);                           % 线性编码输出的比特
figure(1);
plot(Time,SampledSignal,'x',Time,QuanSignal,'.', 'MarkerSize',10);
axis([-0.003 0.003 -1.3 1.3]);
xlabel('时间(t)');ylabel('x(t)')
legend('Original signal','Quantized signal');
PowerError = norm(QuanError)^2/length(QuanError);         % 统计量化误差功率
```

138

```
PowerSig = Am^2/2;                          % 统计正弦信号功率
SNR(n) = 10*log10(PowerSig/PowerError);     % 计算量化信噪比
SNR_Theory(n) = 4.77+20*log10(D(n))+6*QuanBit;  % 计算理论量化信噪比
end
```

运行上述仿真，可以计算得到仿真统计的量化信噪比为 22.4 dB，理论计算的量化信噪比为 23.8 dB，两者较为接近。图 5-7 画出了正弦信号量化信号的仿真结果。

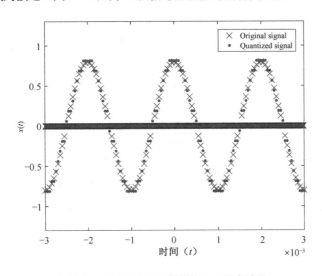

图 5-7　正弦信号均匀量化信号的仿真结果

■ 5.2.2　非均匀量化

当信源发出的信号是非均匀分布的时，为了得到最佳的量化效果，需要采用非均匀量化方法。量化间隔不相等的量化称为非均匀量化，又称为非线性量化。图 5-8 给出了一种非均匀量化的实现方法，在发射端，对输入信号 x 先进行一次非线性"压缩"变换，得到 $z = f(x)$，再进行均匀量化。在接收端，对解码后得到的量化电平进行一次逆"扩张"变换，恢复原始信号。$f(x)$ 称为压缩特性，$f^{-1}(x)$ 称为扩张特性。

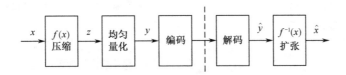

图 5-8　非均匀量化

研究发现，对数函数对输入信号概率分布特性的变化不太敏感，因此常用对数函数作为信号压缩时的非线性函数。对数压缩特性使得对输入信号 x 的小电平信号的电平值放大倍数大，而对大电平值放大倍数小，在对数压缩后再进行均匀量化。这样在对数量化器中，对于小信号，量化信噪比显著提高，从而在较大的输入信号动态范围内量化信噪比可以保持较高的水平。

基于对语音信号的大量统计和研究，国际电信联盟（ITU-T）建议采用 A 律对数压缩和 μ 律对数压缩两种压缩特性。μ 律对数压缩最早由美国提出，A 律对数压缩后来由欧洲提出，欧洲和中国使用 A 律对数压缩。

1）A 律对数压缩特性

令量化器的满载电压归一化值为 ±1，相当于将输入信号 x_i 对量化器最大电平进行归一化处理，即信号的归一化值为 $x = x_i / V$。A 律对数压缩特性定义为

$$f(x) = \begin{cases} \dfrac{Ax}{1 + \ln A}, & 0 \leqslant x \leqslant \dfrac{1}{A} \\ \dfrac{1 + \ln Ax}{1 + \ln A}, & \dfrac{1}{A} \leqslant x \leqslant 1 \end{cases} \tag{5-14}$$

其中，A 为压缩系数，在国际标准中 $A = 87.6$。$A = 1$ 时无压缩，A 越大，表示压缩效果越明显。观察式(5-14)可知，在 $0 \leqslant x \leqslant 1/A$ 范围内，$f(x)$ 为线性函数，对应于一段直线，相当于均匀量化特性；在 $1/A \leqslant x \leqslant 1$ 的范围内，$f(x)$ 为对数函数，对应于一段对数曲线。

2）μ 律对数压缩特性

μ 律对数压缩特性定义为

$$f(x) = \frac{\ln(1 + \mu x)}{\ln(1 + \mu)}, \ 0 \leqslant x \leqslant 1 \tag{5-15}$$

其中，x 为归一化输入信号，μ 为压缩参数，当 μ 为零时无压缩，μ 越大压缩效果越明显，在国际标准中取 $\mu = 255$。

【例 5-4】对函数 $x(t) = 0.5\mathrm{e}^{2t}$ 基于 A 律对数压缩特性进行非线性量化，对比 4 比特的均匀量化处理时的量化噪声功率，画出均匀量化输出和 A 律非均匀量化输出波形。

解：

```
% 量化器的输入信号
t = -4:0.1:4;
sig = exp(t*2)/2;
MaxValue = max(sig);
Normsig = sig/MaxValue;                    % 对输入信号进行归一化处理
% 均匀量化处理
V = 1;                                      % 归一化后最大幅值为 1
QuanBit = 4;                                % 量化后比特数目
LQuantInt = 2^QuanBit;                      % 量化电平数目
QuanInterval = V/LQuantInt;                 % 量化间隔
start_point = QuanInterval/2;               % 第一个量化电平
end_point = V-QuanInterval/2;               % 最后一个量化电平
```

```
partition1 = [QuanInterval:QuanInterval:V−QuanInterval];          % 计算出分层电平
codebook1 = [ start_point:QuanInterval:end_point ];   % 对应量化间隔的量化输出电平
[index,Uniform_quants_1,Distortion_1] = quantiz(Normsig,partition1,codebook1);
% 均匀量化操作
RecoverSig_1 = Uniform_quants_1*MaxValue;
Distortion_1 = norm(sig - RecoverSig_1)^2/length(sig);
% 均匀量化的量化噪声功率
% 非均匀量化
A = 87.6;                                              % A 律压缩特性参数
compsig = compand(Normsig,A,V,'mu/compressor');        % 压缩处理
[index,UN_uniform_quants] = quantiz(compsig,partition1,codebook1);
newsig = compand(UN_uniform_quants,A,V,'mu/expander');  % 扩张处理
RecoverSig_2 = newsig*MaxValue;
Distortion_2= sum((sig−RecoverSig_2 ).^2)/length(sig);
figure(1)
plot(t,sig,'LineWidth',2);
hold on;
plot(t,RecoverSig_1,'r');
hold on;
plot(t,RecoverSig_2,'k-o');
xlabel('时间(t)');
ylabel('x(t)');
legend('原始信号','均匀量化输出信号','非均匀量化输出信号');
```

上述仿真调用了 MATLAB 中自带的量化处理函数 quantiz，该函数的调用格式为

$$[index,quants,distor] = quantiz(sig,partition,codebook);$$

其中，sig 为输入信号，partition 为分层电平，codebook 为对应分层电平划分量化间隔的量化电平，如图 5-9 所示。如果量化间隔数为 L，则 partition=$[x_2, x_3, \cdots, x_L]$，矢量长度为 $L-1$，codebook 长度为 L，包含所有可能的量化输出电平 $[y_1, y_2, \cdots, y_L]$。均匀量化规则是：当 sig $\leqslant x_2$ 时，量化输出为 codebook(1)；当 $x_m <$ sig $\leqslant x_{m+1}$，量化输出为 y_m；当输入信号 sig $> x_L$ 时，量化输出为 y_L。

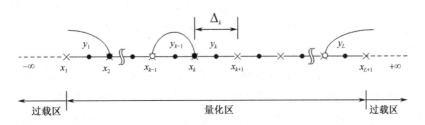

图 5-9　均匀量化函数示意图

　　运行上述仿真程序，得到信号波形及量化输出波形如图 5-10 所示，观察函数 $x(t) = 0.5e^{2t}$，可知该函数较大比例的信号都属于小信号，大信号所占比重较小。经过均匀量化处理之后，小信号变得不可分辨，而非均匀量化表现出对小信号更好的描述；但是在大信号段，非均匀量化的量化误差明显大于均匀量化。经过仿真计算可以得到：均匀量化的量化噪声功率为 1684.1，非均匀量化的量化噪声功率为 758.08。总体而言，非均匀量化优于均匀量化。

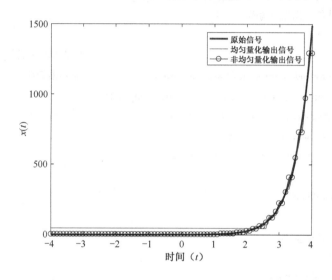

图 5-10　均匀量化和非均匀量化对比

5.3　脉冲编码调制

　　脉冲编码调制（Pulse Code Modulation，PCM）简称脉码调制，是一种语音编码方式。在 PCM 的发送端，主要包括抽样、量化和编码三个过程，把模拟信号 $x(t)$ 变换为二进制码组。电话信号的 PCM 用 8 位码组代表一个抽样值，使用折叠二进制码编码。编码后的 PCM 码组的数字传输方式，可以是基带传输，也可以是经过数字调制后的频带传输。在接收端，二进制码组经译码后还原为量化后的样值脉冲序列，然后经低通滤波器滤除高频分量，便可得到重建信号 $\hat{x}(t)$。

　　电话语音信号的频带为 300～3400Hz，抽样速率为 8000Hz，对每个抽样值进行 A 律或者 μ 律非均匀量化，在编码时每个样值用 8 位二进制码表示。这样，每路标准话路的比特率为 64kbps。编码是按照 ITU-T 建议的 PCM 编码规则进行的。在 A 律 13 折线编码中，正负方向共 16 个段落，在每一个段落内有 16 个均匀分布的量化间隔，因此总的量化电平数

$L=256$。编码位数 $N=8$，每个样值用 8 比特代码 $C_1 \sim C_8$ 来表示，分为三部分。第 1 位 C_1 为极性码，用 1 和 0 分别表示信号的正、负极性。第 2 到 4 位码 $C_2 C_3 C_4$ 为段落码，表示信号绝对值处于哪个段落，3 位码可表示 8 个段落，代表了 8 个段落的起始电平值。第 5 到 8 位码 $C_5 C_6 C_7 C_8$ 为段内码，表示信号值具体处于哪个量化级中。上述编码方法是把非线性压缩、均匀量化、编码结合为一体的方法。虽然各段内的 16 个量化级是均匀的，但因段落长度不等，故不同段落间的量化间隔是不同的。当输入信号小时，段落小，量化级间隔小；当输入信号大时，段落大，量化级间隔大。

PCM 通常采用逐次比较型编码器，根据输入的抽样值得到相应的 8 位二进制代码。除第一位极性码外，其他 7 位二进制代码是通过类似于天平称重物的过程来逐次比较确定的。当样值脉冲 I_s 到来后，首先判断样点的极性，当输入信号样值为正时，输出 "1" 码；当样值为负时，输出 "0" 码。然后，整流器将双极性脉冲变换为单极性信号，后续编码只针对信号幅度编码。在每一位码的编码过程中，用各标准电流 I_w 去和样值脉冲比较，每比较一次输出一位码，当 $I_s > I_w$ 时，输出 "1" 码；反之输出 "0" 码，直到 I_w 和抽样值 I_s 逼近为止，完成对输入样值的非线性量化和编码。对一个输入信号的抽样值需要进行 7 次比较。每次所需的标准电流 I_w 需要参考前一次编码的结果由本地译码电路计算获得。

【例 5-5】设信号频率范围为 0～4kHz，幅值在-4.096～+4.096V 间均匀分布。若采用 13 折线 A 律对该信号进行非均匀 PCM 量化编码。

（1）试求这时最小量化间隔等于多少？

（2）假设某时刻信号幅值为 1V，求这时 PCM 编码器输出码组，并计算量化误差。

解：

```
% PCM 编码译码过程
NLayerPCM = 2*2048;                        % PCM 分层数目
Vmax = 4.096;                              % PCM 最大量化幅度
PCMQuanInt = 2*Vmax/NLayerPCM;             % PCM 的最小量化间隔
fprintf('The minimum quantization intervel is %6.4f \n',PCMQuanInt);
% 显示计算所得的最小量化间隔
Sig =1;                                    % 采样点信号
NormSig = Sig/PCMQuanInt;                  % 基于最小量化间隔加权样点
[PCMCode,QuanValue ] = PCMFunction(NormSig);   % PCM 编码
PCMQuanVal = PCMDecoder(PCMCode);          % PCM 译码
PCMError = Sig - PCMQuanVal*PCMQuanInt;     % 计算量化误差
```

PCM 量化编码函数代码为

```
function [ PCMCode QuanValue] = PCMFunction( SampleValue)
% 函数变量说明
% 输入：SampleValue（样本采样值）
% 输出：PCMCode（8 位 PCM 编码比特输出），QuanValue（PCM 输出量化电平）
```

```
PCMCode=zeros(1,8);                              % PCM 编码初始化
% 确定极性码
if(SampleValue>0)
    PCMCode(1)=1;                                % 抽样值为正，则输出 1
else
PCMCode(1)=0;                                    % 抽样值为负，则输出 0
end
% 确定段落码
SampleValue=abs(SampleValue);                    % 去除抽样值的极性
if(SampleValue>128)                              % 判断是否为前 4 段
    PCMCode(2)=1;                                % 前 4 段，输出为 1
    if(SampleValue>512)                          % 判断是否 7、8 段
        PCMCode(3)=1;                            % 7、8 段，输出为 1
        if(SampleValue>1024)                     % 判断是否为第 8 段
            PCMCode(4)=1;                        % 第 8 段，输出为 1
            PCMQuanInt=64;                       % 第 8 段量化间隔
            InitialLevel=1024;                   % 第 8 段初始电平
        else
            PCMCode(4)=0;                        % 第 7 段，输出为 0
            PCMQuanInt=32;                       % 第 7 段量化间隔
            InitialLevel=512;                    % 第 7 段初始电平
        end
    else
        PCMCode(3)=0;                            % 5、6 段，输出为 0
        if(SampleValue>256)                      % 判断是否为第 6 段
            PCMCode(4)=1;                        % 第 6 段，输出为 1
            PCMQuanInt=16;                       % 第 6 段量化间隔
            InitialLevel=256;                    % 第 6 段初始电平
        else
            PCMCode(4)=0;                        % 第 5 段，输出为 0
            PCMQuanInt=8;                        % 第 5 段量化间隔
            InitialLevel=128;                    % 第 5 段初始电平
        end
    end
end
else
    PCMCode(2)=0;                                % 后 4 段，输出为 0
    if(SampleValue>32)                           % 判断是否为 3、4 段
        PCMCode(3)=1;                            % 3、4 段，输出为 1
        if(SampleValue>64)                       % 判断是否为第 4 段
```

```matlab
            PCMCode(4)=1;                               % 第 4 段，输出为 1
            PCMQuanInt=4;                               % 第 4 段量化间隔
            InitialLevel=64;                            % 第 4 段初始电平
        else
            PCMCode(4)=0;                               % 第 3 段，输出为 0
            PCMQuanInt=2;                               % 第 3 段量化间隔
            InitialLevel=32;                            % 第 3 段初始电平
        end
    else
        PCMCode(3)=0;                                   % 1、2 段，输出为 1
        if(SampleValue>16)                              % 判断是否为第 2 段
            PCMCode(4)=1;                               % 第 2 段，输出为 1
            PCMQuanInt=1;                               % 第 2 段量化间隔
            InitialLevel=16;                            % 第 2 段初始电平
        else
            PCMCode(4)=0;                               % 第 1 段，输出为 0
            PCMQuanInt=1;                               % 第 1 段量化间隔
            InitialLevel=0;                             % 第 1 段初始电平
        end
    end
end
% 确定段内码
InnerPosition=(SampleValue-InitialLevel)/PCMQuanInt;    % 段内位置归一化
if(InnerPosition>=8)
    PCMCode(5)=1;                                       % 确定第 1 位段内码
    InnerPosition=InnerPosition-8;                      % 消除第 1 位段内码的影响
else
    PCMCode(5)=0;
end
if(InnerPosition>=4)
    PCMCode(6)=1;                                       % 确定第 2 位段内码
    InnerPosition=InnerPosition-4;                      % 消除第 2 位段内码的影响
else
    PCMCode(6)=0;
end
if(InnerPosition>=2)
    PCMCode(7)=1;                                       % 确定第 3 位段内码
    InnerPosition=InnerPosition-2;                      % 消除第 3 位段内码的影响
else
    PCMCode(7)=0;
```

```
    end
    if(InnerPosition>=1)
        PCMCode(8)=1;
    if(InnerPosition>=1)
        PCMCode(8)=1;                                    % 确定第 4 位段内码
    else
        PCMCode(8)=0;
    end
    QuanValue=InitialLevel+PCMQuanInt*PCMCode([5:8])*[8 4 2 1].';   % 计算量化值
    if(PCMCode(1)==0)
        QuanValue=-1*QuanValue;                          % 赋予量化值极性
    end
end
function Value    = PCMDecoder(C)
% C:8 位量化编码输出， Value：PCM 译码输出
SegmentStartValue   = [0 16 32 64 128 256 512 1024];     % 每段的初始电平
SegmentQuanIntVec   = [1  1  2  4  8  16  32  64];        % 每段的量化电平
WeightC8Vec         = [1  1  2  4  8  16  32  64];        % 每个段的段内码 C8 权重

if C(1)==0                                                % 判断符号位
    Sign = -1;
else
    Sign = 1;
end
SegmentIndx = C(2)*4+C(3)*2+C(4)+1;          % 段落码指示出样点在哪一段;
WeightC8 =WeightC8Vec (SegmentIndx);          % 读取段内码 C8 的权重
SegmentStartValue = SegmentStartValue(SegmentIndx)     % 读取样点所在段落的初始电平
SegmentQuanInt = SegmentQuanIntVec(SegmentIndx);       % 读取样点所在段落的量化电平
ValueSegmentInner = C(5)*WeightC8*8+C(6)*WeightC8*4+C(7)*WeightC8*2+C(8)*WeightC8 ;
% 读取样点所在段落段内码指示位置
Value =Sign*(SegmentStartValue+ValueSegmentInner+SegmentQuanInt/2);
% 输出量化电平
end
```

运行上述仿真，首先得到一条打印文字显示最小量化间隔 $\Delta = 0.002$ ，即

```
The minimum quantization intervel is    0.0020
```

根据题意，当输入的信号的幅值为 1V 时，核算得到其为 500Δ 。编码输出为

```
PCMCode =
     1    1    0    1    1    1    1    1
```

译码输出为 504Δ ，核算得到译码误差为 -0.008 。

5.4　差分脉码调制

差分脉码调制的主要思想是利用信号之间的相关性，一方面，发送端用传递信号样本点之间的差值来代替实际样本值，以实现降低冗余的目的；另一方面，接收端利用过去的样本值以及接收到的差值来恢复当前信号样本值。差分脉码调制原理框图如图 5-11 所示。

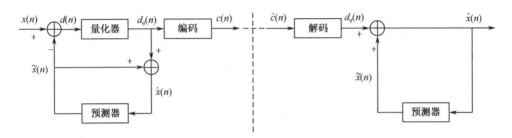

图 5-11　差分脉码调制原理框图

差值信号 $d(n)$ 可以表示为输入样值信号 $x(n)$ 和预测信号 $\tilde{x}(n)$ 的差值，即

$$d(n) = x(n) - \tilde{x}(n) \tag{5-16}$$

重建信号 $\hat{x}(n)$ 表示为预测信号 $\tilde{x}(n)$ 和量化后的差值 $d_q(n)$ 两者之和，即

$$\hat{x}(n) = \tilde{x}(n) + d_q(n) \tag{5-17}$$

【例 5-6】 设模拟信号为 $x(t) = 2\cos(2\pi f_{\mathrm{m}} t)$，其中 $f_{\mathrm{m}} = 500\mathrm{Hz}$，采用低通抽样，抽样频率为 $f_{\mathrm{s}} = 20 f_{\mathrm{m}}$。当采用差分脉码调制时，量化比特为 4，画出差分脉码调制原始信号和接收端的波形。

解：

```
ObserveTime=1e−5;                          % 信号观测时间间隔
Fs = 1/ObserveTime;                        % 仿真运行的抽样频率
SignalFreq=500;                            % 余弦信号频率
AmpCarry=2;                                % 信号幅度
TimeInt=0.1;                               % 样本点采样时长
Time=[−TimeInt/2:ObserveTime:TimeInt/2];   % 采样时间点
Signal=AmpCarry*(cos(2*pi*SignalFreq*Time));  % 信号时域表示
% 低通采样
SampleFreq=20*SignalFreq;                  % 采样间隔
NSampleInt=ceil(1/ObserveTime/SampleFreq); % 采样周期
SamplePulse=zeros(1,length(Signal));       % 周期脉冲信号初始化
```

```
SamplePulse([1:NSampleInt:end])=1;                              % 周期脉冲信号
SampledSignal=Signal.*SamplePulse;                              % 采样信号时域表示
TimeSample=Time([1:NSampleInt:end]);                            % 采样信号时间坐标
% 差分脉码调制发射端处理
QuanBit=4;                                                      % 量化比特数目
NLayerDPCM=2^QuanBit;                                           % DPCM 量化分层数目
Vmax=AmpCarry;                                                  % 最大量化幅度
DPCMQuanInt=2*Vmax/(NLayerDPCM-1);                              % 量化间隔
SigUsed=SampledSignal([1:NSampleInt:end]).';                   % 采样点信号
[DPCMCode] = DPCMCoding( SigUsed, DPCMQuanInt, QuanBit );       % DPCM 编码
% 差分脉码调制发射端处理
[ SignalRecover ] = DPCMDeCoding( DPCMCode, DPCMQuanInt, QuanBit );   % DPCM 解码
figure(1)
subplot(211);plot(Time,Signal);
xlabel('t'); ylabel('x(t)');
axis([-0.005 0.005 -1*AmpCarry AmpCarry])
title('原始信号时域图')
subplot(212);plot(TimeSample,SignalRecover);
xlabel('t'); ylabel({'$$\hat x(t) $$'},'interpreter','latex','FontSize',12);
axis([-0.005 0.005 -1*AmpCarry AmpCarry])
title('DPCM 重构信号时域图')
% 调用 DPCM 编码函数:
function [ DPCMCode ] = DPCMCoding( SigUsed, DPCMQuanInt, QuanBit )
% SigUsed: 输入样本信号;DPCMQuanInt: 量化间隔;QuanBit: 量化比特数目;DPCMCode:
编码输出;
Predict_signal(1)=0;                                           % 预测信号初始化
QuanLevel=([1:2^(QuanBit-1)]+[0:2^(QuanBit-1)-1])/2;           % 量化电平
CodeSet=mod(dec2bin([0:2^(QuanBit-1)-1]),2);                   % 量化电平对应的比特
for ii=1:length(SigUsed)
    Diff(ii)=SigUsed(ii)-Predict_signal(ii);                  % 差值信号
    if(Diff(ii)>0)
        Code(ii,1)=1;                    % 差值信号极性判别,若大于 0,第一位比特为 1
    else
        Code(ii,1)=0;                    % 差值信号极性判别,若小于等于 0,第一位比特为 0
    end
    [MinLevel Flag]=min(abs(((abs(Diff(ii))/DPCMQuanInt)-QuanLevel)));  % 查找差值信号标准
化后的最相近量化电平
    Code(ii,[2:QuanBit])=CodeSet(Flag,:);       % 以最相近量化电平对应的量化比特进行输出
    DiffQuan(ii)=(2*Code(ii,1)-1)*bin2dec(int2str(Code(ii,[2:QuanBit])))*DPCMQuanInt; % 量化后
```

148

的差值

```
        Predict_signal(ii+1)=Predict_signal(ii)+DiffQuan(ii);              % 计算下一时刻的预测信号
    end
    DPCMCode=reshape(Code.',1,QuanBit*length(SigUsed));                    % 并串变化，输出 DPCM 编码
end
% 调用 DPCM 解码函数：
function [ SignalRecover ] = DPCMDeCoding( ReceivedSignal, DPCMQuanInt, QuanBit )
    % ReceivedSignal：接收端输入信号；DPCMQuanInt：量化间隔；QuanBit：量化比特数目；
SignalRecover：解码输出；
    Predict_signal(1)=0;                                                    % 预测信号初始化
    Code=reshape(ReceivedSignal,QuanBit,length(ReceivedSignal)/QuanBit).';   % 串并变化
    for ii=1:size(Code,1)
        DiffQuan(ii)=(2*Code(ii,1)-1)*bin2dec(int2str(Code(ii,[2:QuanBit])))*DPCMQuanInt;   % 量化
后的差值
        SignalRecover(ii)=DiffQuan(ii)+Predict_signal(ii);                  % 重建信号
        Predict_signal(ii+1)=SignalRecover(ii);         % 将当前重建信号赋值为下一时刻的预测信号
    end
end
```

DPCM 调制原始信号和接收端的波形结果如图 5-12 所示。从图中可以看出，DPCM 调制对差值信号进行量化处理，恢复的信号会出现失真，但是该失真现象将随着量化比特的增加而逐渐改善。

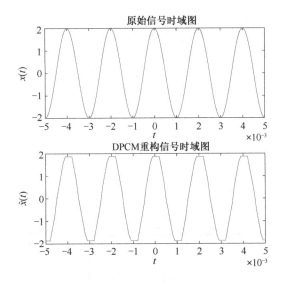

图 5-12　DPCM 调制原始信号和接收端的波形结果

5.5　增量调制

　　增量调制简称 ΔM，是一种语音信号的编码方法。增量调制可以利用样点间的相关性减小码速率。由于样值点之间存在不可突变的相关性，那么相邻样点之间的幅度变化不会很大，特别是当抽样速率增加时，相邻抽样点之间的变化更小，使得相邻抽样值的差值能反映模拟信号的变化规律。在增量调制中，只使用一位编码，但这一位不是用来表示信号抽样值的大小的，而是表示抽样时刻波形的变化的。

　　在给定量化间隔 δ 的情况下，增量调制能跟踪最大斜率为 δ/T_s 的信号，其中 T_s 为抽样周期。δ/T_s 称为临界过载情况下的最大跟踪斜率。当输入信号为正弦波 $x(t) = A\cos\omega t$，其最大斜率为 $A\omega$，则临界过载时，有

$$A_{\max}\omega = \delta/T_s = \delta f_s \tag{5-18}$$

假设输入模拟信号为 $x(t)$，增量调制器的工作过程如图 5-13 所示。

　　模拟信号抽样值为 $x(n)$，利用前一时刻加法延迟环路中加法器输出 $\hat{x}(n-1)$ 对当前时刻时刻抽样信号进行预测，对比得到差值信号 $e(n)$，量化器对差值信号 $e(n)$ 进行量化，量化器输出 $d(n)$ 只有两个电平：$+\delta$ 和 $-\delta$，编码器把它们分别编码为 1 和 0。同时 $d(n)$ 作为加法延迟电路的输入，更新预测值。在接收端，由接收到的码字解出差值信号量化值 $\hat{d}(n)$，经加法延迟环路后，输出重建信号

$$\overline{x}(n) = d(n) + \overline{x}(n-1) \tag{5-19}$$

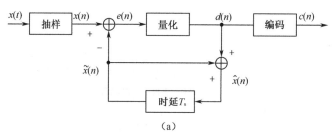

（a）

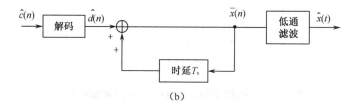

（b）

图 5-13　增量调制器的工作过程

若传输信道无误码，则接收端重建信号 $\bar{x}(n)$ 应和发送端的本地重建信号 $\hat{x}(n)$ 相同。输出重建样值通过低通滤波器，滤除高频分量，恢复出原来信号。

【**例 5-7**】设模拟信号为 $x(t) = 2\cos(2\pi f_{\mathrm{m}} t)$，其中 $f_{\mathrm{m}} = 500\mathrm{Hz}$，采用低通抽样，抽样频率为 $f_{\mathrm{s}} = 20 f_{\mathrm{m}}$。当采用增量调制时，求解不发生过载的最大量化间隔，并画出增量调制信号发射端和接收端的波形。

解：

```
ObserveTime=1e-5;                                        % 信号观测时间间隔
Fs = 1/ObserveTime;                                      % 仿真运行的抽样频率
SignalFreq=500;                                          % 余弦信号频率
AmpCarry=2;                                              % 信号幅度
TimeInt=0.1;                                             % 样本点采样时长
Time=[-TimeInt/2:ObserveTime:TimeInt/2];                % 采样时间点
Signal=AmpCarry*(cos(2*pi*SignalFreq*Time));            % 信号时域表示
% 低通采样
SampleFreq=20*SignalFreq;                               % 采样间隔
NSampleInt=ceil(1/ObserveTime/SampleFreq);              % 采样周期
SamplePulse=zeros(1,length(Signal));                    % 周期脉冲信号初始化
SamplePulse([1:NSampleInt:end])=1;                      % 周期脉冲信号
SampledSignal=Signal.*SamplePulse;                      % 采样信号时域表示
% 增量调制发射端处理
MaxSlope = 2*pi*AmpCarry* SignalFreq;                   % 输入信号最大斜率
QuanInterIncre = MaxSlope/SampleFreq;                   % 最大增量台阶
fprintf('The maximum delta step is %4.2f \n',QuanInterIncre); % 在工作空间打印最大量化台阶
SigUsed = SampledSignal([1:NSampleInt:end]).';          % 采样点信号
IncreQuanSig(1)=0 ;                                     % 增量调制信号初始点设置
IncreQuanSignal(1:NSampleInt)=SigUsed(1);              % 初始点延长至整个周期
for i=1:length(SigUsed)-1
  QuanBit(i)=SigUsed(i)>IncreQuanSig(i);                % 信号与量化信号进行比较
  IncreQuanSig(i+1)=IncreQuanSig(i)+(2*QuanBit(i)-1)*QuanInterIncre;
% 根据比较值，在增量信号的基础上增加或者减少一个台阶
IncreQuanSignal(i*NSampleInt+1:(i+1)*NSampleInt)=IncreQuanSig(i+1);
% 将此刻量化值延长至抽样周期
end
IncreQuanSigCut=IncreQuanSignal(1:length(Signal)); % 增量调制信号截短，与原信号长度一致
% 增量调制接收端处理
IncreQuanSig = (2*QuanBit-1).*QuanInterIncre;      % 将接收到的比特序列转化为正负量化台阶
StepSig = zeros(1,length(IncreQuanSignal));
m(1)=0;
```

```
for i=1:length(QuanBit)-1
m(i+1)= m(i)+IncreQuanSig(i); % 根据比较值，在初始预测信号基础上增加或者减少一个台阶
StepSig((i-1)*NSampleInt+1:i*NSampleInt)=m(i+1); % 将此刻量化值延长至整个周期
end
% 低通滤波器设计
FreqPassBand= SignalFreq/(Fs/2);                    % 通带截止频率
FreqStopBand= (SignalFreq+200)/(Fs/2);              % 阻带截止频率
FlucPassBand=1;                                     % 通带内最大波动（dB）
FlucStopBand=15;                                    % 阻带内最大衰减（dB）
[NFilt,Freq3dB]=buttord(FreqPassBand,FreqStopBand,FlucPassBand,FlucStopBand);
  % Butterworth 滤波器阶数和 3dB 频率设计
[PolyMol,PolyDeno]=butter(NFilt,Freq3dB);           % Butterworth 滤波器表达式中分子和分母
RecoverSig=filter(PolyMol,PolyDeno,StepSig);        % 低通滤波，恢复模拟信号
figure(1)
subplot(311);plot(Time,Signal);
xlabel('t');ylabel('x(t)');
axis([-0.005 0.005 -1*AmpCarry AmpCarry])
title('模拟信号时域图')
subplot(312);stem(Time,SampledSignal);
xlabel('t');ylabel('$x(kT_s)$','Interpreter','latex');
axis([-0.005 0.005 -1.4*AmpCarry 1.4*AmpCarry])
title('低通采样信号时域图')
subplot(313);plot(Time, IncreQuanSigCut);
xlabel('t');ylabel('$\hat{x}(kT_s)$','Interpreter','latex');
axis([-0.005 0.005 -1.4*AmpCarry 1.4*AmpCarry])
title('发射端加法延迟环路中加法器输出');
figure(2)
subplot(211);plot(Time,StepSig(1:length(Time)));axis([-0.005 0.005 -1.4*AmpCarry 1.4*AmpCarry]);
xlabel('t');ylabel('$\bar{x}(kT_s)$','Interpreter','latex');title('接收端加法延迟环路中加法器输出');
subplot(212);plot(Time,RecoverSig(1:length(Time)));xlabel('t');ylabel('$\hat{x}(t)$','Interpreter','latex');
axis([-0.005 0.005 -1.4*AmpCarry 1.4*AmpCarry]);title('低通滤波器输出')
```

运行上述仿真，可在工作空间打印得到的最大可能量化台阶：

```
The maximum delta step is 0.63
```

简单增量调制发射端各个关键输出波形结果如图 5-14 所示。从图中可以看出，发射端加法延迟环路中加法器输出信号实际上是带有量化误差的抽样信号，它在每个抽样间隔内以上下一个量化台阶的形式跟踪抽样信号的变化。增量调制接收端波形如图 5-15 所示，从图中可以看出，在假设无误差传输无噪声干扰时，接收端加法延迟环路中加法器输出的信号实际上和发射端加法延迟环路中加法器输出信号相同，都是台阶状的跟踪信号，该信号经过低通滤波器处理之后，恢复出原始的模拟信号。

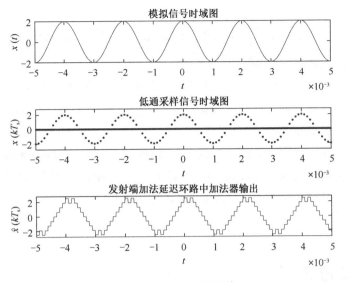

图 5-14　增量调制发射端信号

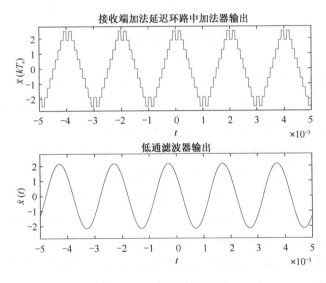

图 5-15　增量调制接收端波形

习题

5-1　试画出 $A=1$、$A=2$ 和 $A=87.56$ 下的 A 律对数压缩特性。

5-2　试画出 $\mu=0$、$\mu=5$ 和 $\mu=255$ 下的 μ 律对数压缩特性。

5-3　设模拟信号为 $m(t)=2\left[\cos(2\pi f_H t)+\cos(2\pi f_L t)\right]$，其中 $f_H=2\text{ kHz}$，$f_L=1\text{ kHz}$。

当抽样频率为 $f_s = 20 f_H$，利用：

$$\hat{x}(t) = 1/T_s \sum_{n=-\infty}^{\infty} x(nT_s) \sin 2\pi f_H(t - nT_s) / \left[2\pi f_H(t - nT_s) \right]$$

函数画出重建信号的时域波形图。

5-4　设模拟信号为 $m(t) = 2\left[\cos(2\pi f_H t) + \cos(2\pi f_L t) \right]$，其中 $f_H = 4\ \text{kHz}$，$f_L = 3\ \text{kHz}$。试求最大的带通采样频率，并画出此时带通抽样信号的波形和频谱，以及经过带通滤波器后重建原始信号的波形和频谱。

5-5　PCM 输出码组为 01110011，试写出 MATLAB 函数来计算对应的量化电平。

5-6　设模拟信号为 $m(t) = 2\sin(2\pi f_m t)$，其中 $f_m = 400\text{Hz}$，采用低通抽样，抽样频率为 $f_s = 10 f_m$。当采用增量调制时，试画出增量调制的输出波形。

📚 扩展阅读

数字通信的奠基人香农

克劳德·艾尔伍德·香农（Claude Elwood Shannon，1916 年 4 月 30 日—2001 年 2 月 24 日），美国数学家、信息论和数字通信的创始人。他首次完整提出了信息论理论框架和信息熵的概念，利用符号逻辑和开关理论奠定了数字电路的理论基础。他是美国科学院院士、美国工程院院士、英国皇家学会会员、美国哲学学会会员。

香农生长在一个有良好教育环境的家庭，他的父亲是法官，母亲是中学校长，祖父是一名发明家。他在密歇根州 Gaylord 小镇度过了平凡的童年，他不需要承受严格的家教压力，但也没有显现出异于常人的天赋。香农高中阶段以数学、科学和拉丁语为 A，其他科目为 B 的成绩毕业后被密歇根大学录取，他在大学加入了无线电俱乐部、数学俱乐部和体操队。1934 年，17 岁的香农读大学二年级时，在《美国数学月刊》上发表了他的第一篇学术作品，刊登了一个对数学难题的求解方法。1936 年香农获得密歇根大学学士学位，然后进入麻省理工学院（MIT）念研究生。1937 年，香农在华盛顿哥伦比亚特区向评委会演示了自己的硕士论文 *A Symbolic Analysis of Relay and Switching Circuits*（继电器与开关电路的符号分析），他利用电话交换电路与布尔代数之间的类似性，用布尔代数的"真""假"表示电路系统的"开""关"，并用 1 和 0 表示。他用布尔代数分析并优化电路，奠定了数字电路的理论基础。哈佛大学的 Howard Gardner 教授曾评价说，"这可能是本世纪最重要、最著名的一篇硕士论文"。1940 年香农在 MIT 获得数学博士学位，他的博士论文是人类遗传学方向的，题目是 *An Algebra for Theoretical Genetics*（理论遗传学的代数学）。

1941 年香农进入贝尔实验室工作。1948 年，他在《贝尔系统技术杂志》连载发表了长达 77 页的论文 *A mathematical theory of communication*（通信的数学原理），后来又在该期刊发

表了另一篇著作 *Communication in the presence of noise*（噪声下的通信），这两篇论文系统阐述了通信数学理论和信息熵的概念，证明了通信中的信道噪声可以被克服，同时向工程师提供了将信息数字化并可靠发送的概念工具，建立了香农采样定理（Shannon Sampling Theorem）。这些论文的发表标志着信息论的诞生。

香农一生研究兴趣广泛，"二战"期间他曾在贝尔实验室加入了火力控制方面的研究组，研制防空指引仪；后来又加入了"二战"期间为盟军最高层设计的数字加密无线电话系统 SIGSALY 项目研究，主要研究密码学。1950 年，香农发明了一只叫 Theseus 的电子老鼠，它可以自动穿越迷宫并记住金属奶酪的位置，被认为是早期具有人工智能的机器演示。在生活中，他还爱好杂耍、骑独轮车，做出了杂耍机器人和喷射小号等有趣的发明。

1967 年，香农获得了由约翰逊总统颁发的美国国家科学奖奖章，以表彰他对通信和信息处理数学理论的杰出贡献。2001 年 2 月 24 日，香农在马萨诸塞州 Medford 辞世，享年 85 岁。

第6章

数字基带传输

若承载信息的信号是含有丰富的低频分量,甚至是直流分量的数字信号(如计算机、数字电话等数字设备输出的数字代码序列),则称为数字基带信号。若信道是基带(低通型)信道,如明线和双绞线等有线信道,数字基带信号可以不经过调制直接在信道中传输,我们称此种传输方式为数字基带传输,相应的通信系统称为数字基带传输系统。数字基带传输的研究具有重要意义,一方面,数字基带传输在近距离数据通信系统中仍广泛采用;另一方面,数字基带传输和数字频带传输存在着许多需要研究的共性问题,如果把调制与解调过程视为广义信道的一部分,则数字频带传输系统可等效为基带传输系统来研究。

本章首先介绍了数字基带信号的功率谱密度及其常用码型,然后仿真分析了数字基带信号传输中的码间串扰和消除码间串扰的奈奎斯特第一准则,通过案例介绍了最佳基带传输系统以及部分响应基带传输系统的仿真建模方法,最后演示了时域均衡基本原理的仿真实现。

6.1 数字基带信号及其频谱

■ 6.1.1 基本的数字基带信号和频谱分析

数字基带信号可以用不同的电平或脉冲来表示相应的数字信息。下面以矩形脉冲为例，介绍基本的数字基带信号波形及其频谱分析。

单极性（Unipolar）不归零（Non-Return-to-Zero，NRZ）码是一种最简单的数字基带信号波形，如图 6-1（a）所示。单极性码采用正电平（或负电平）和零电平表示二进制码，因而只有一种极性。"不归零"是指每个脉冲的电平在整个码元周期内保持不变。单极性归零码中的"归零"（Return-to-Zero，RZ）是指每个脉冲的电平在一个码元周期 T_s 的"中途"回归到零电平，即脉冲宽度 τ 小于码元周期 T_s，如图 6-1（b）所示。

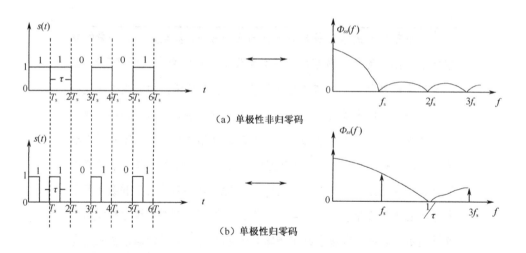

（a）单极性非归零码

（b）单极性归零码

图 6-1 单极性非归零码和归零码的数字基带信号波形和功率谱密度

【例 6-1】假设某基带传输系统的码元速率为 100Buad，通过编程分析该码元传输速率下单极性归零码和单极性非归零码的频谱。

解：

```
% 比较相同码元传输速率条件下
% 单极性归零和非归零码的功率谱密度
```

```
Rs = 100;                                              % 码元速率
TSymbol = 1/Rs;                                        % 码元周期
Ts = TSymbol/10;                                       % 抽样的时间间隔
UpsampleRate = TSymbol/Ts;                             % 上采样倍数
N = 1000;                                              % 码元数
t = 0:Ts:(N*UpsampleRate−1)*Ts;                        % 基本码元
gt_NRZ = ones(1,UpsampleRate);                         % 不归零矩形脉冲
gt_RZ = [ones(1,UpsampleRate/2),zeros(1,UpsampleRate/2)];   % 归零矩形脉冲，占空比为 0.5
% 生成随机码元
RawBits = randi([0,1],1,N);                            % 对生成的码元进行上采样
RawBitsInterpoZero = upsample(RawBits,UpsampleRate);   % 对码元进行不归零码成形
TxSig_NRZ = filter(gt_NRZ,1,RawBitsInterpoZero);       % 单极性不归零码波形的最后结果
% 对码元进行 RZ 成形
TxSig_RZ = filter(gt_RZ,1,RawBitsInterpoZero);         % 单极性不归零码波形的最后结果
% 理论上的频谱特性
[Pxx_NRZ,F_NRZ]= pwelch(TxSig_NRZ,[ ],[ ],[ ],1/Ts,'centered');
figure(1)
plot(F_NRZ,10*log10(Pxx_NRZ),'b');                     % 单极性非归零码的频谱
grid on;
xlabel('频率(Hz)');
ylabel('功率(dB)');
legend('PSD of Unipolar NRZ')
% 理论上的频谱特性
[Pxx_RZ,F_RZ]= pwelch(TxSig_RZ,[ ],[ ],[ ],1/Ts,'centered');
figure(2)
plot(F_RZ,10*log10(Pxx_RZ),'r');   % 单极性归零码的频谱
grid on;
xlabel('频率(Hz)');
ylabel('功率(dB)');
legend('PSD of Unipolar RZ')
```

从图 6-2 和图 6-3 对比可知，单极性不归零码和单极性归零码都有直流分量。在相同的码元速率 R 下，单极性不归零码的谱零点带宽为 R Hz，半占空单极性归零码的谱零点带宽为 $2R$ Hz。单极性归零码和不归零码相比带宽得到了展宽，同时它的频谱具有丰富的跳变边沿，便于提取定时信息。

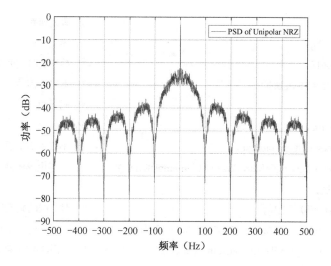

图6-2　单极性非归零码的功率谱

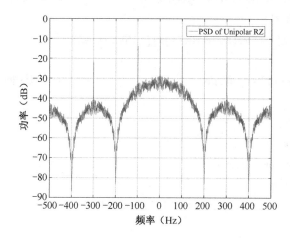

图6-3　单极性归零码的功率谱

6.1.2　数字基带信号频谱的理论分析

设 $s(t)$ 是一个 M 进制的数字基带信号，有

$$s(t) = \sum_n a_n g(t - nT_s) \qquad (6\text{-}1)$$

式中，$\{a_n\}$ 代表速率为 $1/T_s$ 的符号序列，$g(t)$ 是宽度为 T_s 的脉冲。$s(t)$ 的自相关函数为

$$\begin{aligned} \phi_{ss}(t+\tau,t) &= E\left[s^*(t)s(t+\tau) \right] \\ &= \sum_{n=-\infty}^{+\infty} \sum_{m=-\infty}^{+\infty} E\left[a_n^* a_m \right] g^*(t - nT_s) g(t+\tau - mT_s) \end{aligned} \qquad (6\text{-}2)$$

设 $\{a_n\}$ 是广义平稳离散随机过程，其均值为 m_a，自相关函数为 $\phi_{aa}(m) = E\left[a_n^* a_{n+m}\right]$，则有

$$\phi_{ss}(t+\tau,t) = \sum_{n=-\infty}^{+\infty} \sum_{m=-\infty}^{+\infty} \phi_{aa}(m-n) g^*(t-nT_s) g(t+\tau-mT_s)$$

$$= \sum_{m=-\infty}^{+\infty} \phi_{aa}(m) \sum_{n=-\infty}^{+\infty} g^*(t-nT_s) g(t+\tau-nT_s-mT_s) \tag{6-3}$$

从式(6-3)可以看出，$\phi_{ss}(t+\tau,t)$ 对于变量 t 来说是周期性的，且周期为 T_s，即

$$\phi_{ss}(t+T_s+\tau,t+T_s) = \phi_{ss}(t+\tau,t) \tag{6-4}$$

此外，$s(t)$ 的均值表示为

$$E\left[s(t)\right] = m_a \sum_{n=-\infty}^{+\infty} g(t-nT_s) \tag{6-5}$$

显然，$E\left[s(t)\right]$ 也是周期为 T_s 的周期函数。$s(t)$ 是一个具有周期性均值和自相关函数的随机过程，这样的随机过程称为广义周期平稳随机过程。为分析其功率谱密度，可先求自相关函数 $\phi_{ss}(t+\tau,t)$ 在单个周期内的时间平均，即

$$\phi_{ss}(\tau) = \frac{1}{T_s} \int_{-T_s/2}^{T_s/2} \phi_{ss}(t+\tau,t) \mathrm{d}t$$

$$= \sum_{m=-\infty}^{+\infty} \phi_{aa}(m) \sum_{n=-\infty}^{+\infty} \frac{1}{T_s} \int_{-T_s/2-nT_s}^{T_s/2-nT_s} g^*(t) g(t+\tau-mT_s) \mathrm{d}t \tag{6-6}$$

若令 $\phi_{gg}(\tau) = \int_{-\infty}^{+\infty} g^*(t) g(t+\tau) \mathrm{d}t$，可得

$$\phi_{ss}(\tau) = \frac{1}{T_s} \sum_{m=-\infty}^{+\infty} \phi_{aa}(m) \phi_{gg}(\tau-mT_s) \tag{6-7}$$

再对式(6-7)进行傅里叶变换，得到 $s(t)$ 的平均功率谱密度：

$$\Phi_{ss}(f) = \frac{1}{T_s} \left|G(f)\right|^2 \Phi_{aa}(f) \tag{6-8}$$

式(6-8)中，$G(f)$ 是 $g(t)$ 的傅里叶变换，$\Phi_{aa}(f)$ 表示信息序列的功率谱密度。假设发射序列中的信息符号是实的且互不相关。则信息序列自相关函数 $\phi_{aa}(m)$ 可以表示成

$$\phi_{aa}(m) = \begin{cases} \sigma_a^2 + m_a^2, & m=0 \\ m_a^2, & m \neq 0 \end{cases} \tag{6-9}$$

式中，σ_a^2 表示信息序列的方差，m_a 表示信息序列的均值。信息序列的功率谱定义为系数为 $\phi_{aa}(m)$ 的傅里叶级数

$$\Phi_{aa}(f) = \sum_{m=-\infty}^{+\infty} \phi_{aa}(m) \mathrm{e}^{-\mathrm{j}2\pi fmT_s}$$

$$= \sigma_a^2 + m_a^2 \sum_{m=-\infty}^{+\infty} \frac{1}{T_s} \delta\left(f-\frac{m}{T_s}\right) \tag{6-10}$$

将式(6-10)代入式(6-8)，可得到在实信息符号序列不相关的情况下 $s(t)$ 的功率谱密度，即

$$\Phi_{ss}(f) = \frac{\sigma_a^2}{T_s}\left|G(f)\right|^2 + \frac{m_a^2}{T_s^2}\sum_{m=-\infty}^{+\infty}\left|G\left(\frac{m}{T_s}\right)\right|^2\delta\left(f-\frac{m}{T_s}\right) \tag{6-11}$$

由式(6-11)可以看出，数字基带信号的功率谱包含连续谱和离散谱两个部分。

【例6-2】假定 0 和 1 等概率分布且互不相关，采用理论分析和仿真的方法分析双极性非归零信号的功率谱密度。

解: 设双极性非归零信号为高度为 ±1，脉宽为 T_s 的矩形脉冲。当 0 和 1 等概率分布时，双极性信号的均值为 0，方差为 1，故双极性信号没有直流分量和离散谱。双极性非归零信号的功率谱为

$$\Phi_{ss}(f) = \frac{1}{T_s}\left|G(f)\right|^2 = \frac{1}{T_s}T_s^2\mathrm{Sa}^2\left(\pi f T_s\right) = T_s\mathrm{Sa}^2\left(\pi f T_s\right) \tag{6-12}$$

```matlab
close all;
clear all;
TSymbol = 1;                                    % 码元周期
Ts = 0.1;                                       % 抽样的时间间隔
UpsampleRate = TSymbol/Ts;                      % 上采样倍数
N = 1000;                                       % 码元数
t = 0:Ts:(N*UpsampleRate-1)*Ts;
% 基本码元
gt_NRZ = ones(1,UpsampleRate);                  % 不归零矩形脉冲
% 生成[-1 +1]随机码元
RawBits = 2*randi([0,1],1,N)-1;
% 对生成的码元进行上采样
RawBitsInterpoZero = upsample(RawBits,UpsampleRate);
% 对码元进行 NRZ 成形
Polar_NRZ = filter(gt_NRZ,1,RawBitsInterpoZero);
% 理论上的频谱特性
Step_f = 1/(4096*TSymbol);                      % 连续 PSD 离散化的步长
f=-5/TSymbol:Step_f:5/TSymbol;
TheoreticalPSD= TSymbol*sinc(f*TSymbol).^2;     % 理论的 PSD 计算结果
% 画图比较理论 PSD 和统计分析的 PSD 值
figure(1)
[Pxx_NRZ,F_NRZ]= pwelch(Polar_NRZ,[ ],[ ],[ ],1/Ts,'centered');
plot(F_NRZ,10*log10(Pxx_NRZ),'b');
hold on;
plot(f,10*log10(TheoreticalPSD),'r','Linewidth',2);
```

```
hold off;
legend('Simulation PSD','Theoretical PSD');
axis([-5 5 -40 2]);grid on;
xlabel('频率(Hz)');
ylabel('功率(dB)');
```

从仿真图 6-4 可以看出，通过理论分析和仿真的方法获得的双极性非归零信号功率谱密度能够很好地吻合，呈现出有较大旁瓣的 Sinc 函数平方形式，由于信号有双极性特征，功率谱没有直流分量，也没有离散谱成分。

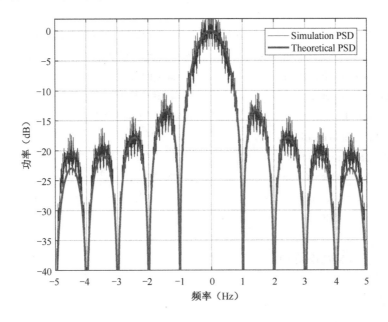

图 6-4　双极性非归零信号的功率谱

6.2　数字基带信号的码型

数字基带信号脉冲的形状称为数字基带信号的波形，而脉冲序列的结构形式称为数字基带信号的码型。不同码型的数字基带信号具有不同的频谱结构。合理地设计数字基带信号以使信号的特性适合于信道的传输特性要求，从而在传输信道中获得优质的传输性能，是基带传输首先要考虑的问题。下面讨论几种常用的线路码。

1. AMI 码

AMI（Alternate Mark Inversion）码即传号交替反转码。它将信息码中的"0"仍对应零电平，而信息码中的"1"交替对应正、负电平。AMI 码无直流分量，且低、高频分量少，传输频带窄，可提高信道的利用率；同时 AMI 码具有一定的检错能力，因为在 AMI 码流中，传号"1"的极性是交替反转的，利用这一特点可检测部分误码。在接收端对于 AMI 归零码，接收后只需通过全波整流就可以变为单极性归零码，从中可以提取位定时信息。

【例 6-3】编写程序实现 AMI 码，并且绘出功率谱，假设初始的第一个 1 码为正极性。

解：

```
%  按照第一个 1 码为正极性的假设，后续码字规律为奇数位 1 码为+1，偶数位 1 码为 -1
N = 1000;                              %  码元序列的长度
SourceBits = randi([0,1],1,N);         %  输入单极性码
AMICode = SourceBits;                  %  输出编码初始化
CounterOne = 0;                        % Mark 计数器初始化
for k = 1:length(SourceBits)
    if SourceBits(k)==1
        CounterOne = CounterOne+1;     % '1'计数加 1
        if mod(CounterOne,2)==0        %  奇数输出-1，偶数输出 1，进行极性交替
            AMICode(k) = -1;
        else
            AMICode(k) = 1;
        end
    end
end
%  AMI 码的解码，对 AMI 码全波整流即可实现解码
decodeAMI = abs(AMICode);
TSymbol = 1;                           %  码元周期
Ts = 0.1;                              %  抽样的时间间隔
UpsampleRate = TSymbol/Ts;             %  上采样倍数
gt_RZ = [ones(1,UpsampleRate/2),zeros(1,UpsampleRate/2)]; %  归零矩形脉冲，占空比为 0.5
%  对生成的码元进行上采样
AMICodeUpsample = upsample(AMICode,UpsampleRate);
DecodeAMIUpsample = upsample(decodeAMI,UpsampleRate);
t = 0:Ts:(length(AMICodeUpsample)−1)*Ts;
AMICodeSignal = filter(gt_RZ,1,AMICodeUpsample);
DecodeAMISignal = filter(gt_RZ,1,DecodeAMIUpsample);
%  画图
```

```
figure(1)
subplot(2,1,1);
plot(t(1:100),AMICodeSignal(1:100),'b');
axis([0 100*Ts -1.5 1.5]);
xlabel('时间');
ylabel('AMI 码波形');
subplot(2,1,2);
plot(t(1:100),DecodeAMISignal(1:100),'r');
axis([0 100*Ts -1.5 1.5]);
xlabel('时间');
ylabel('AMI 码译码波形');
figure(2)
[Pxx_AMI,F_AMI]= pwelch(AMICodeSignal,[ ],[ ],[ ],1/Ts,'centered');
plot(F_AMI,10*log10(Pxx_AMI),'b');
grid on;
xlabel('频率');
ylabel('AMI 码功率谱')
```

程序运行结果如图 6-5 和图 6-6 所示。从 AMI 码的功率谱图可以看出，AMI 码功率谱的谱零点带宽为 R_s，即码速率，整个功率谱主要功率集中在半码速上。

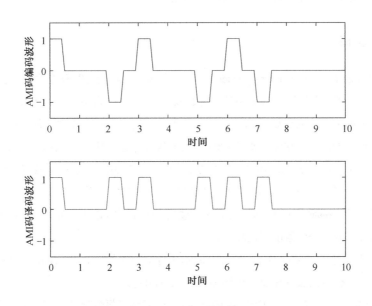

图 6-5   AMI 码的编码波形和译码波形

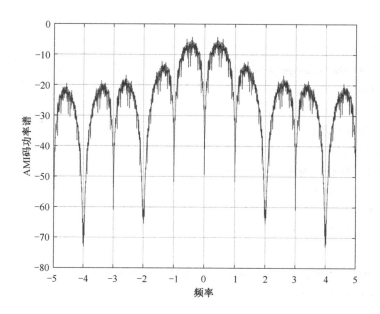

图6-6　AMI 码的功率谱

　　AMI 码的主要缺点是当原二进制信息码序列中出现长连"0"时，信号的电平长时间不跳变，造成提取定时信号的困难。为了解决连"0"码问题可以采用扰码，将二进制信息码随机化处理或者采用 AMI 码的改进码型——HDB₃ 码。

2. HDB₃ 码

　　HDB₃（High Density Bipolar of order 3）码的全称是三阶高密度双极性码，它在 AMI 码的基础上实现了连"0"抑制。HDB₃ 编码时如果遇到二进制序列连"0"码个数不大于 3 时，其编码方法同 AMI 码。为实现连"0"抑制，当连"0"码个数超过 3 时，则以每四个连"0"分为一个小节，分别用"000V"或"B00V"的取代节代替。其中 B 表示符合极性交替规律的传号，V（Violation）表示破坏极性交替规律的传号，HDB₃ 码的取代原则如下：

　　① 出现四个连"0"码时，用取代节"000V"或"B00V"取代；

　　② 如果两个相邻破坏点（V 码）中间有奇数个原始传号（B 码除外），用"000V"代替，且 V 码的极性与其前一传号的极性相同；

　　③ 如果两个相邻破坏点中间有偶数个原始传号（B 码除外），用"B00V"代替，且 B 码和 V 码与其前一传号的极性相反（V 码和 B 码极性相同）。

　　HDB₃ 码的译码比较简单，由于 HDB₃ 码的 V 码破坏了极性交替原则，因此译码时先识别 V 码，一经发现两个传号的极性一致，后一传号与其前三位码全部变为"0"码，再将+1、−1 变成"1"后便可得到原信息码。

【例 6-4】用 MATLAB 实现 HDB$_3$ 的编码和译码。

解：

```matlab
% HDB3编码  +V
SourceBits = [1  0000  1  1  000  0  000  0  1  1  01  000  0 1];
ReferV = 1;                        % 假设数据段开始之前的参考码元为正极性 V 码
PreviousMark = ReferV;             % 表示对于当前编码段来说，前一个传号的极性
CounterOrigiMark = 0;              % 计算相邻 V 码之间的原始传号个数
L = length(SourceBits);
k = 1;
while k<L+1
if SourceBits(k) == 0              % 当前码元为 0，判断是否要取代
  if k<L-2                         % 是否具备判断条件
     Flag = sum(SourceBits(k:k+3)); % 计算当前零码以及其后面 3 个码的和
  % 发生取代
     if Flag == 0                  % 如果连续 4 个为零
     if mod(CounterOrigiMark,2)== 0 % 原始传号的个数为偶数用 B00V 取代
     HDB3(k:k+3) =[-PreviousMark 0 0 -PreviousMark];   % V 码之间有奇数个传号
     PreviousMark = -PreviousMark; % 存储编码之后最后一个传号的极性
         else              % 因此当前 V 码的极性一定和前一个 V 码相反
     HDB3(k:k+3) =[0 0 0 PreviousMark];
     PreviousMark = PreviousMark;  % 存储编码之后最后一个传号的极性
         end
            CounterOrigiMark = 0;  % 当前 V 码之后的原始传号计数清零
            k = k+4;               % 往后跳 4 位
         else   %  Flag == 0  如果没有连续 4 个零则按照 AMI 码
  % 不发生取代
        HDB3(k) =0;
        k = k+1;
        end
  else
        HDB3(k) =0;
        k = k+1;
  end
    else
  % 不需要取代
        HDB3(k) = -PreviousMark;                        % 极性交替
        CounterOrigiMark = CounterOrigiMark+1;          % 原始码元增加 1 位
        PreviousMark = HDB3(k);
```

```
            k = k+1;
        end
    end
% HDB₃ 解码
DecoderOut = HDB3;
PreviousMarkSign = 0;                          % 极性标志初始化
k=1;
while k < length(DecoderOut)+1
    if DecoderOut(k)~=0
        if DecoderOut(k) == PreviousMarkSign   % 找到破坏点
            DecoderOut(k-3:k) = [0 0 0 0];     % 将当前位和前 3 位都置为零
        end
        PreviousMarkSign = DecoderOut(k);
    end
     k=k+1;
end
DecoderOut = abs(DecoderOut);                   % 整流
error = sum([SourceBits'-DecoderOut']);        % 验证译码是否正确
%HDB₃编解码图
figure(1);
subplot(3,1,1);
stairs([0:length(SourceBits)-1],SourceBits);
axis([0 length(SourceBits)-2 2]);
title('单极性不归零信源的波形');
subplot(3,1,2);
stairs([0:length(HDB3)-1],HDB3);
axis([0 length(HDB3)-2 2]);
title('HDB₃码的编码波形');
subplot(3,1,3);
stairs([0:length(DecoderOut)-1],DecoderOut);
axis([0 length(DecoderOut)-2 2]);
title('HDB₃码的解码波形');
```

上述程序的运行结果如图 6-7 所示。从 HDB₃ 编译码过程可以看出，HDB₃ 码通过采用取代节替换的形式解决了长连零问题，而且在取代过程中保证两个破坏点之间的号码个数为奇数，由此保证了正负电平均衡，功率谱无直流分量。

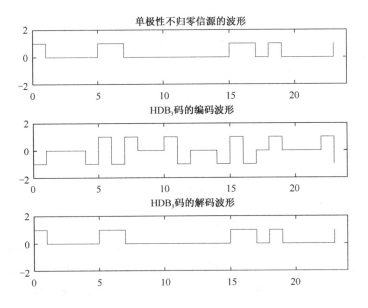

图 6-7　HDB$_3$ 码的编码和译码过程

6.3　无码间串扰的基带传输系统

6.3.1　数字基带传输系统的码间串扰现象

基本的数字基带传输系统由发送滤波器、信道、接收滤波器和抽样判决电路组成，如图 6-8 所示。

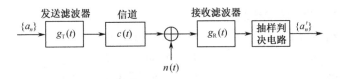

图 6-8　数字基带传输系统的模型

在图 6-8 中，$\{a_n\}$ 为发送滤波器的输入符号序列，输入基带传输系统的信号波形可表示成

$$s_i(t) = \sum_{n=-\infty}^{+\infty} a_n \delta(t - nT_s) \tag{6-13}$$

经过发送滤波器成形之后，输出信号为

$$s(t) = s_i(t) * g_{\mathrm{T}}(t) = \sum_{n=-\infty}^{+\infty} a_n g_{\mathrm{T}}(t - nT_s) \qquad (6\text{-}14)$$

其中，$g_{\mathrm{T}}(t)$ 为发送码元波形，发送滤波器对应的频域传递函数为 $G_{\mathrm{T}}(\omega)$，若信道的传递函数为 $C(\omega)$，接收滤波器的传递函数为 $G_{\mathrm{R}}(\omega)$，则接收滤波器的输出为

$$y(t) = \sum_{n=-\infty}^{\infty} a_n h(t - nT_s) + n_{\mathrm{R}}(t) \qquad (6\text{-}15)$$

式中

$$h(t) = \frac{1}{2\pi} \int_{-\infty}^{\infty} G_{\mathrm{T}}(\omega) C(\omega) G_{\mathrm{R}}(\omega) \mathrm{e}^{j\omega t} \mathrm{d}\omega \qquad (6\text{-}16)$$

$$n_{\mathrm{R}}(t) = n(t) * g_{\mathrm{R}}(t)$$

显然，$h(t)$ 就是整个基带传输系统的单位冲激响应，该冲激响应是发送滤波器、信道以及接收滤波器的级联响应。$n_{\mathrm{R}}(t)$ 是加性噪声 $n(t)$ 通过接收滤波器后的输出噪声。

接收滤波器输出信号 $y(t)$ 被送入抽样判决电路。为了确定第 k 个码元 a_k 的取值，在 $(kT_s + t_0)$ 时刻抽样，t_0 是时延。此时有

$$\begin{aligned}
y(kT_s + t_0) &= \sum_n a_n h(kT_s + t_0 - nT_s) + n_{\mathrm{R}}(kT_s + t_0) \\
&= a_k h(t_0) + \sum_{n \neq k} a_n h\big[(k-n)T_s + t_0\big] + n_{\mathrm{R}}(kT_s + t_0)
\end{aligned} \qquad (6\text{-}17)$$

式中，第一项 $a_k h(t_0)$ 是输出基带信号的第 k 个码元在抽样时刻 $t = kT_s + t_0$ 对应的响应值，它是确定 a_k 的依据；第二项 $\sum_{n \neq k} a_n h\big[(k-n)T_s + t_0\big]$ 是接收信号中除第 k 个码元以外的所有其他码元在第 k 个抽样时刻响应值的总和，即码间串扰项。第三项 $n_{\mathrm{R}}(kT_s + t_0)$ 是输出的加性噪声在抽样时刻的取值。由于码间串扰和噪声的存在，对 a_k 取值的判决就可能发生差错。

【例 6-5】通过仿真分析码元速率为 1000Baud 的双极性非归零码基带传输系统在通过理想信道以及阻带频率为 1000Hz，截止频率为 800Hz 的低通型带限信道时是否会产生码间干扰。

解：

```
% 假设输入为双极性的信源比特
SourceBits = [1 1 −1 1];              % 输入单极性码
TSymbol = 1e−3;                       % 码元周期，此时
Rs = 1/TSymbol;                       % 对应的码元速率为 1000Baud
Ts = 0.2e−3;                          % 抽样的时间间隔
BW = 1/Ts;                            % 带宽为 5kHz
OverSampleRate = TSymbol/Ts;          % 上采样倍数
% 非归零脉冲，同时具有能量归一化特性，如果同时进行了能量归一化
gt_Rectangle = [ones(1,OverSampleRate)]/sqrt(OverSampleRate);
% 接收滤波器也是矩形滤波器
```

```
gr_Rectangle = gt_Rectangle;
% 选择信道类型，分成理想信道和带限信道两种
ChannelType = 'BandLimited' ;%'Ideal';    %
switch ChannelType
    case 'BandLimited'
CutoffFreq = Rs-200;                      % 带限信道的截止频率
StopBandFreq = Rs;                        % 带限信道的阻带频率
FilterOrder = 19;                         % 采用多阶 FIR 滤波器表征带限信道
% 设计通带阻带满足要求的信道滤波器
ChannelFilterCoe = BandLimitedChannel(CutoffFreq,StopBandFreq,BW,FilterOrder);
% 对信道滤波器的取值进行归一化
ChannelFilterCoe = ChannelFilterCoe./sqrt(norm(ChannelFilterCoe)^2);
    case 'Ideal'
    ChannelFilterCoe = 1;                 % 理想信道系数为 1
    FilterOrder = 1;
end
% 按照抽样率对信源比特进行过采样
SourceBitsUpsample = upsample(SourceBits,OverSampleRate);
% 由于接收滤波器和信道滤波器导致的时延，需要在原始发送信号后面追加零
L = length(gt_Rectangle)+length(gt_Rectangle)+length(ChannelFilterCoe)-2;
SourceBitsUpsamplePad = cat(2,SourceBitsUpsample,zeros(1,(L-1)/2));
% 信号对应的时间
t = 0:Ts:(length(SourceBitsUpsamplePad)-1)*Ts;
% 验证等效滤波作用，发送滤波器，信道和接收滤波器的联合作用构成等效滤波器 EqFilter
EqFilter_1 = conv(gt_Rectangle,ChannelFilterCoe);
EqFilter = conv(EqFilter_1,gt_Rectangle);
y = filter(EqFilter,1,SourceBitsUpsamplePad);
figure(1)
stem(t,y,'rx');
hold on; plot(t,y);
xlabel('时间(t)');
ylabel('接收滤波器输出波形 y(t)')
% 第一个样点通过基带系统后的输出脉冲
y_Point1 = conv(EqFilter,SourceBitsUpsamplePad(1));
[Value_1,Index_1] = max(abs(y_Point1));
% 第二个样点通过基带系统后的输出脉冲
y_Point2 = conv(EqFilter,[zeros(1,OverSampleRate) SourceBitsUpsamplePad(1+OverSampleRate)]);
[Value_2,Index_2] = max(y_Point2);
% 第三个样点通过基带系统后的输出脉冲
```

```
y_Point3= conv(EqFilter,[zeros(1,OverSampleRate*2) SourceBitsUpsamplePad(1+OverSampleRate*2)]);
[Value_3,Index_3]=min(y_Point3);
% 第四个样点通过基带系统后的输出脉冲
y_Point4= conv(EqFilter,[zeros(1,OverSampleRate*3) SourceBitsUpsamplePad(1+OverSampleRate*3)]);
[Value_4,Index_4]=max(y_Point4);
% 为了画图方便，按照第四个样点的输出脉冲时间坐标给出输出信号
TimeAxis = length(y_Point4);
Pulse_1 = zeros(1,TimeAxis);
Pulse_1(1:length(y_Point1)) = y_Point1;
Pulse_2 = zeros(1,TimeAxis);
Pulse_2(1:length(y_Point2)) = y_Point2;
Pulse_3 = zeros(1,TimeAxis);
Pulse_3(1:length(y_Point3)) = y_Point3;
Pulse_4 = zeros(1,TimeAxis);
Pulse_4(1:length(y_Point4)) = y_Point4;
to1 = 1:1:length(y_Point4);
  % 对应各个信源比特的输出采样点
SamplingBitsGroupDelay = cat(2,zeros(1,Index_1-1),Value_2*SourceBitsUpsample);
SignalPoint = find(SamplingBitsGroupDelay);    % 找到延迟之后信源对应的信号点
figure
stem(to1(SignalPoint),SamplingBitsGroupDelay(SignalPoint) , 'k','LineWidth',2);
hold on;
plot(to1, Pulse_1, 'b-','LineWidth',2);
hold on;
plot(to1, Pulse_2, 'r-','LineWidth',2);
hold on;
plot(to1, Pulse_3, 'g-','LineWidth',2);
hold on;
plot(to1, Pulse_4, 'm-','LineWidth',2);
hold on;
grid on;
xlabel('离散时间样点');
ylabel('各个信源样点对应的波形');
% 利用等纹波 FIR 滤波器表征带限信道对信号的影响
function ChannelFilterCoe = BandLimitedChannel(CutoffFreq,StopBandFreq,fs,FilterOrder);
f1 = 2*CutoffFreq/fs;          % 归一化的通带频率
f2 = 2*StopBandFreq/fs;        % 归一化的阻带频率
F = [0 f1 f2 1];               % 滤波器频响的各个部分归一化边缘频点
M = [1 1 0 0];                 % 滤波器频响的各个部分边缘频点对应的取值
```

```
ChannelFilterCoe = remez(FilterOrder−1,F,M);    %  设计滤波器系数
  freqz(ChannelFilterCoe,1,512);               %  分析所设计滤波器的幅度和相位响应
end
```

运行上述程序可知：当我们选择信道为理想信道时，矩形接收滤波器的输出信号波形如图 6-9 所示。

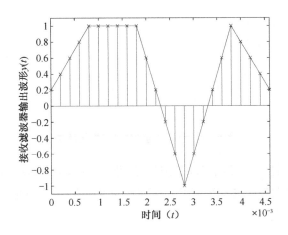

图 6-9　理想信道条件下双极性非归零脉冲接受滤波器输出信号

通过分析可知，当发射和接收滤波器均为矩形时，整个基带传输系统等效为采用三角形进行传输。各个样点对应传输波形如图 6-10 所示。从图 6-10 可以看出，每个符号对应输出波形的最佳采样点取值为±1，在当前符号的最佳采样时刻其他波形取值都为零，因此不存在码间干扰。

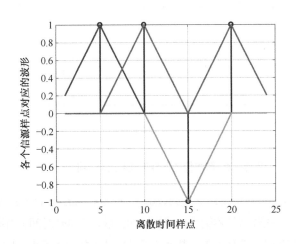

图 6-10　理想信道下各个符号对应的输出脉冲波形

当我们选择信道为非理想带限信道时，信道滤波器的幅频和相频特性如图 6-11 所示。

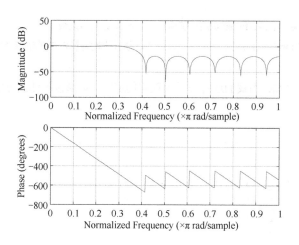

图 6-11　带限信道的幅频和相频特性

从图 6-11 可以看出，由于我们将带限信道的阻带频率设为 1kHz，超过 1kHz 的信号分量将被信道滤除。带限信道将导致接收滤波器的输出发生弥散，此时矩形接收滤波器的输出信号波形如图 6-12 所示。

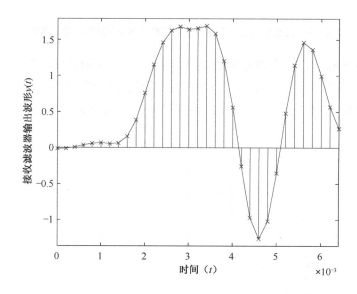

图 6-12　带限信道条件下接收滤波器输出波形

图 6-13 给出了非理想信道条件下，接收端每个符号对应的脉冲波形。从图中可以看出，在带限信道的影响下，接收滤波器输出出现拖尾和弥散，不再是时间上有限定义域的三角形波形，这导致当前符号最佳采样时刻上其他符号脉冲波形的取值不再是零，这些非零取值的叠加就是码间干扰。码间干扰会影响符号波形的抽样取值，严重时可能产生误码。

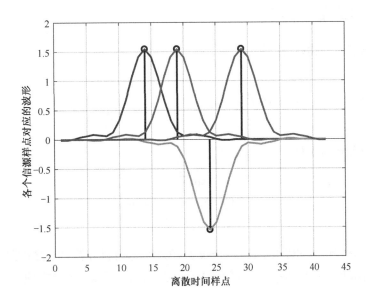

图 6-13　非理想信道条件下各个符号对应的脉冲波形

6.3.2　无码间串扰的基带传输准则

考虑如图 6-14 所示的基带传输系统，发送滤波器、信道和接收滤波器的级联响应设为 $h(t)$ 。

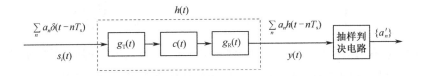

图 6-14　基带传输特性的分析模型

要实现无码间串扰，则系统单位冲激响应 $h(t)$ 的波形应满足如下关系

$$h(kT_s) = \begin{cases} 1, & k=0 \\ 0, & k\text{为其他整数} \end{cases} \tag{6-18}$$

即 $h(t)$ 的值除在抽样时刻（ $t=0$ ）不为 0 外，在所有其他码元的抽样时刻（ $t=kT_s, k\neq 0$ ）均为 0。如果从频域传递函数的角度判断，则无码间干扰系统传递函数 $H(\omega)$ 应满足

$$H_{eq}(f) = \sum_n H(f+\frac{n}{T_s}) = T_s \qquad |f| \leqslant \frac{1}{2T_s} \tag{6-19}$$

下面介绍两种典型的无码间干扰系统，第一种是理想低通基带传输系统，第二种是升余弦滚降频谱特性的基带传输系统。

1. 理想低通基带传输系统

对于理想低通传输系统，有

$$H(f) = H_{eq}(f) = \begin{cases} T_s, & |f| \leqslant \dfrac{1}{2T_s} \\ 0, & |f| > \dfrac{1}{2T_s} \end{cases} \tag{6-20}$$

冲激响应波形 $h(t)$ 为

$$h(t) = \frac{\sin\dfrac{\pi}{T_s}t}{\dfrac{\pi}{T_s}t} = \mathrm{Sa}(\pi t/T_s) \tag{6-21}$$

理想低通传输特性的优点是具有 2 Baud/Hz 的极限频带利用率，但理想低通基带传输系统要求接收端定时准确度极高而且在物理上是无法实现的，所以不能实际应用。

2. 升余弦滚降频谱特性的基带传输系统

升余弦滚降频谱特性是按余弦函数对理想低通传输特性的幅度进行滚降处理的，所以称为升余弦滚降频谱。升余弦滚降基带传输特性的传递函数为

$$H(f) = \begin{cases} T_s & 0 \leqslant |f| \leqslant \dfrac{(1-\alpha)}{2T_s} \\ \dfrac{T_s}{2}\left\{1+\cos\left[\dfrac{\pi T_s}{\alpha}(|f|-\dfrac{(1-\alpha)}{2T_s})\right]\right\} & \dfrac{(1-\alpha)}{2T_s} \leqslant |f| \leqslant \dfrac{(1+\alpha)}{2T_s} \\ 0 & |f| \geqslant \dfrac{(1+\alpha)}{2T_s} \end{cases} \tag{6-22}$$

其中，$\alpha = f_\Delta/f_N$ 表示滚降因子，f_N 是奈奎斯特带宽，f_Δ 是超出奈奎斯特带宽的扩展量。滚降系数的取值范围是 $0 \leqslant \alpha \leqslant 1$。对式(6-22)进行傅里叶反变换，可求得它的单位冲激响应为

$$h(t) = \frac{\sin(\pi t/T_s)}{\pi t/T_s}\frac{\cos(\alpha\pi t/T_s)}{1-(4\alpha^2 t^2/T_s^2)} \tag{6-23}$$

【例6-6】通过仿真画出滚降因子 α=0、0.5、1时升余弦滚降基带传输特性的时域冲激响应和频域传递函数。

解:

Ts =1;	% 码元周期
N =17;	% 过采样倍数
dt =Ts/N;	% 时域采样时间间隔
df =1/(20*Ts);	% 频域采样间隔
t =−10*Ts:dt:10*Ts;	% 时域波形的时间定义域

```
f = −2/Ts:df:2/Ts;                    %  频域传递函数的分辨率
Alpha = [0 0.5 1];
for n=1:length(Alpha)
    for k=1:length(f)
        if abs(f(k))>0.5*(1+Alpha(n))/Ts
            Xf(n,k) =0;
        elseif abs(f(k))<0.5*(1−Alpha(n))/Ts
            Xf(n,k) =Ts;
        else
            Xf(n,k) = 0.5*Ts*(1+cos(pi*Ts/(Alpha(n)+eps)*(abs(f(k))−0.5*(1−Alpha(n))/Ts)));
        end;
    end;
    xt(n,:) = sinc(t/Ts).*(cos(Alpha(n)*pi*t/Ts))./(1−4*Alpha(n)^2*t.^2/Ts^2+eps);
end
figure
plot(f,Xf(1,:),'r','LineWidth',2 );hold on;
hold on;
plot(f,Xf(2,:),'b','LineWidth',2 );
hold on;
plot(f,Xf(3,:),'g','LineWidth',2 );hold off;
axis([−1 1 0 1.2]);
xlabel('f/Ts');
ylabel('升余弦滚降频谱');
legend('理想低通\alpha=0','\alpha=0.5','\alpha=1')
figure
plot(t,xt(1,:),'r--','LineWidth',2); hold on;
plot(t,xt(2,:),'b-.','LineWidth',2); hold on;
plot(t,xt(3,:),'g','LineWidth',2); hold off;
axis([−6 6 −0.5 1.1]);
xlabel('t');
ylabel('升余弦滚降波形');
grid on;
legend('理想低通\alpha=0','\alpha=0.5','\alpha=1')
```

上述程序的运行结果如图 6-15 和图 6-16 所示。从图 6-15 中可以看出,当滚降因子 $\alpha = 0$ 时,升余弦滚降传输特性就是理想低通传递函数,此时系统带宽为 $1/2T_s$。随着滚降因子的增大,系统带宽增大,传输特性从 $\alpha = 0$ 时的急剧截止传输特性过渡为依余弦缓慢下降的特性,对应到时域冲激响应上,从图 6-16 可以看出, α 越小时,时域冲激响应的拖尾衰减越缓慢,拖尾振荡越剧烈。

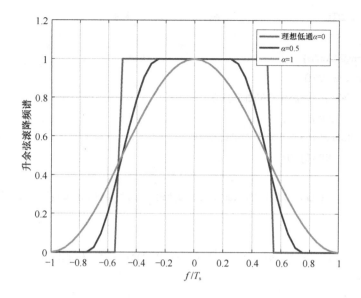

图 6-15　不同滚降因子的升余弦滚降传输特性

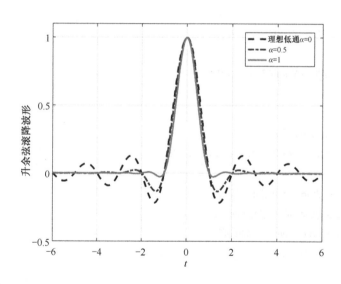

图 6-16　不同滚降因子的升余弦滚降冲激响应

6.4　最佳基带传输系统及其抗噪声性能

如果基带传输系统能够消除码间串扰且误码率最小，则称该系统为最佳基带传输系统。我们首先考虑信道传输特性 $C(f)$ 具有理想传输特性时最佳基带传输系统的设计。

1. 理想信道下最佳基带传输系统

理想信道是指 $C(f) = 1$ 的信道。此时，基带传输系统的频谱特性为 $H(f) = G_T(f)G_R(f)$，若 $H(f)$ 满足奈奎斯特第一准则，就能保证消除码间串扰。在加性噪声下，要使误码率最小，就要使接收滤波器输出信噪比最大。根据匹配滤波原理，如果滤波器的频率响应与输入信号频谱的复共轭成正比，则可以在抽样时刻获得最大信噪比。由这两个条件，可得

$$\begin{cases} H(f) = G_T(f)G_R(f) \\ G_R(f) = G_T^*(f)e^{-j2\pi f t_0} \end{cases} \tag{6-24}$$

分析上式可以得出

$$\left| G_T(f) \right|^2 = H(f)e^{j2\pi f t_0} \tag{6-25}$$

所以

$$\left| G_T(f) \right| = \sqrt{\left| H(f)e^{j2\pi f t_0} \right|} = \sqrt{\left| H(f) \right|} \tag{6-26}$$

在实际应用中，我们通常可以选择如下传输特性

$$G_T(f) = G_R(f) = \sqrt{H(f)} \tag{6-27}$$

取 $H(f)$ 为常用的服从奈奎斯特第一准则的升余弦滚降传输特性，则发送滤波器和接收滤波器均为平方根升余弦频谱特性（Square Root Raised Cosine，SRRC）。

2. 理想信道下二进制最佳基带传输系统的差错性能

设基带传输系统的传递函数 $H(f)$ 为升余弦滚降特性，且满足条件

$$\int_{-\infty}^{\infty} \left| H(f) \right| df = 1 \tag{6-28}$$

由式(6-28)可知：$h(0) = 1$。假设基带传输系统发送的信源序列为二电平信号，取值为 $x \in \{a, b\}$，发送符号 x 取 a 的概率为 P_a，取 b 的概率为 P_b，$P_a + P_b = 1$。当该系统为二进制单极性系统时 $b = 0$，当系统为二进制双极性系统时 $b = -a$。该二电平码元的平均码元能量 E 等于

$$E_s = a^2 P_a + b^2 P_b \tag{6-29}$$

该二电平信号经过脉冲成形后向信道发送，$g_T(t)$ 为成形脉冲，其频域形式为 $G_T(f) = H^{1/2}(f)$。利用帕斯瓦尔定理（Parseval's theorem）从频域计算信号码元的能量

$$E_s \int_{-\infty}^{\infty} g_T^2(t)dt = E_s \int_{-\infty}^{+\infty} \left| G_T(f) \right|^2 df = E_s \int_{-\infty}^{\infty} \left| H(f) \right| df = E_s \tag{6-30}$$

在接收端抽样判决时刻，由于 $h(0) = 1$，信号抽样值可表示为

$$y = x + \xi \tag{6-31}$$

式中，ξ 为噪声抽样值。假设信道噪声是双边功率谱密度为 $n_0/2$ 的加性高斯白噪声，所以经过接收滤波器（线性系统）后，输出噪声为带限高斯噪声，其方差为

$$\sigma^2 = \frac{n_0}{2} \int_{-\infty}^{\infty} \left| G_R(f) \right|^2 df = \frac{n_0}{2} \int_{-\infty}^{\infty} \left| H^{1/2}(f) \right|^2 df \tag{6-32}$$

通信原理仿真基础

将式(6-28)代入式(6-32)可得 $\sigma^2 = n_0/2$。因此当发送信号为 a 时，接收抽样信号的条件概率密度函数为

$$P_a(y) = \frac{1}{\sqrt{2\pi}\sigma} e^{-\frac{(y-a)^2}{2\sigma^2}} \tag{6-33}$$

同理，发送符号为 b 时，接收采样输出的条件概率密度函数为

$$P_b(y) = \frac{1}{\sqrt{2\pi}\sigma} e^{-\frac{(y-b)^2}{2\sigma^2}} \tag{6-34}$$

两种情况下条件概率密度函数曲线分别如图 6-17 所示。

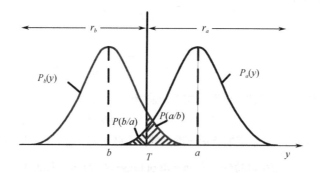

图 6-17 接收信号的一维条件概率密度函数曲线

选择一个适当的电平 T 作为判决门限，若接收信号落在区域 r_b 内，则判为 "b"；若接收信号落在区域 r_a 内，则判为 "a"。根据判决规则，发送 "a" 错判为 "b" 的概率和发送 "b" 错判为 "a" 的概率可以分别为

$$P(b/a) = \int_{-\infty}^{T} f_a(y)\mathrm{d}y = \int_{-\infty}^{T} \frac{1}{\sqrt{2\pi}\sigma_n} \exp\left(\frac{(y-a)^2}{2\sigma_n^2}\right)\mathrm{d}y = \frac{1}{2} + \frac{1}{2}\mathrm{erfc}\left(\frac{T-a}{\sqrt{2}\sigma_n}\right) \tag{6-35}$$

$$P(a/b) = \int_{T}^{\infty} f_b(y)\mathrm{d}y = \int_{T}^{\infty} \frac{1}{\sqrt{2\pi}\sigma_n} \exp\left(-\frac{(y-b)^2}{2\sigma_n^2}\right)\mathrm{d}y = \frac{1}{2} - \frac{1}{2}\mathrm{erfc}\left(\frac{T-b}{\sqrt{2}\sigma_n}\right) \tag{6-36}$$

其中，误差函数 $\mathrm{erfc}(x) = \frac{2}{\sqrt{\pi}}\int_0^x e^{-z^2}\mathrm{d}z$。根据发送 a 的概率 $P(a)$ 以及发送符号 b 的概率 $P(b)$，则平均错误概率为

$$\begin{aligned}P_e &= P_a P(b/a) + P_b P(a/b) \\ &= \frac{1}{2} + \frac{1}{2}P_a\mathrm{erfc}\left(\frac{T-a}{\sqrt{2}\sigma_n}\right) - \frac{1}{2}P_b\mathrm{erfc}\left(\frac{T-b}{\sqrt{2}\sigma_n}\right)\end{aligned} \tag{6-37}$$

对式(6-37)求导，令 $\frac{\partial P_e}{\partial T} = 0$，可以找到一个使误码率最小的判决门限电平，称为最佳判决门限 T_{opt}：

$$T_{\mathrm{opt}} = \frac{\sigma_n^2}{(a-b)} \ln \frac{P_b}{P_a} + \frac{(a+b)}{2} \tag{6-38}$$

从式(6-38)可以看出，若 $P_a = P_b = 0.5$，对于单极性系统 $b = 0$，最佳判决门限为 $a/2$，则有 $P(0/1) = P(1/0)$。系统的平均误码率为

$$P_e^{\mathrm{uni}} = \frac{1}{2} \big[P(0/a) + P(a/0) \big] = \frac{1}{2} \mathrm{erfc} \left(\frac{a}{2\sqrt{2}\sigma_n} \right) \tag{6-39}$$

同理，对于双极性系统 $b = -a$，最佳判决门限为 0，系统的平均误码率为

$$P_e^{\mathrm{bi}} = \frac{1}{2} \big[P(b/a) + P(a/b) \big] = \frac{1}{2} \mathrm{erfc} \left(\frac{a}{\sqrt{2}\sigma_n} \right) \tag{6-40}$$

对于双极性系统，最佳门限为 0。

为了实现更加公平的对比，基带传输系统的误码性能通常用比特信噪比 E_b/n_0 作为统一单位进行度量，其中 E_b 表示平均比特能量，n_0 表示噪声的单边功率谱密度。根据前面的分析，已知对单极性和双极性系统都有：$n_0 = 2\sigma_n^2$。在二进制传输系统中 $E_b = E_s$，对于单极性系统 $E_s = a^2/2$，因此：$P_e^{\mathrm{uni}} = \frac{1}{2} \mathrm{erfc} \left(\sqrt{\frac{E_b}{2n_0}} \right)$；而对双极性系统 $E_s = a^2$，$P_e^{\mathrm{bi}} = \frac{1}{2} \mathrm{erfc} \left(\sqrt{\frac{E_b}{n_0}} \right)$。

因此在比特信噪比相同的条件下，双极性系统的误码率总会小于单极性系统。注意在通信系统仿真中，通常需要把比特信噪比 E_b/n_0 转换为信噪比 S/N 以更加方便地加入噪声，比特信噪比和信噪比之间的关系为

$$\mathrm{SNR} = \frac{E_b \log_2 M}{T_{\mathrm{sym}} \dfrac{n_0}{2} \dfrac{1}{T_s}} = 2\frac{E_b}{n_0} \frac{1}{\left(T_{\mathrm{sym}}/T_s \right)} \tag{6-41}$$

其中，T_{sym} 表示符号时间间隔，T_s 表示系统抽样间隔，因此 T_{sym}/T_s 表示在每个符号中抽样的点数，在仿真中我们定义为过采样倍数。

【例 6-7】设计一个理想信道条件下的最佳基带传输系统，发送和接收滤波器为滚降因子为 0.3 的平方根升余弦滚降滤波器。

（1）验证不同信噪比条件下，最佳基带传输系统的仿真性能和理论计算性能；

（2）比较不同信噪比条件下，单极性和双极性二进制传输时的误码性能。

解：

TSymbol = 1e-3;	% 码元周期
Rs = 1/TSymbol;	% 码元速率
Ts = 0.2e-3;	% 抽样的时间间隔
BW = 1/Ts;	% 带宽
OverSampleRate = TSymbol/Ts;	% 上采样倍数
rolloff = 0.3;	% 滚降因子
span = 6;	% 升余弦滚降传输特性的扩展符号长度
N = 5000000;	% 仿真生成的符号数量

```
EbNoVector = 0:2:12;                    % 仿真比特信噪比范围
for ModeType=1:2
    if ModeType == 1
        Mode = 'Unipolar';
    else
        Mode = 'Bipolar';
    end
for i = 1:length(EbNoVector)
if strcmp(Mode,'Unipolar')
SourceBits = randi([0 1],1,N);
elseif strcmp(Mode,'Bipolar')
  SourceBits = 2*randi([0 1],1,N)−1;
end
% 该函数生成具有能量归一化特性的平方根升余弦滤波器,滤波器长度为 span*OversampleRate+1
% 该滤波器长度也预示着采用相同的 SRRC 滤波器接收
% 等效的 RC 滤波器长度为 2*span*OversampleRate+1，需要延迟 span*OversampleRate 个样点
rrcFilter = rcosdesign(rolloff, span, OverSampleRate); %
% 按照抽样率对信源比特进行过采样
SourceBitsUpsample = upsample(SourceBits,OverSampleRate);
% 由于滤波器导致的时延，需要在原始发送信号后面追加零
% 如果考虑总的 RC 滤波器，则完整呈现波形的信号长度为(N−1)*OverSampleRate+1+span*
OverSampleRate*2
% 因此我们可以考虑追加(−1)*OverSampleRate+1+span*OverSampleRate*2 个零
L = span*OverSampleRate*2−OverSampleRate+1;
SourceBitsUpsamplePad = cat(2,SourceBitsUpsample,zeros(1,L));
txSig = filter(rrcFilter, 1,SourceBitsUpsamplePad);
% 将比特信噪比转换为信噪比，加入高斯白噪声
EbNo = EbNoVector(i);
snr = EbNo + 10*log10(2)−10*log10(OverSampleRate);%
rxSig = awgn(txSig, snr, 'measured');
MatchedFilterOut = filter(rrcFilter, 1,rxSig); % 将接收信号通过接收滤波器
DownSampleOut = downsample(MatchedFilterOut,OverSampleRate); % 下采样，取出抽样点
SigRecover = DownSampleOut(span+1:end−span); % 根据公式求二元码等概率发送时的最佳门限
a= max(SourceBits);b=min(SourceBits);
ThresholdOpt = (a+b)/2 ;
% 根据门限进行判决
BitRecover = (SigRecover>ThresholdOpt);
if strcmp(Mode,'Unipolar')
    BitErrorRateU(i) = sum(BitRecover−SourceBits~=0)./N;
```

```
elseif strcmp(Mode,'Bipolar')
      BitErrorRateB(i) = sum(2*BitRecover-1-SourceBits~=0)./N;    end
end
end
figure;semilogy(EbNoVector,BitErrorRateU,'b-','Linewidth',2);
hold on; semilogy(EbNoVector,BitErrorRateB,'k-','Linewidth',2);
hold on; semilogy(EbNoVector,0.5*erfc(sqrt(10.^(EbNoVector./10))),'r-.o' );
hold on; semilogy(EbNoVector,0.5*erfc(sqrt(10.^(EbNoVector./10)./2)),'r-.x' );
grid on;legend('单极性仿真误码率','双极性仿真误码率','双极性理论误码率','单极性理论误码率')
xlabel('EbN0');ylabel('Pe');
```

从图 6-18 中可以看出，无论是单极性二进制基带系统还是双极性二进制基带系统，理论误码率和仿真误码率都能够很好地吻合。如果在图中取定一个误码率，则单极性二进制基带系统对应的比特信噪比 E_b / n_0 比双极性二进制基带系统高约 3dB，这表明在相同比特信噪比条件下，双极性二进制基带系统具有比单极性二进制系统更好的性能。

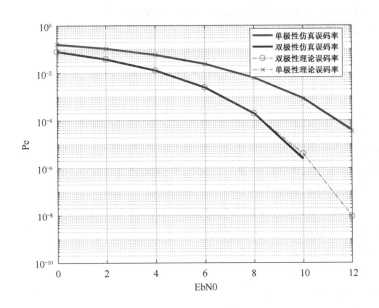

图 6-18　单极性和双极性二进制基带系统误码率仿真结果与理论计算结果

6.5　眼图

眼图是一种简便的实验手段，可以用来定性评价基带信号中码间串扰和噪声的影响情况。观察眼图的方法是：用一个示波器接在接收滤波器的输出端，然后调整示波器扫描周期，使示波器水平扫描周期与接收码元的周期同步，这时示波器屏幕上由于余辉效应显示的图形很像人的眼睛，故称为"眼图"。

【例6-8】 假设码元速率为 250 Baud 的二进制双极性信号通过升余弦滚降脉冲成形后进行基带传输，试画出该基带信号的波形和眼图。

解：

```
% 假设输入为双极性的信源比特
N = 1000;                              % 信源比特的数量
SourceBits = 2*randi([0 1],1,N)−1;     % 双极性码
TSymbol = 4e−3;                        % 码元周期
Rs = 1/TSymbol;                        % 码元速率
Ts = 0.5e−3;                           % 抽样的时间间隔
BW = 1/Ts;                             % 带宽
OverSampleRate = TSymbol/Ts;           % 上采样倍数
% 按照抽样率对信源比特进行过采样
SourceBitsUpsample = upsample(SourceBits,OverSampleRate);
% 升余弦滚降滤波器参数
Span = 4;                              % Span 表示滤波器冲激响应扩展的长度
rolloff = 0.5;                         % 滚降因子
% 考虑 RC 滤波器在 normal 设置下长度为 Span*OverSampleRate+1;
% 我们需要的接收滤波器输出长度为(N−1)*OverSampleRate+Span*OverSampleRate
% 因此追加 L 个零再进行滤波
L = (Span−1)*OverSampleRate+1;
SourceBitsUpsamplePad = cat(2,SourceBitsUpsample,zeros(1,L));
% 生成升余弦滚降滤波器系数
RCFilter = rcosdesign(rolloff, Span,OverSampleRate,'normal');
y = filter(RCFilter,1,SourceBitsUpsamplePad);
t = Ts*[0:1:800−1];
figure(1)
plot(t,y(1:800));
axis([t(1) t(end) min(y)−0.1 max(y)+0.1])
xlabel('时间(t)');
ylabel('升余弦滚降输出波形 y(t)')
grid on;
% 对输出信号进行截取
LengthPulse = length(RCFilter);
BeginIndex = Span/2*OverSampleRate+1;
yeff = y(BeginIndex:end−LengthPulse);
eyediagram(yeff,2*OverSampleRate, 2*OverSampleRate*Ts)
```

在本程序中，我们直接调用 eyediagram(X, N, PERIOD)函数画眼图，第一个自变量 X 表示输入信号序列，N 表示每个扫描周期持续的信号点数，PERIOD 参数用于确定水平坐标范围[−PERIOD/2,+PERIOD/2]。运行程序可以得到图 6-19 和图 6-20。

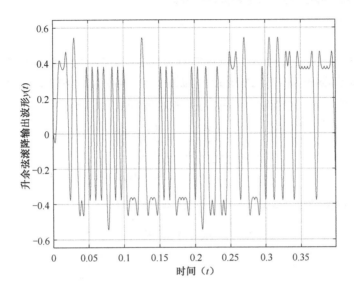

图 6-19　升余弦滚降成形之后的输出信号波形

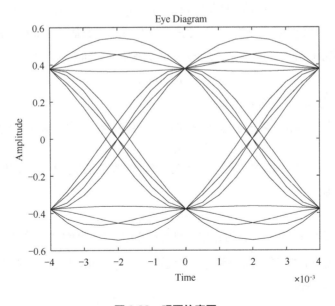

图 6-20　眼图仿真图

经过升余弦滚降成形之后的输出信号波形如图 6-19 所示。从图中可以看出，由于成形滤波的作用，导致信号点出现延迟，延迟的信号长度为 Span/2*OverSampleRate。该基带信号的眼图如图 6-20 所示。

6.6 部分响应基带传输系统

部分响应基带系统通过引入可控制的码间串扰，实现了极限频带利用率条件下的传输，同时其波形拖尾衰减较理想低通系统更快，振荡更小。第 I 类部分响应波形 $h_p(t)$ 在时域上由两个时间相隔一个码元间隔 T_s 的 $\sin x / x$ 波形相加构成，表示为

$$h_p(t) = \frac{\sin \dfrac{\pi}{T_s} t}{\dfrac{\pi}{T_s} t} + \frac{\sin \dfrac{\pi}{T_s}(t - T_s)}{\dfrac{\pi}{T_s}(t - T_s)} \tag{6-42}$$

对式(6-42)进行傅里叶变换，可得 $h_p(t)$ 的频谱函数为

$$H_p(\omega) = \begin{cases} 2T_s \cos(\pi f T_s) e^{-j\pi f T_s} & |f| \leqslant \dfrac{1}{2T_s} \\ 0 & |f| > \dfrac{1}{2T_s} \end{cases} \tag{6-43}$$

从式(6-43)可见，$h_p(t)$ 的频谱限制在 $(-1/2T_s, 1/2T_s)$ 内，且呈余弦型。这种缓变的滚降过渡特性使其易于实现。这时的传输带宽为 $B = 1/(2T_s)$，系统达到 2Baud/Hz 的理论极限值。

假设第 I 类部分响应系统输入的数字序列为 $\{a_n\}$，则在抽样时刻 $t = nT_s$，得到的抽样信号 c_n 包含当前码元的样值和前一个码元引入的确定性码间干扰，即

$$c_n = a_n + a_{n-1} \tag{6-44}$$

式(6-44)称为部分响应信号的相关编码。

为了避免出现因相关编码而引起的差错传播，部分响应系统需要进行预编码

$$b_n = a_n \oplus b_{n-1} \tag{6-45}$$

这里，设 $\{a_n\}$ 为信源比特序列，$\{b_n\}$ 为预编码后得到的新序列。预编码后的 $\{b_n\}$ 序列相关编码输出为

$$c_n = b_n + b_{n-1} \tag{6-46}$$

此时，在接收端直接对接收到的 $\{c_n\}$ 进行模 2 运算即可得到译码输出。

【例 6-9】 设第 I 类部分响应基带传输系统输入二进制单极性比特序列，通过仿真模拟部分响应系统工作过程。

解：

```
N = 1000;                          % 信源的数量
SourceBits = randi([0 1],1,N);     % 输入单极性码
TSymbol = 1;                       % 码元周期
Rs = 1/TSymbol;
```

```matlab
Ts = 0.2;                                      % 抽样的时间间隔
BW = 1/Ts;                                     % 带宽
OverSampleRate = TSymbol/Ts;                   % 上采样倍数
b(1) = 0;                                      % 差分预编码的参考比特
% 差分预编码
for i = 1:length(SourceBits)
b(i+1) = rem(b(i)+SourceBits(i),2);
end
% 按照上采样倍数对预编码输出比特进行过采样
SourceBitsUpsample = upsample(b,OverSampleRate);
Span =4;                         % 截取部分响应波形[−Span*TSymbol,Span*TSymbol]
gt = DuobinaryPulse(Span,Ts,TSymbol);   % 调用函数，计算部分响应冲激响应
% 由于部分响应波形导致的时延，需要在原始发送信号后面追加零
% 考虑完整呈现波形的信号长度为 (N−1)*OverSampleRate+1+Span*OverSampleRate
% 因此我们可以考虑追加 (−1)*OverSampleRate+1+Span*OverSampleRate 个零
L = −OverSampleRate+1+Span*OverSampleRate;
SourceBitsUpsamplePad = cat(2,SourceBitsUpsample,zeros(1,L));
% 通过滤波利用部分响应波形传递符号
RxSig = filter(gt, 1,SourceBitsUpsamplePad);
% 下采样
RxSigOut = downsample(RxSig,OverSampleRate);
% 抽取出信源符号，注意这里剔除了参考码元
SampleOut = RxSigOut(Span+2:end);
% 将逼近零的码元取为零
BitRecover = mod(SampleOut,2)>eps;
% 计算误码率
BitErrorRate = sum(BitRecover-SourceBits~=0)./N;
% 双二进制（第 I 类部分响应）冲激响应函数
function gt = DuobinaryPulse(Span,Ts,TSymbol)
% 输出 gt 为第 I 类部分响应冲激响应函数
% Span 表示对冲激响应截取的范围
% Ts 表示采样时间间隔
% TSymbol 表示符号时间间隔
Spant = Span*TSymbol;
t = −Spant:Ts:Spant;
gt = sinc(t./TSymbol)+sinc((t−TSymbol)/TSymbol);
stem(t,gt)
grid on;
legend('第 I 类部分响应波形')
```

```
xlabel('时间(t)');
ylabel('离散波形取值')
end
```

在仿真中需要采用离散数字信号表征部分响应的波形，此时采样频率至少应该取$1/T_s$，仿真中我们采用 5 倍过采样。确定采样频率后，对连续波形的截断，假设保留$[-4T_s, 4T_s]$。运行上述程序，可以验证利用对抽样信号取模 2 运算可以正确恢复出原始信号。程序绘制出的第 I 类部分响应波形如图 6-21 所示。

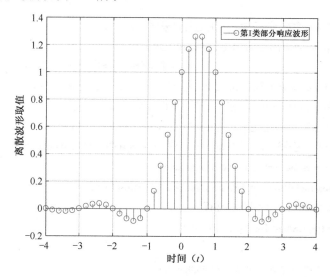

图 6-21　第 I 类部分响应波形图

6.7　均衡原理

一个实际的数字基带传输系统在非理想信道和滤波器设计有误差的条件下可能无法完全满足无码间串扰的传输条件。为了进一步提升基带传输系统的性能，有必要对整个系统的传递函数进行校正，使其尽可能地满足无码间串扰的条件。为了减小码间串扰的影响，可在接收机中插入一个可调的滤波器，用以校正（或补偿）系统传输特性，减小码间串扰，这种校正的过程称为均衡。

▪ 6.7.1　时域均衡原理

时域均衡通常利用具有可变增益的多抽头横向滤波器来减少接收波形的码间串扰，它由一组多抽头的时延线、系数相乘器及相加器组成，如图 6-22 所示。本书中我们只考虑符号间隔均衡器的设计，即每两个抽头之间的延时都是码元间隔 T_s。设 $x(t)$ 表示单个冲激脉冲通过基带传输后在接收端得到的冲激响应。由于信道等非理想因素引入的畸变，接收到信号波形 $x(t)$ 存在码间串扰。时域均衡器通过调整抽头系数使横向滤波器的输出信号 $y(t)$ 在非零的整数倍 T_s 时刻的抽样值为零，这样就可以消除（或减弱）抽样时刻的码间串扰值。

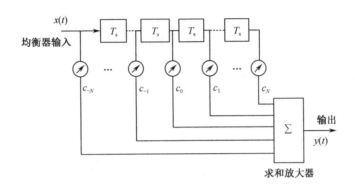

图 6-22　时域均衡横向滤波器

假设横向滤波器的单位冲激响应为 $e(t)$，可以表示为

$$e(t) = \sum_{i=-N}^{N} c_i \delta(t - iT_s) \tag{6-47}$$

其中，c_i 为图 6-22 中第 i 个抽头的系数（$i = -N, -N+1, \cdots, -1, 0, 1, \cdots, N-1, N$）。均衡器的输出为

$$y(t) = x(t) * e(t) = \sum_{i=-N}^{N} c_i x(t - iT_s) \tag{6-48}$$

于是，在抽样时刻 kT_s，有

$$y(kT_s) = \sum_{i=-N}^{N} c_i x(kT_s - iT_s) \tag{6-49}$$

要使输出信号满足奈奎斯特第一准则，就要求除 $k = 0$ 外的所有 $y(kT_s)$ 都等于零。显然，当 N 的取值有限时，仅靠调节 $(2N+1)$ 个抽头系数 c_i 并不可能完全消除码间串扰，只有当 $N \to \infty$ 时，完全消除码间串扰在理论上才有可能实现。

■ 6.7.2　均衡准则与实现

常用的度量均衡效果的抽头系数设计准则有最小峰值畸变准则和最小均方畸变准则。本小节讨论基于最小峰值畸变准则的均衡器设计。

峰值畸变 D 定义为

$$D = \frac{1}{y(0)} \sum_{\substack{k=-\infty \\ k \neq 0}}^{\infty} \left| y(kT_s) \right| \tag{6-50}$$

从式(6-50)可知：峰值畸变 D 表示码间串扰的最大可能值（峰值）与 $k=0$ 时刻上的样值之比。可以证明，如果均衡器前的二进制眼图不闭合，则通过调整 $(2N+1)$ 个抽头系数 c_i，使除 $k=0$ 外 $2N$ 个抽头样值 $y_k=0$ 时，均衡器输出有最小的峰值失真 D。此时均衡器求解方程为

$$y(kT_s) = \sum_{i=-N}^{N} c_i x(kT_s - iT_s) = \begin{cases} 0 & 1 \leqslant |k| \leqslant N \\ 1 & k = 0 \end{cases} \tag{6-51}$$

按照这一准则去调整抽头系数的均衡器称为迫零均衡器。式(6-51)写成矩阵形式为

$$\begin{bmatrix} x_0 & x_{-1} & \cdots & x_{-2N} \\ x_1 & x_0 & \cdots & x_{-2N+1} \\ x_2 & x_1 & \cdots & x_{-2N+2} \\ & & \vdots & \\ x_{2N} & & \cdots & x_0 \end{bmatrix} \begin{bmatrix} c_{-N} \\ c_{-N+1} \\ \vdots \\ c_0 \\ \vdots \\ c_{N-1} \\ c_N \end{bmatrix} = \begin{bmatrix} 0 \\ \vdots \\ 0 \\ 1 \\ 0 \\ \vdots \\ 0 \end{bmatrix} \tag{6-52}$$

如果 $x_{-2N}, \cdots, x_0, \cdots, x_{2N}$ 已知，则求解上式线性方程组可以得到 $c_{-N}, \cdots, c_0, \cdots, c_N$ 等 $(2N+1)$ 个抽头系数值。从式(6-52)也可以看出：迫零均衡器能保证 $y(0)$ 前后 N 个抽样点上无码间串扰，但不能消除所有抽样时刻上的码间串扰。

【例 6-10】假设某基带传输系统码元速率为 1000 Baud，该系统发送滤波器 $G_T(f)$ 和接收滤波器 $G_R(f)$ 互为匹配滤波器，且其级联响应满足升余弦滚降传输特性 $G_T(f)G_R(f) = X_{RC}(f)$，带限非理想信道的通带截止频率为 500Hz，阻带频率为 800Hz，求该非理想基带传输系统的总响应，并设计三抽头迫零均衡器对非理想传输特性进行校正。

解：

```
% 分析非理想传输特性
TSymbol = 1e-3;                      % 码元周期
Rs = 1/TSymbol;                      % 码元速率为1000Baud
Ts = 0.2e-3;                         % 抽样的时间间隔
BW = 1/Ts;                           % 带宽
OverSampleRate = TSymbol/Ts;         % 上采样倍数
% 生成升余弦滚降滤波器系数
rolloff = 0.5;
Span = 4;
RCFilter = rcosdesign(rolloff,Span,OverSampleRate,'normal');
% 生成非理想信道系数
CutoffFreq = Rs-500;                 % 带限信道的截止频率
```

190

```
StopBandFreq = Rs−200;                    % 带限信道的阻带频率
FilterOrder = 7;                          % 采用多阶 FIR 滤波器表征带限信道
% 设计通带阻带满足要求的信道滤波器
ChannelFilterCoe = BandLimitedChannel(CutoffFreq,StopBandFreq,BW,FilterOrder);
% 对信道滤波器的取值进行归一化
ChannelFilterCoe = ChannelFilterCoe./sqrt(norm(ChannelFilterCoe)^2);
% 非理想信道影响下均衡器输入端的响应
X = conv(ChannelFilterCoe,RCFilter);
figure
subplot(1,2,1);
stem(RCFilter,'r-o');
xlabel('离散样点(n)');
ylabel('时域冲激响应');
axis([1 length(RCFilter) min(RCFilter)−0.1 max(RCFilter)+0.1]);
legend('Raised Cosine');
subplot(1,2,2);
stem(X,'-s');
xlabel('离散样点(n)');
ylabel('时域冲激响应');
axis([1 length(X) min(X)−0.1 max(X)+0.1]);
legend('Nonideal response');
% 三抽头均衡器的计算
% 取非理想传递函数的最大值对应位置为零点位置
[value,index]= max(X);
% 按照符号间隔均衡器设计要求，取出符号间隔采样点的值
x = [X(index−2*OverSampleRate) X(index−OverSampleRate) X(index)...X(index+OverSampleRate)
X(index+2*OverSampleRate)];
% 三抽头迫零均衡器输出矢量
y = [0 1 0]';
% 输入信号 x 的卷积矩阵
conv_matrix = [x(3) x(2) x(1);
               x(4) x(3) x(2);
               x(5) x(4) x(3)];
Coe = inv(conv_matrix )*y;                % 计算三抽头迫零均衡器的系数
AllResponse = conv(Coe,x);                % 均衡器对输入矢量作用后的输出
figure
subplot(1,2,1);
stem(x);
xlabel('离散样点(n)');
```

```
ylabel('均衡前的时域冲激响应');
axis([1 length(x) min(x)−0.1 max(x)+0.1]);
legend('Before Equalizer');
subplot(1,2,2);
stem(AllResponse,'r-s');
xlabel('离散样点(n)');
ylabel('均衡后总的时域冲激响应');
axis([1 length(AllResponse) min(AllResponse)−0.1 max(AllResponse)+0.1]);
legend('After Equalizer');
```

运行上述程序可以得到如图 6-23 所示的仿真结果。图 6-23 给出了升余弦滚降传输特性的时域冲激响应以及在非理想信道影响下输入均衡器的冲激响应。从图 6-23（a）中可以看出：升余弦滚降传输特性满足奈奎斯特第一准则，以中心取最大值的第 11 个样点为中心，每隔 4 个点出现一个零点，这些零点的位置就是整数倍符号间隔的时刻。图 6-23（b）给出了在非理想信道影响下的冲激响应，显然，此时整个系统的传输特性不再满足奈奎斯特第一准则。

图 6-24 中给出了均衡之前和均衡之后系统时域冲激响应。从图中可以看出：在三抽头时域均衡器的作用下，基带传输系统在非零整数倍采样点处的取值明显减小，3 个抽头能保证系统冲激响应的最大值为 1，最大值左右两侧符号间隔处的响应值为零。同时由于抽头数量有限，该均衡器并不能完全消除码间干扰，在第 2 个样点和第 6 个整数倍抽样间隔处依然还有非零的响应值。

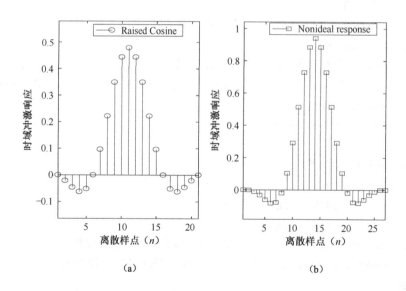

(a)   (b)

图 6-23　升余弦滚降传输特性的时域冲激响应以及在非理想信道影响下输入均衡器的冲激响应

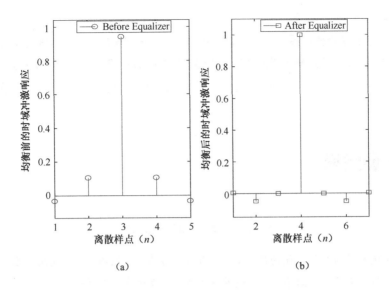

图 6-24　均衡之前和均衡之后系统时域冲激响应

习题

6-1　假设某基带传输系统的传输速率为 R_s=2000Baud，试画出 0 和 1 等概率分布时，双极性归零码的波形和频谱。

6-2　某基带传输系统的码元传输速率为 1500Baud，且已知发 1 的概率为 0.4，试画出单极性非归零码的波形和频谱。

6-3　随机生成 0 和 1 等概率的 0-1 分布离散随机变量，将其编码成 AMI 码，码元速率为 4000Baud，并分析其频谱特性。

6-4　随机生成 0 和 1 等概率的 0-1 分布离散随机变量，将其编码成 HDB_3 码，码元速率为 5000Baud，并分析其频谱特性。

6-5　通过编程仿真，分析一个码元速率为 6000 Baud 的单极性归零码基带传输系统在通过阻带频率为 6000Hz，截止频率为 5000Hz 的低通型带限信道时，是否会产生码间干扰。

6-6　利用平方根升余弦滚降滤波器设计一个理想信道条件下的最佳基带传输系统，假设码元传输速率为 2000Baud，仿真不同信噪比条件下单极性和双极性非归零二进制传输时的误码性能，并与理论性能进行对比。

6-7　假设基带传输系统采用二进制双极性非归零信号序列进行基带传输，试画出该基带信号的波形和眼图。

6-8　试通过仿真实现第 IV 类部分响应基带传输系统传输二进制序列的过程，并画出第

IV 类部分响应系统传输波形。

6-9 假设某基带传输系统码元速率为3000Baud，采用矩形脉冲进行发射和匹配滤波接收，该系统通过带限非理想信道的通带截止频率为2000Hz，阻带频率为1800Hz，求该非理想基带传输系统的总响应，并设计三抽头迫零均衡器对该非理想传输特性进行校正。

 **扩展阅读**

基带传输技术中的逆向思维

在部分响应基带传输系统的设计中，蕴含着有趣的逆向思维故事。逆向思维，也称为求异思维，是对司空见惯的似乎已成定论的事物或观点反过来思考的一种思维方式。敢于"反其道而行之"，让思维向对立面的方向发展，从问题的相反面深入地进行探索，树立新思想，创立新形象。

20世纪20年代，著名物理学家哈里·奈奎斯特（Harry Nyquist，1889—1976年）先后在贝尔系统技术杂志和美国电气工程师学会学报发表了《影响电报传输速度的特定因素》和《电报传输理论的一定论题》两篇论文。这两篇论文给出了数字波形在无噪线性信道进行无失真传输的条件，即奈奎斯特第一准则。该准则奠定了脉冲传输技术的基础，在此后的很长一段时间中，如何在实际通信系统中消除脉冲传输产生的码间干扰是通信领域的热门课题。一方面，人们在发送端寻找合适脉冲波形，通过优化信号设计减小或消除码间干扰。正如我们在6.3.2节中所学到的，理想低通传输特性具有最高的频带利用率，但是在实际通信工程中无法实现，而且时域波形振荡幅度大、衰减慢，对定时非常敏感；升余弦滚降成形波形和矩形脉冲虽然服从奈奎斯特第一准则，但是其频带利用率都较理想波形有较大下降；人们并未找到既能有最佳频带利用率又能克服码间干扰的可实现系统设计。另一方面，从20世纪60年代开始，W. Lucky 和 M Rappeport 等学者开始探索自动均衡技术，即通过在通信系统接收端设计合适的均衡算法消除码间干扰，然而由于均衡器设计的复杂性，该问题在当时并没有得到很好的解决。那么，还有没有别的思路？

1962年，美国加利福利亚州 GET 网络系统公司的高级研发主管 Adam Lender 也正为如何在带限信道中提升系统的传输效率而苦苦思索。1954—1961年，Adam Lender 曾先后在贝尔实验室和 ITT 实验室工作，有非常丰富的研究经验，当时他所领导的研究组正进行数字话音通信研发项目，研究内容涉及数字电话网、语音压缩、自适应均衡和电话回声消除等。Adam Lender 在他的回忆录中写道："实现更高传输速度的主要障碍是普遍存在的符号间干扰，在技术文献中称为码间干扰（InterSymbol Interference, ISI）。1962年的一个早晨，在刮胡子时，我突然想到：也许我们不应该与 ISI 对抗，而应该加入它以达到最高的传输速率"。正是这种不再是一味消除，而是跳出藩篱，反其道而行之去利用码间干扰的思维方式使得 Adam Lender 的研究思路豁然开朗，他提出了一种全新的利用码间干扰进行脉冲传输的系统架构，即第 I 类部分响应传输系统。1962 年，Adam Lender 所提的第 I 类部分响应系统相关思想发表在 IEEE Trans. Commun. Electron.杂志，论文题目为《高速数据传输的双二进制技术》。部分响应技术后来被广泛应用到光纤通信、卫星通信以及对流层散射通信系统中，直到现在仍然是巧妙信号设计的典范，被超奈奎斯特传输系统、CPM 系统借鉴和应用。

　　跳出藩篱、逆向思维是一种很有价值的思维方法，不光在技术研发中，在军事战略、战术中也广泛使用。在我国大革命时期，毛泽东坚持把马克思主义基本原理同中国革命战争实际相结合，常常打破常规思维定式，巧妙运用逆向思维指导我军作战，谱写了无数以弱胜强、以少胜多的光辉战例。1927 年 9 月，湘赣边界秋收起义前委在湖南省浏阳县文家市召开会议，讨论下一步行动，有部分同志沿用传统思想，主张"取浏阳直攻长沙"。但毛泽东认为，秋收起义已经使得革命力量受到严重挫折，此时沿用苏联革命中惯常采用的"城市包围农村"路线不再合适，为保存革命实力，必须放弃继续攻打长沙的方案，把起义部队转向敌人统治薄弱的农村。经过耐心说服，毛泽东最终统一了大家的思想，做出向罗霄山脉进军的战略决策，为我党探索农村包围城市的革命道路发挥了关键性作用。作战指导中的逆向思维艺术是毛泽东军事思想的闪光点，值得我们认真总结，深入学习，并在以后的工作、学习中积极践行。

第 7 章

数字调制

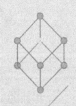

数字调制过程一般是先从信息序列 $\{a_n\}$ 中一次提取 $k = \log_2 M$ 个二进制数字比特形成一个分组，对应该分组从 M 个确定的信号波形 $\{s_m(t), m = 1, 2, \cdots, M\}$ 中选择一个进行传输。理论上，信号波形的选择只要适合信道传输即可。数字通信系统多数采用正弦信号作为载波，原因在于正弦信号易于产生和接收。

以正弦信号为载波的数字调制就是用数字基带信号改变正弦型载波的幅度、频率或相位，以及这些参数中的两个或多个的组合，分别称为数字幅度调制（幅移键控）、数字频率调制（频移键控）、数字相位调制（相移键控）以及派生出的多种其他混合式数字调制方式。

本章着重仿真解析了二进制数字调制、多进制数字调制以及恒包络调制，给出了数字调制系统从信源、调制、信道到接收端解调的全过程仿真实现。

7.1 二进制数字调制

最常见的二进制数字调制方式有二进制幅移键控、频移键控、相移键控和差分相移键控。下面分别讨论这几种二进制数字调制的原理。

7.1.1 二进制幅移键控

二进制幅移键控（Binary Amplitude Shift Keying，2ASK）信号可以表示成具有一定波形形状的二进制序列（二进制数字基带信号）与正弦型载波（不失一般性，令其初相为0）的乘积，即

$$e_{2ASK}(t) = \left[\sum_n a_n g(t - nT_s) \right] \cos \omega_c t \tag{7-1}$$

其中，$g(t)$ 是基带脉冲波形，T_s 为二进制码元间隔，$\omega_c = 2\pi f_c$，f_c 为载波频率。a_n 为第 n 个码元的电平，取值满足

$$a_n = \begin{cases} 0, & \text{概率为} P \\ 1, & \text{概率为} 1-P \end{cases} \tag{7-2}$$

二进制数字基带信号用 $s(t)$ 表示，则

$$s(t) = \sum_n a_n g(t - nT_s) \tag{7-3}$$

式(7-1)变为

$$e_{2ASK}(t) = s(t) \cos \omega_c t \tag{7-4}$$

2ASK 信号有两种基本的解调方法：非相干解调和相干解调。

1）非相干解调

2ASK 信号的非相干解调过程如图 7-1 所示。半波或全波整流器和低通滤波器一起实现包络检波的功能，这种非相干解调方法也称为包络检波法。

图 7-1　2ASK 信号的非相干解调过程

接收端接收的信号包含已调信号和噪声，带通滤波器的作用是让已调信号尽可能无失真地通过的同时尽可能抑制带外噪声。抽样判决器在定时脉冲的控制下，对低通滤波器的输出信号进行抽样，并与设定的门限值（由于噪声的影响，该门限的最优值是变化的）相比较，得到判决输出。

2）相干解调

2ASK 信号的相干解调过程如图 7-2 所示。相干解调要求在接收端产生一个与接收信号同频同相的本地载波信号。带通滤波器的输出与本地载波信号相乘后，输出到低通滤波器。低通滤波器的带宽通常等于或略大于基带信号的带宽，这样低通滤波器就可以滤除相乘器输出信号中的高频分量，同时保留基带信号。

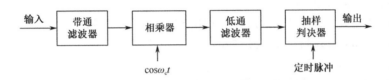

图 7-2　2ASK 信号的相干解调过程

【例 7-1】生成包含 1000 比特的非归零矩形脉冲成形基带信号进行 2ASK 调制，载波频率为 10Hz，信息传输速率为 2 bps，信噪比为 5dB，通过仿真分析信号调制前后的功率谱变化，并用包络解调恢复信号。

解：

```
% 参数设置
SymbolNum = 1000;                    % 1000 个码元
Rs = 2;                              % 码元速率
fs = 1000;                           % 采样频率，Hz
T = SymbolNum/Rs;                    % 仿真时间长度
dt = 0:1/fs:T−1/fs;                  % 仿真时间刻度
DiscretTimeVector = length(dt);      % 一个码元包含的离散时间采样点
fc = 10;                             % 载波频率
SNR_dB = 5;                          % 信噪比
SymbolLength = T*fs/SymbolNum;       % 单个码元的离散样点长度
% 产生基带信号
x = rand(1,SymbolNum);               % rand 函数产生在 0～1 之间随机数，共 Num 个
a = round(x);                        % 随机序列，round 取最接近小数的整数
base_time = zeros(1,DiscretTimeVector);
for n = 1:SymbolNum
    if a(n)<1
        for m = DiscretTimeVector/SymbolNum*(n−1)+1:DiscretTimeVector/SymbolNum*n
            base_time(m) = 0;
```

```
                end
          else
              for m = DiscretTimeVector/SymbolNum*(n-1)+1:DiscretTimeVector/SymbolNum*n
                  base_time(m) = 1;
              end
          end
      end
   end
   figure(1);plot(dt,base_time);axis([0,5,-1,2]);grid on;xlabel('t (s)');ylabel('Amplitude');title('基带信号');
   % 载波调制
   carrier = cos(2*pi*fc*dt);
   figure(2);subplot(311);plot(dt,carrier);axis([0,5,-1,1]);grid on;title('载波信号');
   sig_2ask = base_time.*carrier;
   subplot(312);plot(dt,sig_2ask);axis([0,5,-1.2,1.2]);grid on;title('已调信号');
   PSignal = norm(sig_2ask)^2/length(sig_2ask);
   Pnoise = PSignal/10^(SNR_dB/10);
   noise = sqrt(Pnoise)*randn(1,DiscretTimeVector);
   sig_noise = sig_2ask + noise;    %加入噪声
   subplot(313);plot(dt,sig_noise);axis([0,5,-1.3,1.3]);grid on;title('加入噪声的信号');
   % 计算功率谱
   [Pxx_Base,F_Base]= pwelch(base_time,[ ],[ ],[ ],fs,'centered');
   [Pxx_ASK,F_ASK]= pwelch(sig_2ask,[ ],[ ],[ ],fs,'centered');
   figure(3);subplot(211);plot(F_Base,10*log10(Pxx_Base),'b'); xlabel('Hz');ylabel('dB/Hz');
   title('基带信号的功率谱');grid on;axis([-50 50 -100 20]);
   subplot(212);plot(F_ASK,10*log10(Pxx_ASK),'b');xlabel('Hz');ylabel('dB/Hz');
   title('已调 2ASK 信号的功率谱');grid on;axis([-50 50 -100 20]);
   % 非相干解调
   demod_time = abs(sig_noise);
   figure(4);
   subplot(311);plot(dt,demod_time);axis([0,5,-0.3,1.3]);grid on;title('取包络后的信号');
   % 通过低通滤波器
   [dtt,demod_signal]= LPFilter(dt,demod_time,2*Rs);
   subplot(312);plot(dtt,demod_signal);axis([0,5,-0.3,1.3]);grid on;title('低通滤波后的波形');
   % 抽样判决
   Threshold = 0.5;
   for m=0:SymbolNum-1
       if demod_signal(1,m*SymbolLength+SymbolLength/2)<0.5
           for n=m*SymbolLength+1:(m+1)*SymbolLength
               demod_signal(1,n)=0;
           end
       else
           for n=m*SymbolLength+1:(m+1)*SymbolLength
```

```
            demod_signal(1,n)=1;
        end
    end
end
subplot(313);plot(dtt,demod_signal);axis([0,5,-1,2]);grid on;title('抽样判决后的波形')
% 调用的低通滤波器
function [t,st]= LPFilter(dt,demod_time,B)
T = dt(end);
df = 1/T;                     % 信号的频率分辨率
N = length(demod_time);      % 信号的时间长度
f = -N/2*df:df:N/2*df-df;    % 信号的对称频域坐标
sf = fft(demod_time);
sf = T/N*fftshift(sf);        % 信号的对称频谱
hf = zeros(1,length(f));     % 全零矩阵
bf = [-floor( B/df ): floor( B/df )] + floor( length(f)/2 );
% 通过低通滤波取调制信号主瓣
hf(bf) = 1;
yf = hf.*sf;                  % 在频域进行低通滤波
Fmx = ( f(end)-f(1) +df);    % 频率周期长度
dt = 1/Fmx;                   % 信号的时间分辨率
T1 = dt*N;
t = 0:dt:T1-dt;
sff1 = fftshift(yf);          % 在频率低通滤波之后返回时域
st = real(Fmx*ifft(sff1));
end
```

程序运行生成随机码元序列后进行 2ASK 调制，可以使用 MATLAB 的画图工具，画出前 10 个随机码元的基带信号，如图 7-3 所示。码元速率为 2Baud。

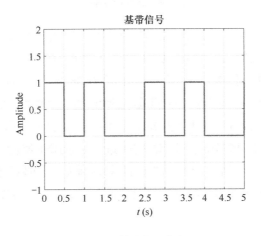

图 7-3　基带信号产生

如图 7-4 所示，图 7-4（a）显示的是设置频率为 10Hz 的载波信号，图 7-4（b）表示 2ASK 已调信号，图 7-4（c）表示在已调信号的基础上添加一个加性高斯白噪声，根据前面的参数设置，我们定义信噪比为 5dB，从而可以换算得到噪声的功率值。从图中可见，相比原始的已调信号，加入噪声后的信号出现了不同程度的"毛刺"，导致已调信号的幅度起伏变化。

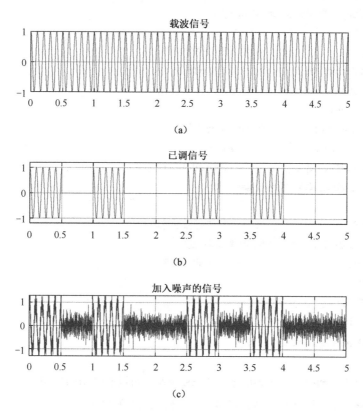

图 7-4 2ASK 信号产生

如图 7-5 所示，图 7-5（a）显示的是基带信号功率谱，由于基带信号采用的是非归零码字，故而具有离散的直流分量。此外，从图 7-5（a）可见，基带信号的带宽大致为信号的符号传输速率 R_s，即 2Hz。图 7-5（b）显示的是已调 2ASK 信号（含噪声）的功率谱，2ASK 信号的功率谱由连续谱和离散谱两部分组成，连续谱的中心频率即为已调信号的载波频率 f_c=10Hz。已调 2ASK 信号的带宽大致为 $2R_s$，即 4Hz。如图 7-6 所示，图 7-6（a）表示接收到的 2ASK 信号取包络后所得到的信号。对该信号进一步进行低通滤波处理，得到如图 7-6（b）所示的低通滤波后波形。最后，对上述波形进行抽样判决，则可以得到抽样判决后的波形，如图 7-6（c）所示。通过与图 7-3 对照，可见其正确解调了 2ASK 调制信号。

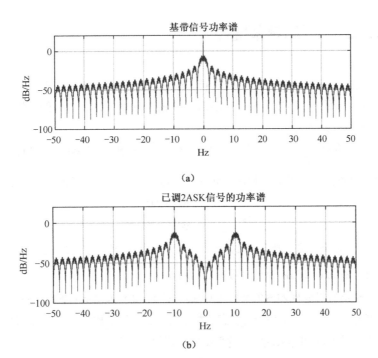

(a)

(b)

图 7-5　2ASK 调制信号的功率谱

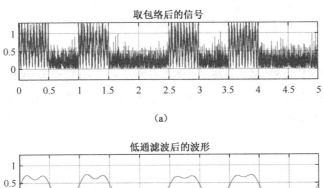

(a)

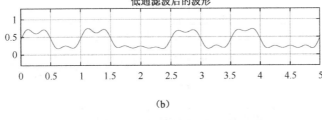

(b)

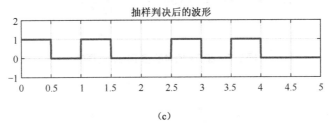

(c)

图 7-6　2ASK 信号包络检波解调

7.1.2 二进制频移键控

二进制频移键控（Binary Frequency Shift Keying，BFSK 或 2FSK）是载波的频率随着二进制数字基带信号而变化的数字调制。2FSK 利用两个频率（f_1 和 f_2）的正弦波传送符号 1 和 0，2FSK 信号可表示为

$$e_{2FSK}(t) = \sum_n a_n g(t - nT_s)\cos(\omega_1 t + \varphi_n) + \sum_n \bar{a}_n g(t - nT_s)\cos(\omega_2 t + \theta_n) \tag{7-5}$$

式中，$g(t)$ 是脉冲波形，T_s 为二进制码元间隔，$\omega_1 = 2\pi f_1$，$\omega_2 = 2\pi f_2$。a_n 的取值为

$$a_n = \begin{cases} 0, & \text{概率为} P \\ 1, & \text{概率为} 1-P \end{cases} \tag{7-6}$$

$\bar{a}_n$ 是 a_n 的反码，若 $a_n = 0$，则 $\bar{a}_n = 1$；若 $a_n = 1$，则 $\bar{a}_n = 0$。ϕ_n 和 θ_n 表示第 n 个码元间隔上的载波初相，在讨论 2FSK 原理时可令它们为 0。

由于 2FSK 信号可以视为两个基带信号互为反码的 2ASK 之和，因此其解调也可以借鉴 2ASK 的解调方法，可以采用相干解调和非相干解调。非相干解调又可分为包络检波法、过零检测法、差分检测法和鉴频法等。这里主要介绍相干解调。

2FSK 信号的相干解调的原理如图 7-7 所示，将 2FSK 信号分解为上下两路 2ASK 信号分别进行相干解调，然后进行抽样判决，直接比较两路信号抽样值的大小。判决规则与调制规则相对应，调制时若规定"1"符号对应载波频率 f_1，则接收时上支路的抽样值较大，应判为"1"；反之，则判为"0"。

【例 7-2】假设某 2FSK 通信系统采样频率为 20kHz，码元速率为 500Baud，两个载波频率分别为 1kHz 和 5kHz，系统工作在信噪比为 10dB 的高斯白噪声信道，试仿真分析其功率谱，并用相干解调完成数据恢复。

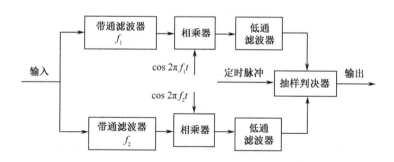

图 7-7　2FSK 信号的相干解调的原理

解：

% 参数设置	
Num = 1000;	% 生成码元的数量

```
fs = 20000;                              % 采样频率
Ts = 1/fs;                               % 采样时间间隔
f1 = 2000;                               % 载波 f1 频率
f2 = 5000;                               % 载波 f2 频率
Rs = 500;                                % 码元速率
T = Num/Rs;                              % 仿真时间长度
dt = 0:Ts :T-Ts ;                        % 仿真时间步进矢量
len = length(dt);
SymbolLength =len/Num;                   % 符号矢量长度
SNR_dB = 10;                             % 信噪比
% 产生基带信号
x = rand(1,Num);          % rand 函数产生在 0~1 之间随机数，共 Num 个
a = round(x);             % 随机序列，round 取最接近小数的整数
st1 = zeros(1,len);
for n=1:Num
    if a(n)<1
        for m=SymbolLength*(n-1)+1:SymbolLength*n
            st1(m)=0;
        end
    else
        for m=SymbolLength*(n-1)+1:SymbolLength*n
            st1(m)=1;
        end
    end
end
st2 = zeros(1,len);
% 基带信号求反
for n=1:len
    if st1(n)>=1;   st2(n)=0;    else;         st2(n)=1;      end
end
figure(1);
subplot(211);plot(dt,st1);grid on;xlabel('t (s)');ylabel('Amplitude');
title('基带信号 st1');axis([0,10/Rs,-1,2]);
subplot(212);plot(dt,st2);grid on;xlabel('t (s)');ylabel('Amplitude');
title('基带信号反码 st2');axis([0,10/Rs,-1,2]);
% 载波调制
s1 = cos(2*pi*f1*dt);     s2 = cos(2*pi*f2*dt);
F1 = st1.*s1;             % 加入载波 f1
F2 = st2.*s2;             % 加入载波 f2
sig_2fsk = F1+F2;
```

```
figure(2);
subplot(411);plot(dt,F1);grid on;
title('以 f1 为载波的 2ASK');axis([0,20/Rs,-1,1]);
subplot(412);plot(dt,F2);grid on;
title('以 f2 为载波的 2ASK');axis([0,20/Rs,-1,1]);
subplot(413);plot(dt,sig_2fsk);axis([0,20/Rs,-2,2]);grid on;
title('2FSK 信号');      % 键控法产生的信号在相邻码元之间相位不一定连续
PSignal = norm(sig_2fsk)^2/length(sig_2fsk);
Pnoise = PSignal/10^(SNR_dB/10);
noise = sqrt(Pnoise)*randn(1,length(dt));
sig_noise = sig_2fsk + noise;      % 加入噪声
subplot(414);
plot(dt,sig_noise);axis([0,20/Rs,-2,2]);
grid on;
title('加噪声后的信号');
% 计算功率谱
[Pxx_Base,F_Base]= pwelch(st1,[ ],[ ],[ ],fs,'centered');
[Pxx_FSK,F_FSK]= pwelch(sig_2fsk,[ ],[ ],[ ],fs,'centered');
figure(3);
subplot(211);
plot(F_Base,10*log10(Pxx_Base),'b');
xlabel('Hz');ylabel('dB/Hz');title('基带信号的功率谱');
grid on;axis([-6e3 6e3 -100 20]);
subplot(212);
plot(F_FSK,10*log10(Pxx_FSK),'b');
xlabel('Hz');ylabel('dB/Hz');title('已调 2FSK 信号的功率谱');
grid on; axis([-6e3 6e3 -100 20]);
% 相干解调
st1 = 2*sig_noise.*cos(2*pi*f1*dt);                 % 与载波 f1 相乘
[dt1,st1]= LPFilter(dt,st1,2*Rs);
figure(5);subplot(311);plot(dt1,st1);axis([0,10/Rs,-0.3,2]);
grid on;title('f1 支路相干解调器的输出波形');
st2 = 2*sig_noise.*cos(2*pi*f2*dt);                 % 与载波 f2 相乘
[dt2,st2]= LPFilter(dt,st2,2*Rs);
subplot(312);plot(dt2,st2);axis([0,10/Rs,-0.3,2]);
grid on;title('f2 支路相干解调器的输出波形');
% 抽样判决
for m=0:Num-1
    if st1(1,m*SymbolLength+SymbolLength/2)<st2(1,m*SymbolLength+SymbolLength/2)
        for len=m*SymbolLength+1:(m+1)*SymbolLength
            demod_signal(1,len)=0;
```

```
            end
        else
            for len=m*SymbolLength+1:(m+1)*SymbolLength
                demod_signal(1,len)=1;
            end
        end
    end
end
subplot(313);
plot(dt,demod_signal);axis([0,10/Rs,-1,2]);grid on;
title('抽样判决后的波形');
BitRecover = downsample(demod_signal,SymbolLength);
Errorbit = sum(BitRecover~=a);
```

如图 7-8 所示，运行上述程序生成了码元速率为 500Baud 的随机基带信号，同时为了后面进行载波调制，还输出了基带信号的反码信号。

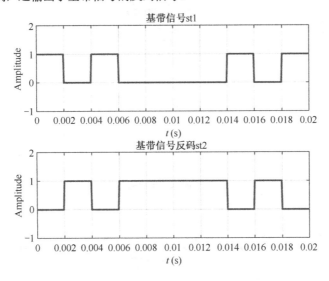

图 7-8　2FSK 对应的互为反码的基带信号

如图 7-9 所示，2FSK 调制信号可以视为两个不同载频的 2ASK 信号的叠加，并且最终生成的 2FSK 信号在码元连接处存在着相位不连续现象。

图 7-10 给出了 2FSK 信号调制前后的功率谱密度，图 7-10（a）是基带信号的功率谱密度，图 7-10（b）是 2FSK 已调信号的功率谱密度。由于选用的两个载频 $f_1 = 2000\,\text{Hz}$，$f_2 = 5000\,\text{Hz}$，且 $|f_1 - f_2| > R_s$，从而 2FSK 信号的功率谱出现双峰，已调 2FSK 信号的带宽为 $|f_1 - f_2| + 2R_s$，即 4kHz。如图 7-11 所示，图 7-11（a）表示载波 f_1 支路相干解调所得到的信号。图 7-11（b）表示载波 f_2 支路相干解调所得到的信号。最后，对上述波形进行抽样判决，则可以得到抽样判决后的波形，如图 7-11（c）所示。与图 7-8 对照，可见其正确解调了 2FSK 调制信号，另外程序中统计了所有 1000 个码元的错误数，运行结果为 0。

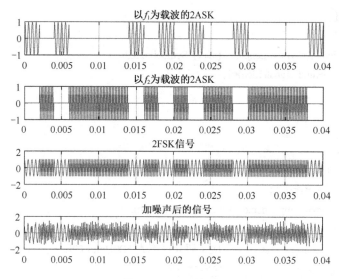

图 7-9 2FSK 波形

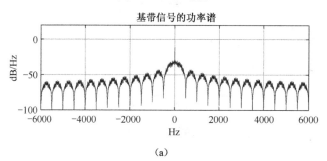

（a）

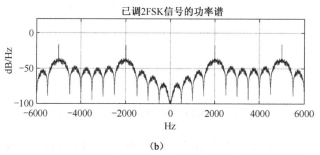

（b）

图 7-10 2FSK 信号调制前后的功率谱密度

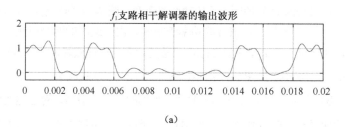

（a）

图 7-11 解调输出波形

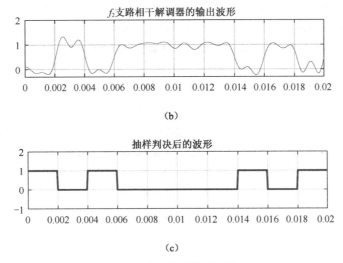

（b）

（c）

图 7-11　解调输出波形（续）

7.1.3　二进制相移键控

二进制相移键控（Binary Phase Shift Keying，2PSK）以载波的不同相位直接表示相应二进制数字信号，又常被称为绝对相移键控。2PSK 信号的时域表达式可表示为

$$e_{2PSK}(t) = A\cos(\omega_c t + \varphi_n),\ \varphi_n = 0或\pi \qquad (n-1)T_s < t < nT_s \tag{7-7}$$

其中，φ_n 表示第 n 个符号的瞬时相位偏移，可定义 $\varphi_n = 0$ 对应 "0"，$\varphi_n = \pi$ 对应 "1"，也可以定义相反的对应关系。若采用前一定义，并假设发送符号 "0" 的概率为 P（则发送符号 "1" 的概率为 $1-P$），取 $A=1$，并增加脉冲波形 $g(t)$，则 2PSK 信号又可表示为

$$e_{2PSK}(t) = s(t)\cos(\omega_c t),\quad s(t) = \sum_n a_n g(t - nT_s) \tag{7-8}$$

式中，a_n 的取值满足

$$a_n = \begin{cases} 1, & 概率为P \\ -1, & 概率为1-P \end{cases} \tag{7-9}$$

2PSK 信号的解调需要采用相干解调法。2PSK 相干解调的原理框图如图 7-12 所示。在相干解调过程中，产生与接收到的 2PSK 信号同频同相的本地相干载波是关键。若恢复的本地载波和所需的相干载波反相，则解调出的数字基带信号和发送的数字基带信号也会正好相反，这种现象称为相位模糊。

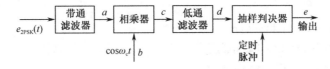

图 7-12　2PSK 相干解调的原理

209

【例 7-3】 仿真生成一个符号速率为 500Baud 的 BPSK 系统，采样频率为 20kHz，载波频率为 1kHz 调制的 2PSK 通过一个信噪比为 10dB 的高斯白噪声信道后，利用相干解调恢复数据，试画出已调信号的波形和频谱，并统计传输的错误概率。

解：

```
% 参数设置
Num = 1000;                          % 1000 个码元
fs = 20000;                          % 采样频率
Ts = 1/fs;                           % 采样时间间隔
fc  = 1000;                          % 载波 f1 频率
Rs = 500;                            % 码元速率
T = Num/Rs;                          % 仿真时间长度
dt = 0:Ts :T−Ts ;                    % 仿真时间步进矢量
len = length(dt);
SymbolLength =len/Num;               % 符号矢量长度
SNR_dB = 10;                         % 信噪比
% 产生基带信号
x = rand(1,Num);                     % rand 函数产生在 0~1 之间随机数，共 Num 个
a = round(x);                        % 随机序列，round 取最接近小数的整数
st0 = zeros(1,len);                  % 信源 0、1 序列
st1 = zeros(1,len);                  % 双极性转化之后的+1、−1 序列
for n=1:Num
    if a(n)<1
        for m=SymbolLength*(n−1)+1:SymbolLength*n
            st1(m)=−1;     st0(m)=0;
        end
    else
        for m=SymbolLength*(n−1)+1:SymbolLength*n
            st1(m)=1;     st0(m)=1;
        end
    end
end
% 载波调制
c1 = cos(2*pi*fc*dt);
e_psk = st1.*c1;
figure(1);
subplot(211);plot(dt,e_psk);grid on;
title('2PSK 波形'); axis([0,6/Rs,−1,1]);
PSignal = norm(e_psk)^2/length(e_psk);
Pnoise = PSignal/10^(SNR_dB/10);
```

```
noise = sqrt(Pnoise)*randn(1,length(dt));
psk_noise = e_psk + noise;        %  加入噪声
subplot(212);
plot(dt,psk_noise);axis([0,6/Rs,−1,1]);
grid on;
title('加噪后的波形');
%  计算功率谱
[Pxx_Base,F_Base]= pwelch(st1,[ ],[ ],[ ],fs,'centered');
[Pxx_PSK,F_PSK]= pwelch(e_psk,[ ],[ ],[ ],fs,'centered');
figure(2);
subplot(211);
plot(F_Base,10*log10(Pxx_Base),'b');
xlabel('Hz');ylabel('dB/Hz');title('基带信号的功率谱');
grid on;axis([−6e3 6e3 −100 20]);
subplot(212);
plot(F_PSK,10*log10(Pxx_PSK),'b');
xlabel('Hz');ylabel('dB/Hz');title('已调 2PSK 信号的功率谱');
grid on; axis([−6e3 6e3 −100 20]);
%  相干解调
psk = 2*psk_noise.*c1;               %  与载波相乘
figure(3)
subplot(411);
plot(dt,psk);axis([0,10/Rs,−2,2]);
grid on;
title('与载波相乘后的波形');
[dt1,DemoduOut]= LPFilter(dt,psk,2*Rs);
 subplot(412);plot(dt1,DemoduOut);axis([0,10/Rs,−2,2]);
grid on;
title('低通滤波后的波形');
%  抽样判决
for m=0:Num−1
    if DemoduOut(1,m*SymbolLength+SymbolLength/2)<0
        for len=m*SymbolLength+1:(m+1)*SymbolLength
            BitOut(1,len)=0;
        end
    else
        for len=m*SymbolLength+1:(m+1)*SymbolLength
            BitOut(1,len)=1;
        end
    end
```

```
        end
    end
    subplot(413);plot(dt,BitOut);axis([0,10/Rs,-1,2]);grid on;title('抽样判决后的波形');
    subplot(414);plot(dt,st0,'r');axis([0,10/Rs,-1,2]);title('原始信源比特');
    BitRecover = downsample(BitOut,SymbolLength);
    Errorbit = sum(BitRecover~=a);
```

运行上述程序，得到仿真结果如图 7-13 所示。2PSK 调制信号通过不同的相位承载信息，相邻符号连接处可能存在相位不连续现象。经过加性高斯白噪声信道后，已调 2PSK 波形出现了畸变。

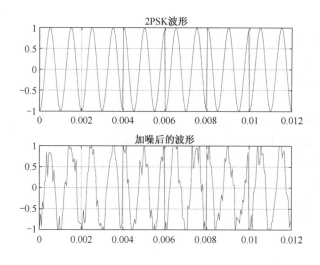

图 7-13　2PSK 信号产生

图 7-14 给出了 2PSK 的基带信号和已调信号功率谱。图 7-14（a）显示的是基带信号功率谱，从图 7-14（a）可见，基带信号的带宽大致为信号的符号传输速率 R_s，即 500 Hz。图 7-14（b）显示的是已调 2PSK 信号的功率谱，已调 2PSK 信号的带宽大致为 $2R_s$，即 1000 Hz。相比 2ASK 信号，2PSK 信号采用的是双极性码，所以在载波位置不存离散谱成分。

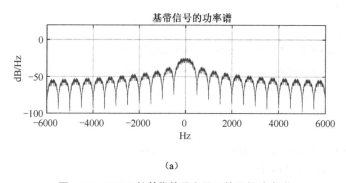

（a）

图 7-14　2PSK 的基带信号和已调信号的功率谱

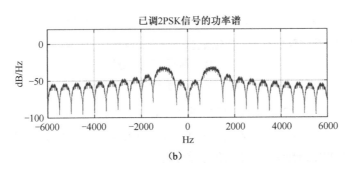

已调2PSK信号的功率谱

(b)

图7-14　2PSK 的基带信号和已调信号功率谱（续）

图7-15 给出了 2PSK 相干解调各部分波形，图7-15（a）表示接收信号与载波相乘后所得到的信号，图 7-15（b）表示信号波形经过低通滤波器后的输出，高频信号分量被滤除。最后，对上述波形进行抽样判决（图 7-15（c）），则可以恢复信源比特。通过与原始信源比特（图 7-15（d））对比，可知 2PSK 信号被正确解调，最后输出的误码比特数为 0。

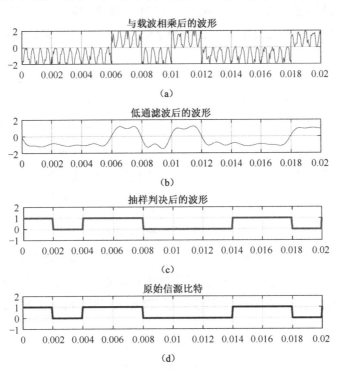

与载波相乘后的波形

(a)

低通滤波后的波形

(b)

抽样判决后的波形

(c)

原始信源比特

(d)

图7-15　2PSK 信号的相干解调框图和各点波形

7.1.4　二进制差分相移键控

二进制差分相移键控（Binary Differential Phase Shift Keying，2DPSK）是利用前后相邻

码元的相位变化来表示数字信息，又称为相对相移键控。假设$\Delta\varphi$为当前码元与前一码元的载波相位差，可定义数字信息符号与相位差之间的关系为

$$\Delta\varphi = \begin{cases} 0, & \text{表示符号 "0"} \\ \pi, & \text{表示符号 "1"} \end{cases} \tag{7-10}$$

当然也可以反过来定义。2DPSK 信号的产生可以首先对二进制数字基带信号进行差分编码，将信息码变换为差分码，然后再对差分码进行绝对相移键控生成差分相移键控信号。对应式(7-10)，在 2DPSK 调制中需要采用传号差分码

$$b_n = a_n \oplus b_{n-1} \tag{7-11}$$

其中，a_n为原始二进制序列，b_n为差分编码输出，$\oplus$为模 2 加运算。其逆过程差分译码为

$$a_n = b_n \oplus b_{n-1} \tag{7-12}$$

2DPSK 的解调方法主要有两种：相干解调加码变换法和差分相干解调法。

1）相干解调加码变换法

相干解调加码变换法首先对 2DPSK 信号进行相干解调，恢复出差分码，再经过差分译码变换成信息码，从而恢复出发送的二进制数字信息。其中，相干解调器的结构和 PSK 的结构相同，因此这里不再赘述。

2）差分相干解调法

差分相干解调法的原理如图 7-16 所示。这种方法直接比较前后码元的相位差，从而恢复出发送的二进制数字信息，又称为相位比较法。此时解调器中不需要码反变换器。

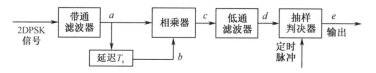

图 7-16 差分相干解调法的原理

【例 7-4】仿真生成一个符号速率为 500Baud 的 2DPSK 系统，采样频率为 20000Hz，载波频率为 1kHz，2DPSK 已调信号通过一个信噪比为 10dB 的高斯白噪声信道后，利用延迟差分相干解调恢复数据，试画出已调信号的波形和频谱，并统计传输的错误比特数。

解：

```
% 参数设置
Num = 2500;                    % 2000 个码元
fs = 20000;                    % 采样频率
T = 5;                         % 仿真时间长度
dt = 0:1/fs:T-1/fs;            % 离散仿真时间点
len = length(dt);             % 时间矢量的长度
fc = 1000;                     % 载波频率
Rs = Num/T;                    % 码元速率
B = 2*Rs;                      % 低通滤波的带宽
```

```
SNR_dB = 10;                          % 信噪比为 10dB
SymbolLength =len/Num;                % 单个符号矢量的长度
% 产生基带信号
x = rand(1,Num);                      % rand 函数产生在 0~1 之间随机数，共 Num 个
a = round(x);                         % 随机序列，round 取最接近小数的整数
st0 = zeros(1,len);                   % 信源比特
for n=1:Num
    if a(n)<1
        for m=len/Num*(n-1)+1:len/Num*n;   st0(m)=0; end;   else
        for m=len/Num*(n-1)+1:len/Num*n;st0(m)=1; end
    end
end
% 传号差分变换
b = zeros(1,Num);
b(1) = a(1);
for n=2:Num;        b(n)=mod(b(n-1)+a(n),2); end
st1 = zeros(1,len);st2 = zeros(1,len);
for n=1:Num
    if b(n)= =0     % 表示相邻的符号相同，发送比特为 "0"，对应绝对 PSK 相位为 0
        for m=len/Num*(n-1)+1:len/Num*n; st1(m)= 0; st2(m)= 1; end;     else
        for m=len/Num*(n-1)+1:len/Num*n; st1(m)= 1; st2(m)= -1; end;
    end
end
% 载波调制
s1 = cos(2*pi*fc*dt);
e_dpsk = st2.*s1;
figure(1);
subplot(411);plot(dt,st0);grid on;title('原始比特');axis([0,10/Rs,-1,2]);
subplot(412);plot(dt,st1);grid on;title('差分编码比特');axis([0,10/Rs,-1,2]);
subplot(413);plot(dt,st2);grid on;title('双极性信号的波形');axis([0,10/Rs,-1.2,1.2]);
subplot(414);plot(dt,e_dpsk);grid on;title('调制后的波形');axis([0,10/Rs,-1.2,1.2]);
PSignal = norm(e_dpsk)^2/length(e_dpsk);Pnoise = PSignal/10^(SNR_dB/10);
noise = sqrt(Pnoise)*randn(1,length(dt));
dpsk_noise = e_dpsk + noise;          % 加入噪声
% 计算功率谱
[Pxx_DPSK,F_DPSK]= pwelch(dpsk_noise,[ ],[ ],[ ],fs,'centered');
figure(2);
plot(F_DPSK,10*log10(Pxx_DPSK),'b');xlabel('Hz');
ylabel('dB/Hz');title('已调 2DPSK 信号的功率谱');
grid on; axis([-6e3 6e3 -100 20]);
% 延迟差分相干解调
```

```
dpskDelay = dpsk_noise(SymbolLength+1:end);                          % 已调信号延迟
DelayMultiplyOut = dpsk_noise(1:end-SymbolLength).*dpskDelay;%  与延迟信号相乘
figure(4);
subplot(311);plot(dt(1:end-SymbolLength),DelayMultiplyOut);grid on;
title('与延迟信号相乘后的输出波形');axis([0,10/Rs,-1,2]);
[dt1,DemoduOut]= LPFilter(dt(1:end-SymbolLength),DelayMultiplyOut,2*Rs);% 低通滤波
subplot(312);
plot(dt1,DemoduOut);grid on;title('低通滤波后的波形');axis([0,10/Rs,-1,2]);
% 抽样判决
st = zeros(1,Num);
for m=0:Num-2
    if DemoduOut(1,m*SymbolLength+SymbolLength/2)<0   %  表示相邻符号反向
        for len=m*SymbolLength+1:(m+1)*SymbolLength
            BitoutWave(1,len)=1;BitRecover(m+1) = 1;         end
    else
        for len=m*SymbolLength+1:(m+1)*SymbolLength       %  相邻符号同相
            BitRecover(m+1) = 0; BitoutWave(1,len)=0;         end
    end
end
subplot(313);plot(dt1,BitoutWave);axis([0,10/Rs,-1,2]);grid on;
title('抽样判决后的波形');axis([0,10/Rs,-1,2]);
Errorbit = sum(BitRecover~=a(2:end));
```

运行程序，得到结果如图 7-17 所示，图中给出了原始比特、差分编码输出比特、双极性转换之后的比特和已调信号波形。按照 DPSK 调制原理，相对码和已调 DPSK 波形之间是绝对相移键控关系，映射规则为相对码"0"表示载波同相，相对码"1"表示与载波反向。

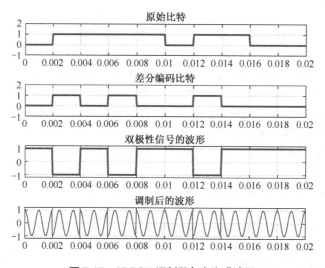

图 7-17   2DPSK 调制器各点生成波形

图 7-18 给出了已调 2DPSK 的功率谱，从图中可以看出码元速率为 500Baud 的 2DPSK 系统带宽近似为 1kHz。

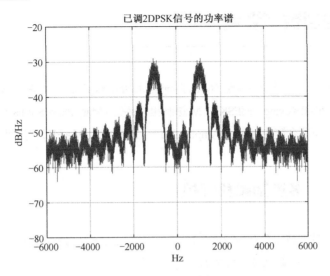

图 7-18　已调 2DPSK 的功率谱

图 7-19 给出了 2DPSK 差分相干解调的各关键信号点波形。与图 7-17 对比可知，解调后正确恢复了原始比特信号。

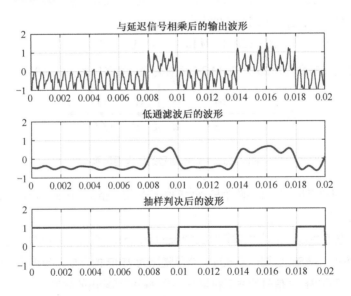

图 7-19　2DPSK 差分相干解调的各关键信号点波形

7.2 多进制数字调制

本节主要介绍 M 进制幅移键控（Mary Amplitude Shift Keying，MASK）、M 进制频移键控（Mary Frequency Shift Keying，MFSK）、M 进制相移键控（Mary Phase Shift Keying，MPSK）、M 进制幅度和相位联合键控（Mary Amplitude Phase Keying，MAPK）等调制方式。

7.2.1 多进制幅移键控

MASK 信号的载波振幅有 M 种取值，在每个码元间隔 T_s 内发送振幅为 M 个幅度中的一个的载波信号。MASK 信号可表示为

$$s_{\mathrm{MASK}}(t) = [\sum_n a_n g(t - nT_s)]\cos\omega_c t \tag{7-13}$$

其中，T_s 为 M 进制码元间隔，$g(t)$ 为基带信号脉冲，可以是矩形脉冲，也可以是平方根升余弦谱脉冲或者其他形状的脉冲。可通过选择合适的系数使得基函数能量归一化。a_n 为发送信号电平，取值为 $\{A_i\}_{i=1}^{M}$，通常幅度的取值有：

$$A_i = (2i - 1 - M)d, \qquad i = 1,\cdots,M \tag{7-14}$$

则相邻码元之间的幅度差为 $2d$。以 4ASK 信号为例，其星座图如图 7-20 所示。

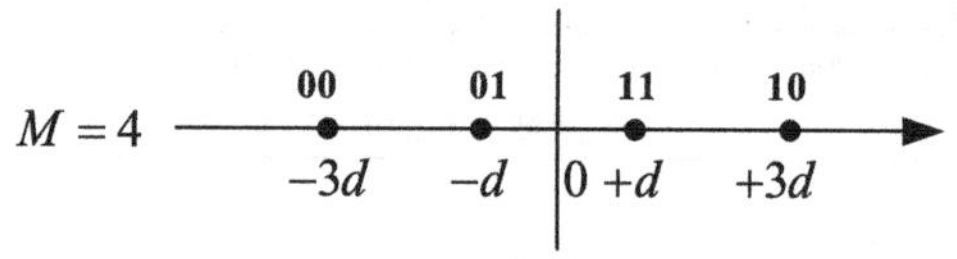

图 7-20　4ASK 信号的星座图示例

从图 7-20 可以看出，相邻的两个星座点的编码采用了格雷（Gray）码，即相邻星座点只相差一个比特。

【例 7-5】仿真生成一个符号速率为 1000Baud 的 4ASK 系统，采样频率为 10000Hz，载波频率为 2000Hz，4ASK 已调信号通过一个信噪比为 25dB 的高斯白噪声信道后利用相干解调恢复数据，试画出已调信号的波形和频谱，并分析解调输出的波形。

解：

```
% 参数设置
Rs = 1000;              % 基带信号码元传输速率
fs = 10000;             % 采样频率
Num = 10;               % 产生的 4ASK 符号数
```

```
T = Num/Rs;                          % 时间间隔，5 秒
dt = 0:1/fs:T−1/fs;                  % 时间矢量
len = length(dt);                    % 时间矢量长度
M = 4;                               % 进制数
fc = 2000;                           % 载波频率
SNR_dB = 25;                         % 信噪比为 25dB
SymbolLength = fs/Rs;                % 符号矢量长度
% 产生基带信号
k = log2(M);       BitNum = Num*k;
x = rand(1,BitNum);                  % rand 函数产生在 0～1 之间随机数，共 Num 个
bitstream = round(x);                % 随机序列，round 取最接近小数的整数
symbolstream = zeros(1,Num);
for n1=1:length(symbolstream)
    pack = [bitstream(2*(n1−1)+1) bitstream(2*(n1−1)+2)];     % Gray 映射
    if pack = = [0 0]
        symbolstream(n1) = −1.5;
    elseif pack = = [0 1]
        symbolstream(n1) = −0.5;
    elseif pack = = [1 1]
        symbolstream(n1) = 0.5;
    elseif pack = = [1 0]
        symbolstream(n1) = 1.5;
    end
end
Matrix = [0 0;0 1;1 1;1 0];
base_time = zeros(1,len);
gt = ones(1,SymbolLength);
SymbolInterZero = upsample(symbolstream,SymbolLength);
base_time = filter(gt,1,SymbolInterZero);
figure(1);subplot(211);plot(dt,base_time);axis([0,10/Rs,−2,2]);
grid on;xlabel('t (s)');ylabel('Amplitude');title('基带信号');
% 载波调制
carrier = cos(2*pi*fc*dt);
sig_4ask = base_time.*carrier;
subplot(212); plot(dt,sig_4ask); title('4ASK 信号的波形');
grid on; xlabel('t (s)');
ylabel('Amplitude');
axis([0,10/Rs,−2,2]);
PSignal = norm(sig_4ask)^2/length(sig_4ask);
Pnoise = PSignal/10^(SNR_dB/10);
```

```
noise = sqrt(Pnoise)*randn(1,length(dt));
sig_noise = sig_4ask + noise;      %加入噪声
% 计算功率谱
[Pxx_Base,F_Base]= pwelch(base_time,[ ],[ ],[ ],fs,'centered');
[Pxx_ASK,F_ASK]= pwelch(sig_4ask,[ ],[ ],[ ],fs,'centered');
figure(2);subplot(211);plot(F_Base,10*log10(Pxx_Base),'b');
xlabel('Hz');ylabel('dB/Hz');title('基带信号的功率谱');
grid on;subplot(212);plot(F_ASK,10*log10(Pxx_ASK),'b');xlabel('Hz');
ylabel('dB/Hz');title('已调 MASK 信号的功率谱');grid on;
% 相干解调
demod_time = 2*sig_noise.*cos(2*pi*fc*dt);
figure(3);subplot(311);plot(dt,demod_time);grid on;
title('与载波相乘后信号');axis([0,10/Rs,-2.5,2.5]);
[dtt,demod_signal]= LPFilter(dt,demod_time,2*Rs);%  通过低通滤波器
subplot(312);plot(dtt,demod_signal);grid on;title('相干解调后的波形');
axis([0,10/Rs,-2,2]);
% 抽样判决
for m=0:Num-1
    if demod_signal(1,m*SymbolLength+SymbolLength/2)<= -1
        for n=m*SymbolLength+1:(m+1)*SymbolLength
            r_signal(1,n) = -1.5;
        end
    elseif demod_signal(1,m*SymbolLength+SymbolLength/2)<=0
        for n=m*SymbolLength+1:(m+1)*SymbolLength
            r_signal(1,n) = -0.5;
        end
    elseif demod_signal(1,m*SymbolLength+SymbolLength/2)<=1
        for n=m*SymbolLength+1:(m+1)*SymbolLength
            r_signal(1,n) = 0.5;
        end
    else
        for n=m*SymbolLength+1:(m+1)*SymbolLength
            r_signal(1,n) = 1.5;
        end
    end
end
subplot(313); plot(dtt,r_signal);axis([0,10/Rs,-2.5,2.5]);grid on;
title('抽样判决后的波形');
SymSerial = downsample(r_signal,10);
BitsVector = transpose( Matrix(SymSerial+1,:) );
```

```
BitsVector = BitsVector(:);
Errorbit = sum(BitsVector~=bitstream');                    % 统计错误比特数
```

程序运行结果如图 7-21 和图 7-22 所示,从图中可以看出,4ASK 的第 1 个符号和第 2 个符号分别为 –0.5 和 +0.5,对应的已调 4ASK 信号幅度并没有不同,而是在相位上出现了反转。

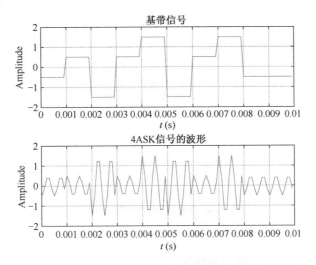

图 7-21　生成的 4ASK 基带信号和已调信号

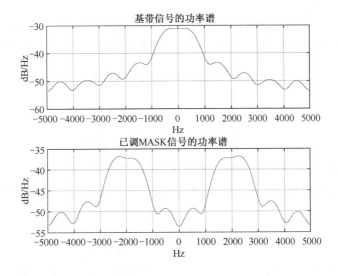

图 7-22　4ASK 功率谱密度

图 7-23 给出了 4ASK 相干解调的波形图,对比图 7-21 中可以看出,原始的发送符号被正确解调。

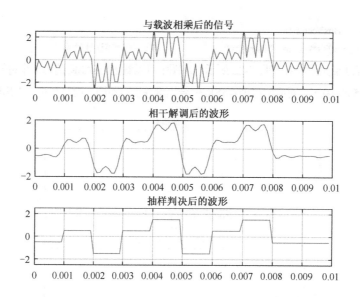

图 7-23　4ASK 相干解调的波形图

7.2.2　多进制相移键控

MPSK 是利用载波的多种不同相位来表征数字信息的调制方式。M 种相位可以用来表示 k 比特码元 $2^k = M$。假设 k 比特码元的持续时间为 T_s，则 MPSK 信号可以表示为

$$s_{\text{MPSK}}(t) = \sum_{n=-\infty}^{\infty} g(t-nT_s)\cos[\omega_c t + \varphi_n] \tag{7-15}$$

其中

$$\varphi_n = \frac{2\pi}{M}(i-1)+\theta,\ i=1,\ 2,\ \cdots,\ M \tag{7-16}$$

式中，θ 是初始相位。下面以 QPSK 为例讨论多进制相移键控的仿真实现。

QPSK 可以视为两路相互正交的 2PSK 信号的叠加，其正交调制原理如图 7-24 所示。

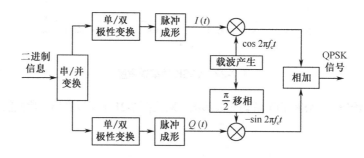

图 7-24　QPSK 信号的正交调制

输入的二进制信息序列经过串/并变换，分成两路速率减半的二进制序列，极性变换电路将单极性码变换成双极性码，然后进行脉冲成形，产生 $I(t)$ 和 $Q(t)$ 信号。最后，分别与 $\cos 2\pi f_c t$ 和 $-\sin 2\pi f_c t$ 相乘后相加得到 QPSK 信号，QPSK 的相干解调原理如图 7-25 所示。输入信号包含 QPSK 信号和噪声，同相支路（I 路）和正交支路（Q 路）分别利用两个由相乘器加积分器构成的相关运算器（或匹配滤波器，目的是实现最佳接收），得到 $I(t)$ 和 $Q(t)$，然后分别经过电平判决和并/串变换即可恢复原始二进制信息序列。

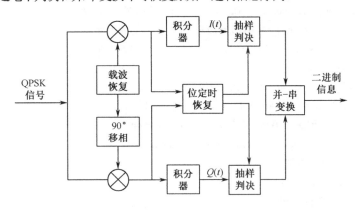

图 7-25　QPSK 的相干解调原理

【例 7-6】 仿真实现码元速率为 1000Baud 的 QPSK 调制和解调过程，其中 I 路和 Q 路都采用矩形成形，载波频率为 2000Hz，接收端采用基于匹配滤波器的相干解调，试分析不同 EbN0 条件下的接收性能，并和理论值进行对比。

解：

```
NumBit = 100000;                            % 生成的比特数目
M = 4;                                      % 数字调制的进制数
NumSymbol = NumBit/log2(M);                 % QPSK 符号数
fc = 2000;                                  % 载波频率
TSymbol = 1e–3;                             % 码元周期
Rs = 1/TSymbol;                             % 码元速率
fs = 100000;                                % 抽样速率
Ts = 1/fs;                                  % 抽样的时间间隔
OverSampleRate = TSymbol/Ts;                % 上采样倍数
% 非归零脉冲，同时具有能量归一化特性，如果同时进行了能量归一化
gt_Rectangle = [ones(1,OverSampleRate)]/sqrt(OverSampleRate) ;
gr_Rectangle = gt_Rectangle;                % 接收滤波器也是矩形滤波器
dt = 0:1/fs:NumBit*TSymbol/2-1/fs;          % 时间
EbNoVector =0:2:12;                         % 仿真比特信噪比范围
for i = 1:length(EbNoVector)
SourceBits = randi([0 1],1,NumBit);         % 生成信源比特
symbol_I = zeros(1,NumSymbol);              % I 路的比特数
```

```
symbol_Q = zeros(1,NumSymbol);                    % Q 路的比特数
for n1=1:length(symbol_I)
    symbol_I(n1) = 2*SourceBits(2*(n1−1)+1) −1;   % 奇数比特在 I 路
    symbol_Q(n1) = 2*SourceBits(2*(n1−1)+2) −1;   % 偶数比特
end
% 按照抽样率对信源比特进行过采样
base_I = upsample(symbol_I,OverSampleRate);       % I 路基带信号
base_I = filter(gt_Rectangle,1,base_I);           % I 路基带成形
base_Q = upsample(symbol_Q,OverSampleRate);       % Q 路基带信号
base_Q = filter(gt_Rectangle,1,base_Q);           % Q 路基带成形
if i ==length(EbNoVector)                          % 最后一次迭代画图
figure(1); subplot(211);plot(dt,base_I);axis([0,10/Rs,−0.2,0.2]);
grid on;xlabel('t (s)');ylabel('Amplitude');title('基带信号−I 路');
subplot(212);plot(dt,base_Q);axis([0,10/Rs,−0.2,0.2]);grid on;
xlabel('t (s)');ylabel('Amplitude');title('基带信号−Q 路');end
% 载波调制，正交调制
carrier_I = cos(2*pi*fc*dt);
carrier_Q = −sin(2*pi*fc*dt);
sig_qpsk = base_I.*carrier_I + base_Q.*carrier_Q;
if i ==length(EbNoVector)
figure(2); plot(dt,sig_qpsk);title('QPSK 信号波形');
grid on;xlabel('t (s)'); ylabel('Amplitude'); axis([0,10/Rs,−0.2,0.2]);end
% 绘制 QPSK 已调信号的功率谱
[Pxx_QPSK,F_QPSK]= pwelch(sig_qpsk,[ ],[ ],[ ],fs,'centered');
figure(3);plot(F_QPSK,10*log10(Pxx_QPSK),'b');xlabel('Hz');ylabel('dB/Hz');title('已调 QPSK 信号功率谱');
grid on; axis([−5000 5000 −100 −40]);
% 将比特信噪比转换为信噪比，加入高斯白噪声
EbNo = EbNoVector(i);
SNR_dB = EbNo + 10*log10(4)−10*log10(OverSampleRate);
sig_noise = awgn(sig_qpsk, SNR_dB, 'measured');

% 相干解调
% I 路同相载波解调
demod_I = 2*sig_noise.*cos(2*pi*fc*dt);
MatchedFilterOut_I = filter(gt_Rectangle,1,demod_I);   % 匹配滤波器输出
% 下采样，取出抽样点
DownSampleOut_I = downsample(MatchedFilterOut_I(OverSampleRate:end),OverSampleRate);
ThresholdOpt = 0;      % 双极性基带信号的判决门限
BitRecover_I = (DownSampleOut_I>ThresholdOpt);% 根据门限进行判决
% Q 路正交载波解调
demod_Q = −2*sig_noise.*sin(2*pi*fc*dt);
```

```
MatchedFilterOut_Q= filter(gt_Rectangle,1,demod_Q);% 匹配滤波器输出
% 下采样，取出抽样点
DownSampleOut_Q= downsample(MatchedFilterOut_Q(OverSampleRate:end),OverSampleRate);
% 根据门限进行判决
BitRecover_Q = (DownSampleOut_Q>ThresholdOpt);
% 完成并串转换
BitRecover = [BitRecover_I;BitRecover_Q];
BitRecover = BitRecover(:);
% 统计误码率
BitErrorRateU(i) = sum(BitRecover'-SourceBits~=0)/NumBit;
% 计算 QPSK 的理论误码性能
z=10^(EbNo/10);
Ideal_QPSK_Pe(i)=(1/2)*erfc(sqrt(z));
if i==length(EbNoVector)
figure(4);subplot(211);plot(dt,demod_I);axis([0,10/Rs,-1.1,1.1]);grid on;title('与载波相乘后信号-I 路');
subplot(212);plot(dt,MatchedFilterOut_I);grid on;title('匹配滤波输出波形-I 路');axis([0,10/Rs,-2,2]);
figure(5);subplot(211);plot(dt,demod_Q);axis([0,10/Rs,-1.1,1.1]);grid on;title('与载波相乘后信号-Q 路');
subplot(212);plot(dt,MatchedFilterOut_Q);grid on;title('匹配滤波输出波形-Q 路');axis([0,10/Rs,-2,2]);
end
end
% 画出仿真性能和理论性能对比
figure(6); semilogy(EbNoVector,BitErrorRateU,'b-','Linewidth',2);
hold on;semilogy(EbNoVector,Ideal_QPSK_Pe,'r-.x' ); legend('QPSK 仿真误比特率','QPSK 理论误比特率')
xlabel('SNR');ylabel('Pe')
```

运行结果上述程序，可以得到如图 7-26 所示的结果。从图中可以看出，经过串并变换之后，基带的 I 路和 Q 路信号每比特持续时间都是 0.001s。

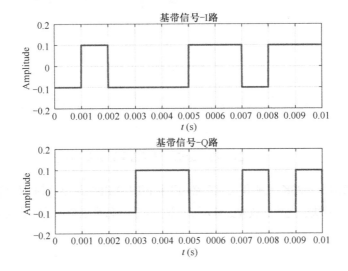

图 7-26　QPSK 基带同相支路和正交支路信号

图 7-27 给出了 QPSK 已调信号的波形，图 7-28 给出了 QPSK 已调信号的功率谱密度，从图中可知信号中心频率为 2kHz，带宽约为 2kHz。

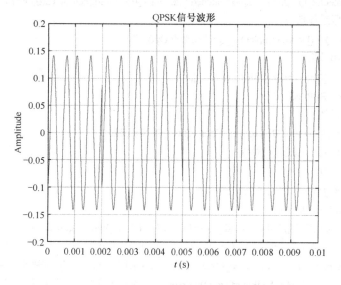

图 7-27　QPSK 已调信号波形

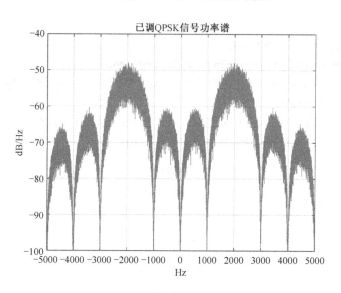

图 7-28　QPSK 已调信号的功率谱密度

图 7-29 给出了 QPSK 同相和正交支路相干解调的输出波形，从图中可以看出匹配滤波器一方面可以滤除快速变化的载波分量，另一方面可以在每个三角形脉冲的顶端获得最大信噪比输出，辅助抽样判决。

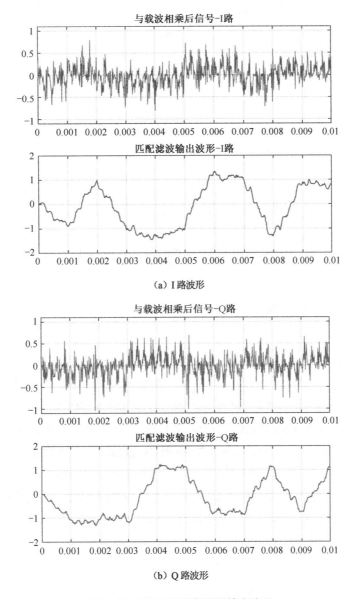

图 7-29　QPSK 相干解调的输出波形

图 7-30 给出了不同比特信噪比条件下 QPSK 仿真的误比特率对比，从图中可以看出，QPSK 仿真性能和理论性能可以较好地吻合。在 MATLAB 中还可以用 bertool 命令调用自带的误比特率分析工具，也可以得到 QPSK 等数字调制的理论误比特性能。

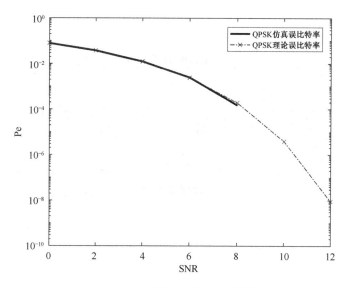

图 7-30 QPSK 的仿真性能和理论性能对比

7.2.3 OQPSK

OQPSK 表示偏移（或偏置）四相相移键控（Offset-QPSK），为了避免 QPSK 信号包络凹陷到零的现象，OQPSK 让 QPSK 的 I、Q 两路数据流在时间上错开了半个码元周期，从而保证在任何时刻只有一个二进制分量可能改变状态，合成的相移信号只可能出现 ±90° 的相位跳变，不会出现 180° 的相位跳变。由于避免了 180° 的相位跳变，滤波后的已调信号包络不会过零点（深调幅）。当信号通过非线性器件时，OQPSK 信号的幅度波动比 QPSK 信号小，最大波动只有 3dB。因此，在非线性的卫星通信系统和视距微波通信系统中，OQPSK 系统比 QPSK 系统性能优越。QPSK 和 OQPSK 信号的相位转移如图 7-31 所示，OQPSK 信号点只能沿正方形的四边变化，最大相位跳变为 $\pm\pi/2$，而 QPSK 信号点可以在任意点之间跳变。

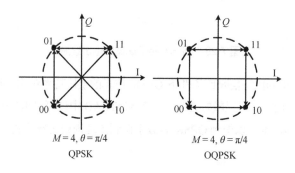

图 7-31 QPSK 和 OQPSK 信号的相位转移

OQPSK 信号的调制原理如图 7-32 所示，图中的 $T_s/2$ 延迟电路就是为了使上下两路数据流偏移半个码元周期，除此之外调制器其他各部分处理与 QPSK 情况相同。OQPSK 信号的解调与 QPSK 信号的解调原理基本相同，不同之处仅在于对正交支路的判决时刻比同相支路延迟 $T_s/2$。

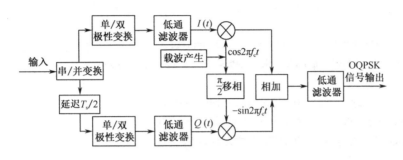

图 7-32　OQPSK 信号的调制原理

【例 7-7】仿真生成一个符号速率为 20Baud 的 OQPSK 系统，采样频率为 10000Hz，载波频率为 1000Hz 调制的 OQPSK 通过一个信噪比为 15dB 的高斯白噪声信道后利用相干解调恢复数据，试画出已调信号的波形和功率谱。

解：

```
% 参数设置
NumBit = 200;                              % 比特数目，200 个
fs = 10000;                                % 采样频率，Hz
T = 5;                                      % 时间间隔，5 秒
dt = 0:1/fs:T-1/fs;                         % 仿真时长
M = 4;                                      % 调制进制数
fc = 1000;                                  % 载波频率
Rs = (NumBit/log2(M))/T;                    % 码元速率
SNR_dB = 15;                                % 信噪比为 15dB
SymbolLength = fs/Rs;                       % 采样点长度
HalfSymbolLen = SymbolLength/2;             % 信号延迟半个码元
OverSampleRate = SymbolLength;              % 上采样倍数
SymbolNum = NumBit/log2(M);                 % 仿真符号数量
gt_Rectangle = [ones(1,OverSampleRate)];   % 非归零脉冲
% 产生基带信号
x = rand(1,NumBit);                         % rand 函数产生在 0～1 之间随机数，共 Num 个
bitstream = round(x);                       % 随机序列，round 取最接近小数的整数
symbol_I = zeros(1,SymbolNum);
symbol_Q = zeros(1,SymbolNum);
for n1=1:length(symbol_I)
    symbol_I(n1) = bitstream(2*(n1-1)+1);
```

```
        symbol_Q(n1) = bitstream(2*(n1-1)+2);
end
base_I = upsample(2*symbol_I-1,OverSampleRate);          % I 路基带信号
base_I = filter(gt_Rectangle,1,base_I);                  % I 路基带成形
base_Q = upsample(2*symbol_Q-1,OverSampleRate);          % Q 路基带信号
base_Q = filter(gt_Rectangle,1,base_Q);                  % Q 路基带成形
figure(1);
subplot(311);plot(dt,base_I);axis([0,10/Rs,-2,2]);grid on;
xlabel('t (s)');ylabel('Amplitude');title('OQPSK 的双极性基带信号-I 路');
subplot(312);
plot(dt,base_Q);axis([0,10/Rs,-2,2]);grid on;xlabel('t (s)');
ylabel('Amplitude');title('QPSK 的双极性基带信号-Q 路');
% OQPSK，对 Q 路进行延迟 Ts/2,注意此时 I 路数据长度也要拉长
dt1 = 0:1/fs:(T-1/fs+1/(2*Rs));
base_I1 = [base_I zeros(1,HalfSymbolLen)];
base_Q1 = [zeros(1,HalfSymbolLen) base_Q];
subplot(313);
plot(dt1,base_Q1);axis([0,10/Rs,-2,2]);grid on;xlabel('t (s)');
ylabel('Amplitude');title('OQPSK 的双极性基带信号-Q 路');
% 载波正交调制
carrier_I = cos(2*pi*fc*dt1);
carrier_Q = -sin(2*pi*fc*dt1);
sig_oqpsk = base_I1.*carrier_I + base_Q1.*carrier_Q;
figure(2);
plot(dt1,sig_oqpsk); title('OQPSK 信号波形');xlabel('t (s)');
ylabel('Amplitude'); axis([2/Rs,4/Rs,-2,2]);
% 通过信道
sig_noise = awgn(sig_oqpsk, SNR_dB, 'measured');
% 相干解调
demod_I = 2*sig_noise.*cos(2*pi*fc*dt1);                 % I 路解调处理
[dtt,demod_signal_I]= LPFilter(dt1,demod_I,2*Rs);
demod_signal_I1 = demod_signal_I(1,1:end);
% 抽样判决，注意这里没有采用匹配滤波，直接对低通滤波之后的输出进行采样判决
DownsampleSig_I = demod_signal_I1(SymbolLength/2:SymbolLength:SymbolNum*SymbolLength);
I_signal = (DownsampleSig_I>0);
recover_I = upsample(I_signal,OverSampleRate);           % I 路基带信号
recover_I = filter(gt_Rectangle,1,recover_I);            % I 路基带成形
  figure(4);
subplot(311);plot(dt1,demod_I);axis([0,10/Rs,-3,3]);grid on;
title('与载波相乘后的信号-I 路');
subplot(312);plot(dt1,demod_signal_I);axis([0,10/Rs,-2,2]);grid on;
```

```
title('相干解调后的波形-I 路');
subplot(313);
plot(dt,recover_I);axis([0,10/Rs,-2,2]);grid on;title('抽样判决后波形-I 路');
demod_Q = -2*sig_noise.*sin(2*pi*fc*dt1);                % Q 路解调处理
[dtt,demod_signal_Q]= LPFilter(dt1,demod_Q,2*Rs);
demod_signal_Q1 = demod_signal_Q(1,HalfSymbolLen+1:end);
% 抽样判决，注意这里没有采用匹配滤波，直接对低通滤波之后的输出进行采样判决
DownsampleSig_Q = demod_signal_Q1(SymbolLength/2:SymbolLength:SymbolNum*SymbolLength);
Q_signal = (DownsampleSig_Q>0);
recover_Q = upsample(Q_signal ,OverSampleRate);          % I 路基带信号
recover_Q = filter(gt_Rectangle,1,recover_Q);            % I 路基带成形
figure(5);
subplot(311);plot(dt1,demod_Q);grid on;title('与载波相乘后的信号-Q 路');
axis([0,10/Rs,-3,3]);
subplot(312);plot(dt1,demod_signal_Q);grid on;title('相干解调后的波形-Q 路');
axis([0,10/Rs,-2,2]);
subplot(313);plot(dt,recover_Q);axis([0,10/Rs,-2,2]);grid on;
title('抽样判决后的波形-Q 路');
RecoverBits = [I_signal;Q_signal];
RecoverBits = RecoverBits(:);
BitErrorRateU = sum(RecoverBits'~=bitstream~=0)/NumBit;   % 统计误比特率
```

　　程序运行结果如图 7-33 所示，从图中可以看出，OQPSK 的 Q 路信号较正常串并变换得到的 Q 路信号延迟了半个码元周期，从而可以避免 I、Q 两路信号同时跳转。

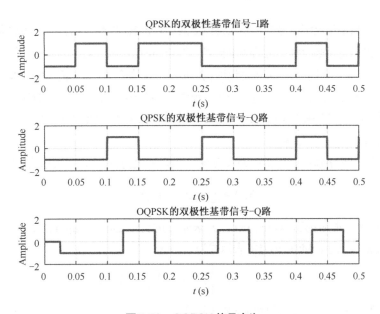

图 7-33　OQPSK 信号产生

如图 7-34 所示，图中分别给出了 OQPSK 相干解调的两路信号。注意，这里的相干解调之后并没有进行匹配滤波，而是经过低通滤波后对码元的中心位置采样，最后进行判决。由于 Q 路信号存在 $T_s/2$ 延迟，需要延迟半码元位置后再进行采样和判决，这样可以使两个支路判决以后一起送入并/串变换器恢复出原基带二进制信息序列。最后，通过对比解调恢复的比特和原始比特，得到误比特率为 0。

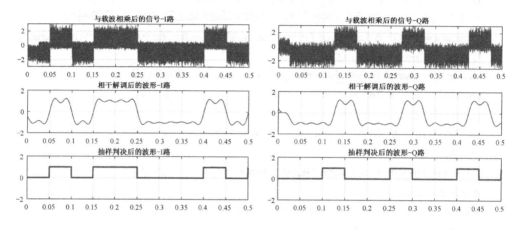

图 7-34　OQPSK 信号相干解调

7.3　恒包络调制

恒包络调制是指已调信号的包络保持恒定的调制方式，即使发射机的功率放大器工作在非线性状态也不会引起特别严重的频谱扩展。接收机可以用限幅器减弱或消除信号衰落的影响，从而提高抗干扰性能。本节将讨论恒包络调制，主要介绍最小频移键控（MSK）。

最小频移键控（MSK）信号是一种包络恒定、相位连续、带宽最小并且正交的 2FSK 信号。MSK 具有保证 2FSK 的两个载频信号正交的最小频率间隔 $1/(2T_b)$ （T_b 表示二进制码元间隔），所以称为最小频移键控。

假设二进制数字基带信号 $B(t)$ 为双极性不归零矩形脉冲序列，其表达式为

$$B(t) = \sum_{-\infty}^{+\infty} a_n g(t - nT_b) \tag{7-17}$$

式中，$\{a_n\}$ 为二进制序列，取值为 ± 1，T_b 表示二进制码元间隔，$g(t)$ 为不归零矩形脉冲。取频偏常数 $K_f = 1/2$，MSK 信号的表示式为

$$s_{\mathrm{MSK}}(t) = A\cos\left[2\pi f_c t + \pi\int_{-\infty}^{t} B(\tau)\mathrm{d}\tau\right] \tag{7-18}$$

对矩形脉冲积分后，整理可得 MSK 表达式为

$$s_{\text{MSK}}(t) = A\cos\left[2\pi f_c t + \frac{\pi a_n}{2T_b}(t - nT_b) + \frac{\pi}{2}\sum_{n=-\infty}^{n-1} a_n\right], \ nT_b \leqslant t \leqslant (n+1)T_b \quad (7\text{-}19)$$

设

$$x_n = \frac{\pi}{2}\sum_{n=-\infty}^{n-1} a_n - \frac{n\pi}{2}a_n \quad (7\text{-}20)$$

则式(7-19)变为

$$s_{\text{MSK}}(t) = A\cos\left[2\pi(f_c + \frac{1}{4T_b}a_n)t + x_n\right], \ nT_b \leqslant t \leqslant (n+1)T_b \quad (7\text{-}21)$$

可知在 $nT_b \leqslant t \leqslant (n+1)T_b$ 时间间隔内，MSK 具有两个可能的载波频率为

$$f_1 = f_c - \frac{1}{4T_b}, \ (a_n = -1) \quad (7\text{-}22)$$

$$f_2 = f_c + \frac{1}{4T_b}, \ (a_n = +1) \quad (7\text{-}23)$$

　　MSK 信号也可以视为由两个彼此正交的载波 $\cos 2\pi f_c t$ 与 $\sin 2\pi f_c t$ 分别被函数 $\cos\theta(t)$ 与 $\sin\theta(t)$ 进行幅度调制合成，其中

$$\theta(t) = \frac{\pi a_n}{2T_b}t + x_n, \ a_n = \pm 1, \ x_n = 0 或 \pi \ (\text{mod} \ 2\pi)$$

因而

$$\begin{cases} \cos\theta(t) = \cos(\frac{\pi t}{2T_b})\cos x_n \\ -\sin\theta(t) = -a_n\sin(\frac{\pi t}{2T_b})\cos x_n \end{cases}$$

故 MSK 信号可表示为

$$s_{\text{MSK}}(t) = A\left[\cos x_n\cos(\frac{\pi t}{2T_b})\cos 2\pi f_c t - a_n\cos x_n\sin(\frac{\pi t}{2T_b})\sin 2\pi f_c t\right]$$

$$nT_b \leqslant t \leqslant (n+1)T_b \quad (7\text{-}24)$$

式(7-24)中，等号后面的第一项是同相分量，也称 I 分量；第二项是正交分量，也称 Q 分量。$\cos[\pi t/(2T_b)]$ 和 $\sin[\pi t/(2T_b)]$ 称为加权函数（或称调制函数）。$\cos x_n$ 是同相分量的等效数据，$-a_n\cos x_n$ 是正交分量的等效数据，它们都与原始输入数据有确定的关系。令 $\cos x_n = I_n$，$-a_n\cos x_n = Q_n$，代入式(7-24)可得

$$s_{\text{MSK}}(t) = A\left[I_n\cos(\frac{\pi t}{2T_b})\cos 2\pi f_c t + Q_n\sin(\frac{\pi t}{2T_b})\sin 2\pi f_c t\right]$$

$$nT_b \leqslant t \leqslant (n+1)T_b \quad (7\text{-}25)$$

根据式(7-25)，可构成一种 MSK 调制器，其框图如图 7-35 所示。

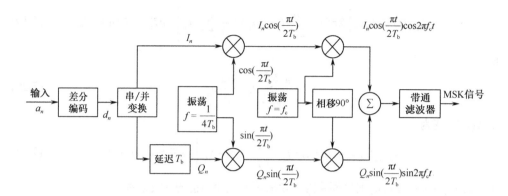

图 7-35　MSK 信号的调制

MSK 信号的解调与 FSK 信号相似，可以采用相干解调，如图 7-36 所示。

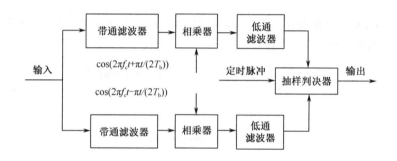

图 7-36　MSK 信号的相干解调

根据式(7-25)，忽略噪声条件下接收信号表示为

$$r_{\mathrm{MSK}}(t) = A\left[I_n \cos(\frac{\pi t}{2T_{\mathrm{b}}})\cos 2\pi f_{\mathrm{c}}t + Q_n \sin(\frac{\pi t}{2T_{\mathrm{b}}})\sin 2\pi f_{\mathrm{c}}t \right] \tag{7-26}$$

对式(7-26)进一步化简可得

$$r_{\mathrm{MSK}}(t) = \frac{A}{2}\left(I_n + Q_n \right)\cos\left(2\pi f_c t + \frac{\pi t}{2T_{\mathrm{b}}} \right) + \frac{A}{2}\left(I_n - Q_n \right)\cos\left(2\pi f_c t - \frac{\pi t}{2T_{\mathrm{b}}} \right) \tag{7-27}$$

上支路信号经过载波相乘，并通过低通滤波器后表示为

$$r_{\mathrm{MSK}}^{\perp}(t) = \frac{A}{2}\left(I_n + Q_n \right) \tag{7-28}$$

根据前面定义，$\cos x_n = I_n$，$-a_n \cos x_n = Q_n$，令 $A = 1$，则

$$r_{\mathrm{MSK}}^{\perp}(t) = \frac{1}{2}\left(1 - a_n \right)\cos x_n$$

又已知 $x_n = 0$ 或 π（mod 2π），故而对上支路判决条件为

$$a_n = \begin{cases} -1, & r_{\mathrm{MSK}}^{\perp}(t) > 0.5 \ \text{or} \ r_{\mathrm{MSK}}^{\perp}(t) < -0.5 \\ 1, & -0.5 < r_{\mathrm{MSK}}^{\perp}(t) < 0.5 \end{cases} \tag{7-29}$$

下支路信号经过载波相乘，并通过低通滤波器后表示为

$$r_{\mathrm{MSK}}^{\mathrm{下}}(t) = \frac{A}{2}\left(I_n - Q_n\right) \tag{7-30}$$

根据前面定义，$\cos x_n = I_n$，$-a_n \cos x_n = Q_n$，令 $A = 1$，则

$$r_{\mathrm{MSK}}^{\mathrm{下}}(t) = \frac{1}{2}\left(1 + a_n\right)\cos x_n \tag{7-31}$$

又已知 $x_n = 0$ 或 π（mod 2π），故而对下支路判决条件为

$$a_n = \begin{cases} 1, & r_{\mathrm{MSK}}^{\mathrm{下}}(t) > 0.5 \ \text{or} \ r_{\mathrm{MSK}}^{\mathrm{下}}(t) < -0.5 \\ -1, & -0.5 < r_{\mathrm{MSK}}^{\mathrm{下}}(t) < 0.5 \end{cases} \tag{7-32}$$

【例 7-8】仿真生成一个 MSK 系统，采样频率为 10000Hz，载波频率 f_c 为 1000Hz 调制的 MSK 通过一个信噪比为 15dB 的高斯白噪声信道后利用相干解调恢复数据，试画出已调信号的波形和功率谱，并统计误码率。

解:

```
fs = 10000;              % 采样频率
Ts = 1/fs;               % 采样时间间隔
T = 1;                   % 仿真时间间隔 1s
n = fs*T;                % 仿真时间内的采样点数
oversamples = 100;       % 过采样倍数为 100
NumSymbol = n/oversamples;   % 码元数目为 100
TSymbol = Ts*oversamples;    % 码元时间间隔
fc = 1000;               % 载波频率
t0 = TSymbol*NumSymbol-Ts;   % 仿真时间
f = 1/(4*TSymbol);       % 频移
SNR = 15;                % 信噪比
% 产生基带信号
a = 2*randi([0 1],1,NumSymbol-1)-1;
for i=1:n-oversamples
    R(i) = a(((i-1)-mod((i-1),oversamples))/oversamples+1); % 进行矩形成形
end
b(1) = 1;        % 差分编码
for i=2:NumSymbol
    if a(i-1)==1
        b(i) = -b(i-1);
    else
        b(i) = b(i-1);
    end
end
```

```
for i=1:n
    A(i) = b(((i−1)−mod((i−1),oversamples))/oversamples+1);
end
for i=1:NumSymbol % 串并变换
    if (mod(i,2))
        p(i) = b(i);   p(i+1) = b(i);
    else
        q(i) = b(i);   q(i−1) = b(i);
    end
end
for i=1:n
    I(i) = p(((i−1)−mod((i−1),oversamples))/oversamples+1);
    Q(i) = q(((i−1)−mod((i−1),oversamples))/oversamples+1);
end
tI = [−TSymbol:Ts:t0−TSymbol];
tQ = [0:Ts:t0];
tQ_R = [0:Ts:t0−TSymbol];
figure(1); subplot(4,1,1); plot(tQ_R,R);axis([−TSymbol,0.1,−2,2]);title('原始双极性信号'); grid on
subplot(4,1,2);plot(tI,A);axis([−TSymbol,0.1,−2,2]); title('差分编码输出');grid on
subplot(4,1,3);plot(tI,I);axis([−TSymbol,0.1,−2,2]); title('基带信号−I 路'); grid on
subplot(4,1,4); plot(tQ,Q);axis([−TSymbol,0.1,−2,2]); title('基带信号−Q 路'); grid on
  % 载波调制
I_sig = I.*cos(2*pi/(4*TSymbol)*tI).*cos(2*pi*fc*tI);
Q_sig = Q.*sin(2*pi/(4*TSymbol)*tQ).*sin(2*pi*fc*tQ);
for i=oversamples+1:n
    msk_signal(i) = I_sig(i)+Q_sig(i−oversamples);       % 去掉前面第一个码元
end
msk_signal = awgn(msk_signal, SNR, 'measured');
figure(2);
subplot(3,1,1);plot(tI,I_sig);axis([−TSymbol,0.05,−2,2]);title('I 路信号');grid on
subplot(3,1,2);plot(tQ,Q_sig);axis([−TSymbol,0.05,−2,2]); title('Q 路信号');grid on
subplot(3,1,3);plot(tI,msk_signal);axis([−TSymbol,0.05,−2,2]); title('MSK 信号');
xlabel('t');ylabel('MSK signal');grid on
  % 计算功率谱
 [Pxx_MSK,F_MSK]= pwelch(msk_signal,[],[],[],fs,'centered');
figure(3);plot(F_MSK,10*log10(abs(Pxx_MSK).^2/T));axis([−1500 1500 −150 −40]);
xlabel('Hz');ylabel('dB/Hz');title('已调 MSK 信号功率谱');grid on;
% 前端带通滤波器,中心频率为载波频率 fc, 截止频率分别为 fc+CutoffFreq,fc−CutoffFreq
CutoffFreq = (1/TSymbol);
[RxSig,f1,H_BP]=BPFilter(msk_signal,Ts,CutoffFreq,fc,1);
% 乘以载波
```

```
ds1 = 2*RxSig.*cos(2*pi*fc*tQ+pi*tQ/(2*TSymbol));
ds2 = 2*RxSig.*cos(2*pi*fc*tQ-pi*tQ/(2*TSymbol));
% 低通滤波，中心频率为 0，截止频率分别为 +CutoffFreq, -CutoffFreq
[dtt,Sig_1]=LPFilter(tQ,ds1,CutoffFreq); % 通过低通滤波器
[dtt,Sig_2]=LPFilter(tQ,ds2,CutoffFreq); % 通过低通滤波器
for i=1:n   % I 路抽样判决
    if (Sig_1(i)>=0.5)||(Sig_1(i)<= -0.5)
        s1(i) = -1;
    else
        s1(i) = 1;
    end;    end
for i=1:n  % Q 路抽样判决
    if (Sig_2(i)>=0.5)||(Sig_2(i)<= -0.5)
        s2(i) = 1;
    else;        s2(i) = -1;   end
end
for i=0:NumSymbol-1 % 下采样
        u1(i+1) = s1(i*oversamples+oversamples/2);
        u2(i+1) = s2(i*oversamples+oversamples/2);
end
for j=1:NumSymbol % 并串变换
    if (mod(j,2)= =0);
out(j) = u2(j);
    else;
out(j) = u1(j);
end;
end
for i=1:n
        OUT(i) = out(((i-1)-mod((i-1),oversamples))/oversamples+1);
end
figure(4)
subplot(2,1,1); plot(tQ_R,R);axis([0,1,-2,2]); title('原始码元');grid on;
subplot(2,1,2);plot(tQ_R,OUT(oversamples+1:n)); axis([0,1,-2,2]); title('解调输出');grid on;
CountError = 0;
for i=1:NumSymbol-1
    if(a(i)~=out(i+1))
        CountError = CountError+1;
    end
end
Pe = CountError/(NumSymbol-1)     % 误码率计算
function [FilterOut,fdomain,H]=BPFilter(InputSig,ts,n_cutoff,fc,df)
```

```
%  依据频率响应设计带通滤波器
%  InputSig：输入时域信号
%  ts：输入信号的时间分辨率（抽样时间间隔）
%  n_cutoff:带通滤波器的截止频率，通带范围在[fc-n_cutoff,fc+n_cutoff]
%  df:进行频谱分析时要求的分辨率
%  fc：表示载波频率，即中心频率
%  输出参数
%  FilterOut：输出的滤波之后的时域信号
%  fdomain：进行频域滤波的频域分析范围；
%  H：带通滤波器的频率响应
fs=1/ts;                        %  抽样频率
if nargin = = 4                 %  如果没有限制频域分析的频率分辨率，则n1=0
    n1=0;
else
    n1=fs/df;                   %  如果限制了频域分析的频率分辨率，则按照 df 分析
end
n2=length(InputSig);                        %  信号本身长度
n=2^(max(nextpow2(n1),nextpow2(n2)));       %  找到最大值进行 FFT 变换
FrequencySig=fft(InputSig,n);               %  依据频率分辨率计算
df=fs/n;                                    %  最终真实的频率分辨率
FrequencySig = FrequencySig/fs;             %  信号的频谱
fdomain = [0:df:df*(length(FrequencySig)-1)]-fs/2;     %  分析正负频域信号
H = zeros(size(fdomain));
H(floor((fc-n_cutoff)/df):floor((fc+n_cutoff)/df))=1;
H((length(fdomain)-floor((fc-n_cutoff)/df)):-1:(length(fdomain)-floor((fc+n_cutoff)/df)))=1;
rx_freq = FrequencySig.*H;
dem = real(ifft(rx_freq))*fs;
FilterOut= dem(1: n2 );
```

程序运行结果如图 7-37 所示，根据 MSK 信号调制原理，首先对原始码元进行差分编码，然后进行串并变化，接着对正交支路 Q 路信号延迟一个码元时间，得到基带信号、差分编码信号以及 I、Q 两路信号。

如图 7-38 所示，I 路和 Q 路基带信号分别与载波相乘，然后合成为一路 MSK 信号。从图中易见，MSK 信号是一个包络恒定、相位连续的 2FSK 信号。图 7-39 给出了 MSK 信号产生的功率谱，可见 MSK 信号中心频率为 1000Hz，第一谱零点带宽约为 150Hz。

为了消除带外噪声的影响，接收端在解调 MSK 信号之前添加了一个带通滤波器，滤波器的中心频率为载波频率 f_c，上下截止频率分别为 $[f_c - R_s, f_c + R_s]$。进一步，类似于 7.1.2 节的 2FSK 信号解调，信号与载波相乘之后经过一个低通滤波器完成 I 路和 Q 路码元的相干解调，判决后得到的 I 路和 Q 路码元符号经过并串变换，可得到如图 7-40 所示的解调输出，对照原始码元符号，可见实现了正确解调 MSK 信号。

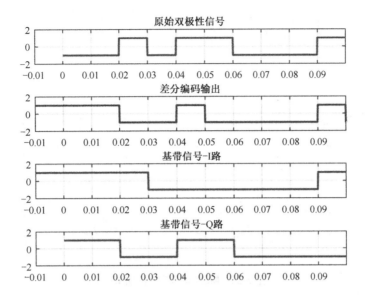

图 7-37　基带信号差分编码前后以及 I 路和 Q 路产生

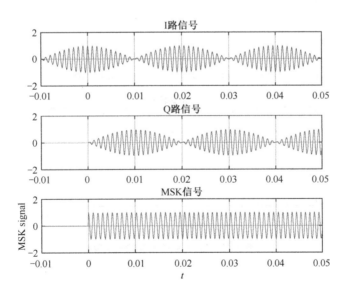

图 7-38　MSK 信号的产生

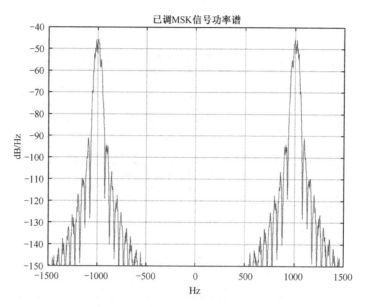

图 7-39　MSK 信号产生的功率谱

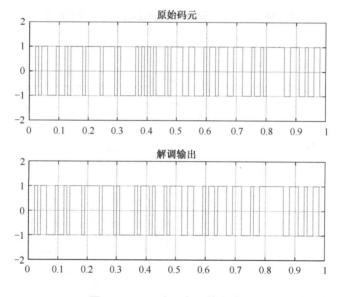

图 7-40　MSK 相干解调输出结果

习题

7-1　使用 MATLAB 等工具仿真不同信噪比情况下对 2ASK 信号波形和解调影响。

7-2　阐述 2ASK 的非相干解调原理，使用 MATLAB 等工具仿真验证。

7-3　修改 2FSK 信号的载波频率，使用 MATLAB 等工具仿真分析，观察信号功率谱变化。

7-4　使用 MATLAB 等工具仿真分析四进制相位键控 QPSK 信号的功率谱。

7-5　阐述多进制频移键控的原理，使用 MATLAB 等工具仿真其调制和解调过程。

7-6　使用 MATLAB 等工具仿真验证最小频移键控 MSK 的两个载波信号不满足正交条件的变化情况。

7-7　分析不同时间带宽积下，高斯最小频移键控 GMSK 的功率谱密度变化情况。

📚 扩展阅读

中国工程院院士邬江兴

邬江兴，男，汉族，1953 年 9 月生于浙江嘉兴，原籍安徽金寨。通信与信息系统、计算机与网络技术专家，中共党员。1982 年邬江兴毕业于解放军工程技术学院，曾担任"九五""十五"国家 863 计划通信技术主题专家组副组长、"十一五"国家 863 计划信息领域专家组副组长、国家移动通信重大专项论证委员会主任、国家三网融合专家组第一副组长等职务，现任国家数字交换系统工程技术研究中心（NDSC）主任、中国网信军民融合联盟理事长。

邬江兴在 1991 年主持研制成功我国第一台万门级程控数字交换机——HJD04 机，其颠覆性技术带动了民族通信高技术产业进入全球第一方阵，为中国自主建成世界上最大的、现代化的通信网做出了里程碑式的贡献，被誉为"中国大容量程控数字交换机之父"。2009 年，HJD04 机被评为"新中国 60 年 28 项第一的工业技术成就"。他先后担任"中国高速信息示范网""中国高性能宽带信息网（3Tnet）"等引领网络通信技术转型发展的专项任务总体组长，创造出一批诸如基于 ACR 平台的 IPTV 等标志性技术，有效支撑了我国网络通信产业可持续发展。他在 2008 年提出"改变行业游戏规则"的拟态计算与拟态防御理论，2013 年主持研制成功世界上第一台拟态计算原理验证机，2016 年完成拟态防御原理国家级工程验证，2017 年出版《网络空间拟态防御导论》专著。他先后获国家科技进步一等奖 3 项、二等奖 4 项，1995 年获何梁何利科学技术进步奖，1997 年获评国家有突出贡献的中青年专家称号，2015 年获何梁何利科学与技术成就奖。他所带领的科研团队获 2015 年国家科技进步创新团队奖。2003 年当选中国工程院院士。

邬江兴出生于一个革命军人世家，父亲邬兰亭 13 岁参加红军，是新中国第一批授衔的少将。邬江兴的爷爷曾任区苏维埃主席，参加过黄麻起义，牺牲于大别山区光山一带，奶奶也惨遭杀害。伯父参加红军长征，在腊子口战斗中牺牲。母亲 1938 年入伍，邬江兴于 1953 年 9 月诞生于军营。邬江兴的父亲以全身上下几十处伤疤告诉他：一个军人，就要在战场上显示存在价值,否则军人有什么用? 当国家和民族需要的时候,军人要敢打大仗,敢打硬仗,抛头颅洒热血在所不惜。父亲的言传身教,让邬江兴从小就坚定了报国之志。

1983 年,我国开通了第一台进口程控交换机,自此外国企业蜂拥而来,凭借技术优势瓜分中国程控交换机市场。当时,我国的通信网络系统设备只能依赖进口。外国企业断言"中国人根本造不出大容量程控交换机"。为了研制具有我国自主知识产权的交换机,邬江兴带领教研室搞计算机的 15 个年轻人,夙兴夜寐、潜心研究数年,终于研制出中国第一台容量可达 6 万等效线的 HJD04 型局用程控数字交换机(简称 HJD04 机),性能超越了西方同类产品,创造了世界通信史上一个神话。1991 年国家邮电部鉴定: HJD04 机"是我国电话交换机技术上的又一重大突破。该机设计新颖,技术先进,达到了 20 世纪 80 年代末期国际先进水平。其中系统结构和交换网络都有所创新,呼叫处理能力居国际领先地位。"当时朱镕基副总理的批示畅快如诗:"在国有企业纷纷与外资合营或被收买兼并后,04 机送来了一股清风。"1995 年八届全国人大三次会议的《政府工作报告》,都提到了"我国在程控交换技术方面取得重大突破"。HJD04 机研发成功仿佛引发了一场市场"雪崩",中国市场的程控数字交换机价格直线下跌,每线从 500 美元、300 美元、100 美元直至 30 美元。交换机一线即一部电话,从此我国百姓的自家电话装机费的一降再降,中国国内企业群雄竞起,通信网络干线开始大换血,逐步实现国产化,以国际一流技术水平建成世界最大的通信网络。

第 8 章

同步技术

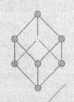

同步是指让通信的双方（多方）在时间上步调一致、频率保持特定的关系，是信息可靠传输的必要前提。在数字通信系统中，同步包括载波同步、码元同步、帧同步和网同步。在实际系统中，振荡源、时钟、定时信号或数字通信信号的频率不可能是绝对稳定不变的，同步技术可以使通信双方（多方）相互之间的频率和时间差异在限定时间内不超出规定的指标，因而是通信系统中一个非常重要的问题。

8.1 载波同步

在相干解调过程中，接收端需要产生一个与接收信号同频同相的载波信号。此时，发送端发射的信号受传输时延和多普勒频移的影响，在其到达接收端时，接收信号的载波频率、相位已经与发射端产生的载波信号不同，接收端需要通过载波同步算法消除频偏和相偏对解调性能的影响，产生正确的相干载波进行解调，该过程就是载波同步或者载波恢复。

载波同步的方法可以分为两类，一类是导频辅助法，发送端通过某种方式发送载频信号（或者信号本身就包含了载频信息）给接收端作为相干载波恢复；另一类是无导频辅助的载波提取，只能通过对接收信号进行某种处理后提取载波信号，如平方环、Costas 环载波提取。

■ 8.1.1 锁相环

有导频辅助时的锁相环提取相干载波的过程如图 8-1 所示。假设接收端提取的导频载波信号为

$$s_p(t) = A_p \cos\left(\omega_c t + \phi\right) \tag{8-1}$$

其中，导频载波的频率为 ω_c，相位为 θ。假设锁相环频率已经锁定在 ω_c 频率上，但相位仍有差异。压控振荡器（Voltage Controlled Oscillator，VCO）输出的本地信号为

$$u_{VCO}(t) = -A\sin(\omega_c t + \phi') \tag{8-2}$$

式中，ϕ' 为 VCO 产生的相干载波信号的相位。VCO 输出与导频载波经过相乘器后输出为

$$
\begin{aligned}
u_p(t) &= K_p s_p(t) u_{VCO}(t) \\
&= \frac{K_p A_p A}{2}\left[\sin(\phi - \phi') - \sin(2\omega_c t + \phi + \phi')\right]
\end{aligned} \tag{8-3}
$$

这里，K_p 为相乘器系数。经过低通滤波后，获得反映相差量 $\Delta\phi = \phi - \phi'$ 的压控振荡器 VCO 的控制信号 u_d

$$u_d = \frac{K_p A_p A}{2}\sin(\Delta\phi) = K_d \sin(\Delta\phi) \tag{8-4}$$

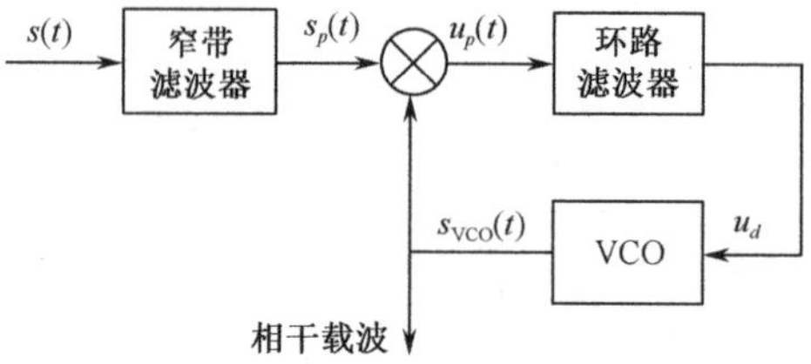

图 8-1 有导频辅助时的锁相环提取相干载波的过程

式(8-4)也称为锁相环的鉴相特性。图 8-1 中的锁相环的鉴相特性如图 8-2 所示。

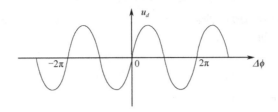

图 8-2　锁相环的鉴相特性

由图 8-2 可知，$\Delta\phi = 2n\pi$（n 为任意整数）的各点都是稳定的平衡点，说明存在导频载波的条件下，本地锁相环输出的相干载波与接收信号载波同相。u_d 输入 VCO 之后，使得频率偏差和控制电压呈正比变化：

$$\frac{\mathrm{d}\phi'}{\mathrm{d}t} = 2\pi K_f u_d \Rightarrow \phi'(t) = 2\pi K_f \int_{-\infty}^{t} u_d(\tau)\,\mathrm{d}\tau$$

当 $\Delta\phi > 0$，即 $\phi > \phi'$ 时，$u_d > 0$，积分之后使得 $\phi'(t)$ 增大，根据控制信号调整后减小相位差；同理，当 $\Delta\phi < 0$，即 $\phi < \phi'$ 时，$u_d < 0$，积分之后使得 $\phi'(t)$ 减小，也会使得调整后相位差减小，在环路反复调整下，最后达到锁定。

【例 8-1】假设某导频信号为 $p(t) = \cos(2\pi f_c t + \pi/4)$，其中 $f_c = 1000\text{Hz}$，系统抽样频率为 10kHz，锁相环 VCO 初始频率为 f_c，相位为零相位。试通过 MATLAB 仿真分析锁相环跟踪锁定相位的过程。

解：

```
fs = 10000;                              % 抽样频率
Ts = 1/fs;                               % 抽样时间间隔
Duration = 1;                            % 仿真时间
t = 0:Ts:Duration-Ts;                    % 仿真离散时间
f0 = 1000;                               % 导频的频率
Phi = pi/4;                              % 导频的相位
x_in = cos(2*pi*f0*t + Phi);             % 导频信号
Order = 10;                              % 低通滤波器的阶数
FrequencyEdge = [0 0.01 0.02 1];         % frequency band edges，1 代表 fs/2
Value = [1 1 0 0];                       % 通带和阻带标识
h = firpm(Order,FrequencyEdge,Value);    % 一种最优等纹波 FIR 滤波器设计
fc = f0;                                 % 本地 VCO 输出信号的载波频率
Theta = zeros(1,length(t));              % 相位跟踪过程的矢量
x_f = zeros(1,Order+1);
InterCum2 = 0;InterCum1 = 0;
G = 80;                                  % 环路增益
```

```
for k = 1:length(t)-1                          % 迭代开始
    multiplier = -x_in(k)*sin(2*pi*fc*t(k)+Theta(k));    % 鉴相
    x_f = [x_f(2:Order+1) multiplier];
    LowpassOut = fliplr(h)*x_f';               % 低通滤波
    s6 = LowpassOut*G;                         % 乘以因子
    InterCum1 = s6+InterCum2;                  % 梯形积分:当前时刻
    InterCum2 = s6+InterCum1;
    Theta(k+1) = InterCum1*Ts/2;               % 积分输出为相位偏移
endfigure(1)
plot(t,Theta,'r-.');
hold on;
plot(t,Phi*ones(1,length(t)),'b');grid on
xlabel('时间(t)');ylabel('相位跟踪输出')
legend('PLL 跟踪输出相位','正确相位')
```

运行上述程序，可以得到锁相环跟踪相位的曲线如图 8-3 所示，从图中可以看出，锁相环大概在 0.3s 处实现跟踪，输出等于正确相位。注意，在上述的仿真中，我们只用了一个简单的低通滤波器级联相乘器实现乘法鉴相器，没有考虑环路滤波设计对锁相环的影响，这实际上是一种一阶锁相环，一阶锁相环的锁定范围和环路带宽都由环路增益 G 决定，有时难以满足应用需求。在实际的通信工程中，二阶环路应用更为广泛。

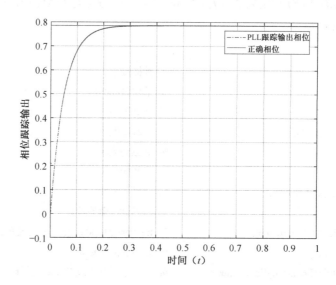

图 8-3 锁相环跟踪相位的过程

对于二阶环路，其环路滤波器具有如下形式

$$F(s) = 1 + \frac{C_1}{s - C_2} \tag{8-5}$$

其中，$C_1 = \dfrac{\omega_n(1-\rho)}{\xi + \sqrt{\xi^2 - \rho}}$，$C_2 = \dfrac{-\omega_n\rho}{\xi + \sqrt{\xi^2 - \rho}}$，$\rho$ 表示一个远小于 1 的常数，ω_n 表示环路的固有角频率，ξ 表示环路阻尼因子，通常取 0.707。为了满足二阶系统的环路设计要求，环路增益因子需满足 $G = \xi\omega_n + \omega_n\sqrt{\xi^2 - \rho}$。假设环路滤波器的输入信号为 $x(t)$，输出信号为 $y(t)$，则有

$$Y(s)s - Y(s)C_2 = X(s)s - X(s)C_2 + C_1 X(s) \tag{8-6}$$

其中，$Y(s)$ 和 $X(s)$ 分别为 $y(t)$ 和 $x(t)$ 的拉普拉斯变换，则式(8-6)等效为：$Y(s) - X(s) = C_1 X(s)/s + C_2[Y(s) - X(s)]/s$，在拉普拉斯变换中除以 s（积分），因此带有环路滤波器的二阶锁相环可用图 8-4 表示。

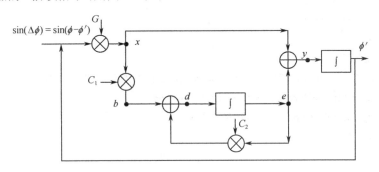

图 8-4　二阶锁相环的相位更新

如图 8-4 所示，锁相环通过乘法型鉴相器获得载波真实相位 ϕ 与 VCO 输出相位 ϕ' 的相差正弦函数 $\sin(\Delta\phi)=\sin(\phi-\phi')$，首先乘以环路增益因子 G，然后再通过环路滤波，环路滤波输出控制电压驱动积分器，更新 VCO 输出信号的相位偏移 ϕ'，通过反复调整使得相位差趋近于 $2n\pi$，其中 n 为整数。在实际系统中，VCO 输出振荡信号往往与接收信号载波既存在相位差也存在频率差，频率偏差随着时间的累积同样反映为随时间变化的相位差 $\Delta\varphi$，下面我们给出一个二阶锁相环同时校正频率偏差和相位偏差的例子。

【例 8-2】 假设某导频信号为 $p(t) = \cos(2\pi f_c t + \pi/4)$，其中 $f_c = 100\text{Hz}$，系统抽样频率为 2000Hz，锁相环 VCO 初始频率为 80Hz，初始频差为 20Hz，相位为零相位。试通过 MATLAB 仿真分析二阶锁相环跟踪锁定频率和相位的过程。

解：

```
% 锁相环的参数
fn = 10;                                          % 环路自然频率
Rou = 0.1;                                        % 相对极点偏移
zeta = 0.707;                                     % 环路阻尼因子
G = 2*pi*fn*(zeta +sqrt(zeta*zeta-Rou));          % 根据公式计算环路增益
C1 = 2*pi*fn*(1-Rou)/(zeta + sqrt(zeta^2 -Rou));  % 设置滤波器参数 C1
C2 = -2*pi*fn*Rou/(zeta + sqrt(zeta^2-Rou));% 设置滤波器参数 C2
fs = 2000;                                        % 采样频率
```

```
Ts = 1/fs;                                           % 采样时间间隔
Duration = 1;                                        % 仿真时长
t = 0:Ts:Duration-Ts;                                % 仿真离散时间点
fc = 100;                                            % 载波频率
Deltafc = 20;                                        % 载波频率偏差
npts = length(t);                                    % 时间样点数
Carrier = cos(2*pi*fc*t+pi/4);                       % 导频载波
Inte1_cum2 =0; Inte2_cum2 = 0;e=0;                    % 参数初始化
phierror = zeros(1,npts);                            % 初始化相位误差矢量
fvco = zeros(1,npts);                                % 初始化 vco 输出频率矢量
VCO_Phi = zeros(1,npts+1);
VCO_Out = zeros(1,npts+1);
for i = 1:npts
    % 正弦鉴相特性
    MultiplierOut = sin(2*pi*fc*t(i)+pi/4)*cos(2*pi*(fc-Deltafc)*t(i)+VCO_Phi(i))...
        -Carrier(i)*sin(2*pi*(fc-Deltafc)*t(i)+VCO_Phi(i));
    x = G*MultiplierOut;   % 乘以环路增益
    % 环路滤波器
    b = C1*x;                                        % b 点信号
    d = b + C2*e;                                    % d 点信号
    Inte1_cum1 = d +Inte1_cum2;                      % 积分
    Inte1_cum2 = d+ Inte1_cum1;
    e = Inte1_cum1*Ts/2;                             % 积分输出为 e 点信号
    y = x+e;                                         % 环路滤波输出信号 y
    % VCO 积分输出
    Inte2_cum1 = y+Inte2_cum2;                       % VCO 积分输出
    Inte2_cum2 = y+Inte2_cum1;
    VCO_Phi(i+1) = Inte2_cum1*Ts/2;                  % 积分输出为相位偏移
    fvco(i) = y/(2*pi);                              % VCO 输出的频率偏移
    VCO_Out(i) = cos(2*pi*(fc-Deltafc)*t(i)+VCO_Phi(i));
% 通过锁相环调整之后的 VCO 输出
end
figure(1)
plot(t,fvco);grid on;    title ('锁相环输出频率');     xlabel('时间');ylabel('频率(Hz)');
% 比较锁相环锁定之后的输出和正确的载波
 figure(2) plot(t(1:300),VCO_Out(1 :300),'b-.*');hold on;plot( t(1:300),Carrier(1 :300),'r-.');
 legend('VCO 输出','导频载波输出'); xlabel('时间(t)');ylabel('载波波形')
 axis([t(1) t(300) -1.1 1.3])
```

图 8-5 给出了锁相环频偏锁定过程，VCO 初始频差 f_{vco} 为零，随着环路调整，恢复载波频率越来越趋近于真实载波频差 20Hz。图 8-6 给出了 VCO 输出与载波输出的逐步锁定过

程，从图中可以看出，初始 0～0.07s 由于 VCO 处于环路跟踪状态，因此 VCO 输出波形和载波波形存在较大差异，在 0.07s 之后，VCO 逐步锁定，虽然此时还有一些频率上的微调，但波形已经和预期的载波波形基本吻合，在 0.14s 之后完全锁定。

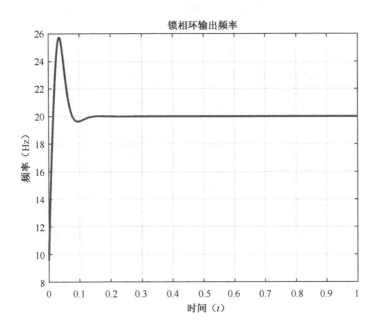

图 8-5　锁相环频偏锁定过程

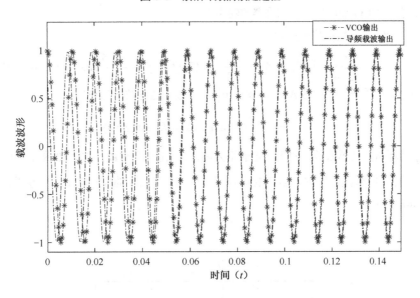

图 8-6　VCO 输出与载波输出的逐步锁定过程

8.1.2 平方环

下面以 2PSK 信号为例介绍平方环的工作原理。2PSK 信号的表达式为

$$s(t) = \left[\sum_n a_n g(t - nT_s) \right] \cos(\omega_c t + \phi) \tag{8-7}$$

式中，$a_n = \pm 1$，假设 $g(t)$ 为矩形发送成型滤波器。对 $s(t)$ 平方能去除调制信息影响，得到

$$u(t) = s^2(t) = \cos^2 \omega_c t = \frac{1}{2} [1 + \cos(2\omega_c t + 2\phi)]$$

经过平方后得到的信号中包含 2 倍载频的频率分量，将此信号经过锁相环锁定后再经过二分频，就能够提取载频分量。平方环提取载波的原理如图 8-7 所示。

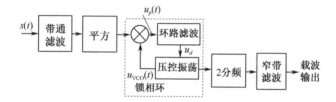

图 8-7　平方环提取载波的原理

假设锁相环压控振荡器 VCO 的频率锁定在 $2\omega_c$ 角频率上，VCO 输出信号为

$$u_{\text{VCO}}(t) = -A \sin(2\omega_c t + 2\phi') \tag{8-8}$$

这里 $2\phi'$ 表示 VCO 输出相位，相乘器的输出为

$$u_p(t) = K_p u(t) u_{\text{VCO}}(t)$$

$$= \frac{K_p A}{4} \sin[2(\phi - \phi')] - \frac{K_p A}{2} \sin(2\omega_c t + 2\phi') - \frac{K_p A}{4} \sin(4\omega_c t + 2\phi + 2\phi') \tag{8-9}$$

其中，K_p 为相乘器系数，令 $\Delta\phi = \phi - \phi'$，$u_p(t)$ 经过低通滤波器后得到

$$u_d = \frac{K_L K_p A}{4} \sin(2\Delta\phi) = K_d \sin(2\Delta\phi) \tag{8-10}$$

这里 K_L 为环路滤波器系数，对于特定的平方环，K_d 是一个常数。式(8-10)是平方环的鉴相特性，环路滤波器输出为 VCO 跟踪接收信号相位提供了所需的控制电压。平方环的鉴相特性如图 8-8 所示。

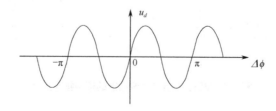

图 8-8　平方环的鉴相特性

由图 8-8 可知，$\Delta\phi = n\pi$（n 为任意整数）的各点都是稳定的平衡点，锁相环在实际工作中可能锁定在任何一个稳定平衡点上。这意味着恢复出的相干载波可能与接收信号中的载波同相，也有可能反相。这种相干载波相位的不确定性，称为相位模糊。平方环具有二重相位模糊度。

【例 8-3】假设某 BPSK 传输系统的传输速率为 1KBaud，载波频率为 1kHz，相位为 $-\pi/4$，仿真系统的采样频率为 10kHz，平方环 VCO 初始频率正确，但相位存在误差，试仿真平方环恢复载波相位的过程。

解：

```
fs = 10000;                                % 抽样频率
Ts = 1/fs;                                 % 采样时间间隔
Duration = 1;                              % 仿真时长
t = 0:Ts:Duration−Ts;                      % 仿真离散时间点
f0 = 1000;                                 % 载波频率
Phi = −pi/4;                               % 载波相位
g = ones(1,10);                            % 过采样因子
Data = randi([0 1],1000,1)*2−1;            % 生成信源比特
DataIn = upsample(Data,10);                % 上采样
Base_Signal = filter(g,1,DataIn');         % 矩形波形成形
c = cos(2*pi*f0*t +Phi);                   % 载波
BPSK_Sig = Base_Signal.*c;                 % BPSK 调制
% 平方环载波提取
DataIn = BPSK_Sig.^2;                      % 对 BPSK 进行平方处理
Order = 10;                                % 低通滤波器的阶数
FrequencyEdge = [0 0.01 0.02 1];           % frequency band edges，1 代表 fs/2
Value = [1 1 0 0];                         % 通带和阻带标识
h = firpm(Order,FrequencyEdge,Value);      % 一种最优等纹波 FIR 滤波器设计
fc = f0;                                   % 本地 VCO 输出信号的载波频率
Theta = zeros(1,length(t));
x_f = zeros(1,Order+1);
w2c = 0;
G = 120;                                   % 环路增益
for k = 1:length(t)−1                      % 迭代开始
    multiplier = −DataIn(k)*sin(4*pi*fc*t(k)+2*Theta(k));% 相乘器
    x_f = [x_f(2:Order+1) multiplier];
    LowpassOut = fliplr(h)*x_f;            % 低通滤波
    s6 = LowpassOut*G;
    w1c = s6+w2c;                          % 梯形积分
    w2c = s6+w1c;
```

```
        Theta(k+1) = w1c*Ts/2;              % 输出相位
end
  figure(1)
plot(t,Theta,'r-.');
hold on;
plot(t,Phi*ones(1,length(t)),'b');grid on
xlabel('时间(t)');ylabel('相位跟踪输出')
legend('平方环跟踪输出相位','正确相位')
```

运行上述程序，可得到如图 8-9 所示的平方环相位跟踪输出曲线，从图 8-9 可以看出，平方环可以在未知符号的 BPSK 信号中恢复出正确的相位 $-\pi/4$。类似于例 8-1 的仿真，这里仿真的平方环也采用相乘器级联低通滤波器实现鉴相，但是没有考虑环路滤波器对锁相环的影响。

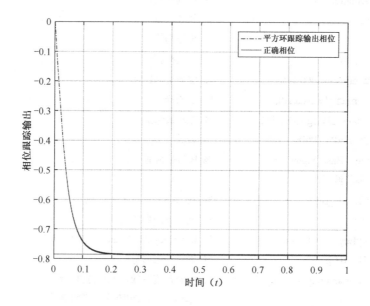

图 8-9　平方环相位跟踪输出曲线

8.1.3　Costas 环

Costas 环又称为同相-正交环，Costas 环载波恢复原理如图 8-10 所示，VCO 输出信号的相干载波，一路经过 90° 移相后形成正交载波。接收信号分别与同相载波和正交相载波相乘后获得的两路信号经低通滤波后，将两路滤波输出相乘经过环路滤波器就能够得到 VCO 的控制电压。

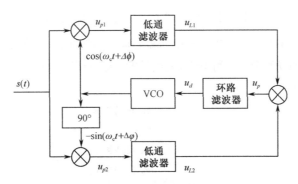

图 8-10　Costas 环载波恢复原理

讨论 BPSK 的载波恢复，接收到的信号与式(8-7)相同，Costas 环路中，上、下两路相乘器的输出为

$$u_{p1}(t) = K_{p1}\left[\sum_n a_n g(t - nT_s)\right]\cos(\omega_c t + \phi)\cos(\omega_c t + \phi') \tag{8-11}$$

$$u_{p2}(t) = K_{p2}\left[\sum_n a_n g(t - nT_s)\right]\cos(\omega_c t + \phi)[-\sin(\omega_c t + \phi')] \tag{8-12}$$

其中，K_{p1}、K_{p2} 为相乘器系数。

令 $\Delta\phi = \phi - \phi'$，经过低通滤波后得到

$$u_{L1}(t) = \frac{1}{2}K_{L1}K_{p1}\left[\sum_n a_n g(t - nT_s)\right]\cos(\Delta\phi) \tag{8-13}$$

$$u_{L2}(t) = \frac{1}{2}K_{L2}K_{p2}\left[\sum_n a_n g(t - nT_s)\right]\sin(\Delta\phi) \tag{8-14}$$

其中，K_{L1} 和 K_{L2} 为低通滤波系数。滤波后相乘为

$$u_p = K\left[\sum_n a_n g(t - nT_s)\right]^2 \sin(2\Delta\phi) \tag{8-15}$$

其中，$K = \frac{1}{8}K_p K_{p1} K_{p2} K_{L1} K_{L2}$。当 $g(t)$ 为矩形脉冲时，$\left[\sum_n a_n g(t - nT_s)\right]^2 = 1$，因此可以得到 Costas 环的鉴相特性为

$$u_d = K_d \sin 2\Delta\phi \tag{8-16}$$

其中，K_d 为鉴相器系数。与式(8-10)比较可以看出，Costas 环的鉴相特性与平方环鉴相特性相同。Costas 环路可以利用接收端正交解调的结构实现相干解调。为了得到 Costas 环在理论上给出的性能，要求两路低通滤波器的性能完全相同。

值得注意的是，除了式(8-15)和式(8-16)所描述的鉴相特性，Costas 环也可以采用其他鉴相特性。在获得式(8-13)所示的上支路信号和式(8-14)所示的下支路信号后，可以采用反正切函数求 Costas 环的鉴相特性，即

$$u_p = \arctan\left(\frac{u_{L2}(t)}{u_{L1}(t)}\right) \tag{8-17}$$

通信原理仿真基础

所得的控制电压 u_p 通过环路滤波控制 VCO 调整相位，最终达到锁定。

【例 8-4】 假设某 BPSK 信号接收信号的载波频率为 1000Hz，相位为 $-\pi/3$，系统采样频率为 10kHz，试通过仿真分析采用正弦鉴相特性的 Costas 环工作过程。

解：

```
fs = 10000;                              % 抽样频率
Ts = 1/fs;                               % 采样时间间隔
f0 = 1000;                               % 载波频率
Phi = -pi/3;                             % 载波相位
upsamplerate = 100;                      % 过采样倍数
g = ones(1,upsamplerate);                % 矩形成形因子
NumSymbol = 1000;                        % 信源符号数量
Data = randi([0 1],NumSymbol,1)*2-1;     % 生成信源比特
DataIn = upsample(Data,upsamplerate);    % 上采样
SymbolInterval = upsamplerate*Ts;        % 符号时间间隔
Rs = 1/SymbolInterval;                   % 码元速率
t = 0:Ts:length(DataIn)*Ts-Ts;           % 仿真离散时间点
Base_Signal = filter(g,1,DataIn');       % 矩形波形成形
c = cos(2*pi*f0*t +Phi);                 % 载波
BPSK_Sig = Base_Signal.*c;               % BPSK 调制
fc = f0;                                 % 本地 VCO 输出信号的载波频率
G = 50;                                  % 环路增益
Theta = zeros(1,NumSymbol);              % 初始化相位
Inte_Cum2 = 0;                           % 积分器初始化
LowpassOut_sin = zeros(1,length(t));     % 正交支路低通滤波器输出初始化
LowpassOut_cos = zeros(1,length(t));     % 同相支路低通滤波器输出初始化
for k = 1:NumSymbol-1                     % 迭代开始
    Index = (k-1)*upsamplerate+1:1:k*upsamplerate;
    multiplier_cos = BPSK_Sig(Index).*cos(2*pi*fc*t(Index)+Theta(k)); % 相乘器 cos(Phi-Theta)
    [dtt,demod_signal_cos]=LPFilter(t(Index),multiplier_cos,2*Rs);     % 上支路低通滤波
    LowpassOut_cos(Index) = demod_signal_cos;
    multiplier_sin = -BPSK_Sig(Index).*sin(2*pi*fc*t(Index)+Theta(k)); % 相乘器 sin(Phi-Theta)
    [dtt,demod_signal_sin]=LPFilter(t(Index),multiplier_sin,2*Rs);     % 下支路低通滤波
    LowpassOut_sin(Index) = demod_signal_sin;
    u_p = mean(demod_signal_sin)*mean(demod_signal_cos);               % 上下支路信号相乘
    ud = u_p*G;
    Inte_Cum1 = ud+Inte_Cum2;                                          % 梯形积分
    Inte_Cum2 = ud+Inte_Cum1;
    Theta(k+1) = Inte_Cum1*SymbolInterval/2;                           % 输出相位
end
```

```
figure(1)
plot(Theta);grid on;xlabel('时间(t)');ylabel('VCO 输出相位');legend('Costas 环相位输出')
figure(2)
plot(t(1000:3000),Base_Signal(1000:3000),'b');hold on; plot(t(1000:3000),LowpassOut_cos(1000:3000),'r-.');
    axis([t(1000) t(3000) -1.1 1.1]);legend('原始 BPSK 基带波形','环路锁定后 Costas 环同相支路输出波形')
    xlabel('时间(t)');ylabel('波形取值');
```

运行上述程序，可得到如图 8-11 所示的结果，从图中可以看出环路大约在 41 个 BPSK 符号时锁定到正确的相位值 $-\pi/3$。图 8-12 给出了环路锁定后同相支路的输出和 BPSK 基带波形，从图中可以看出，此时除幅度有一些缩放效应以外，同相支路低通滤波器的输出波形和基带信号相同，达到了相干解调的目的。

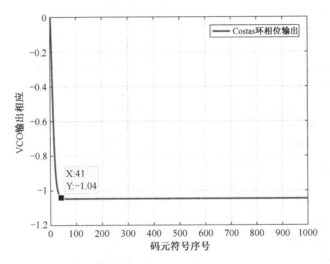

图 8-11　Costas 环相位输出

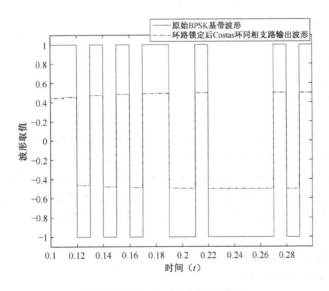

图 8-12　Costas 环同相支路输出

【**例8-5**】假设某 BPSK 信号的真实载波频率为 2MHz，真实相位为 $\pi/4$。系统抽样频率为 10MHz，码元传输速率为 1000Baud，VCO 初始频率比真实频率小 200Hz，试采用反正切鉴相特性仿真 Costas 环。

解：

```
fs = 10e6;                                      % 采样速率
ts = 1/fs;                                      % 采样时间间隔
Rs = 1e3;                                       % 码元速率
Time = 0.1;                                     % 仿真时长
num = Time*fs;                                  % 仿真离散时间序列
% 接收数据，真实的频率为 real_fc,真实的相位偏移为 pi/4
fc = 2000000;                                   % 载波频率
% VCO 估计的频率和真实频率存在偏差
f0 = fc−200;                                    % VCO 初始估计的频率
VCOphase = 0;                                   % VCO 的初始相位等于零
LengthSym = fs/Rs;                              % 上采样点数
IndexSym = [0:LengthSym−1];                     % 符号时间序列
NumSym = floor(num/LengthSym);                  % 仿真时长对应的符号个数
g = ones(1,LengthSym);                          % 矩形成形波形
Data = randi([0 1],NumSym,1)*2−1;               % 生成信源比特
DataIn = upsample(Data,LengthSym);              % 上采样
Base_Signal = filter(g,1,DataIn');              % 矩形波形成形
c = cos(2*pi*fc*(0:num−1)*ts+pi/4);             % 载波
data = Base_Signal.*c;                          % BPSK 调制
wf0 = 2*pi*f0;                                  % VCO 初始角频率
temp = 0;
Cos_delta= zeros(1,NumSym);
Sin_delta = zeros(1,NumSym);
% costas 环
% 环路滤波器系数
C1 = 152; C2 =6;
for n=1:NumSym
    sine = sin(wf0*ts*IndexSym+VCOphase);          % VCO 输出的正交分量
    cosine = cos(wf0*ts*IndexSym+VCOphase);        % VCO 输出的同相分量
    Symbol_n = data((1:LengthSym)+((n−1)*LengthSym));   % 每次取一个符号
    u_L1 = Symbol_n.*cosine;                       % 同相支路乘法输出
    u_L2 = Symbol_n.*sine;                         % 正交支路乘法输出
    % 鉴相器
    Sin_delta(n) = sum(u_L2);
    Cos_delta(n) = sum(u_L1);
    Discriminator_Out (n) = atan(Sin_delta(n) /Cos_delta(n) );
```

```
      %  环路滤波器
      Delta_freq = C1* Discriminator_Out (n)+temp;
      temp = temp+C2* Discriminator_Out (n);
      wf0 = wf0−Delta_freq*2*pi;
      Delta_freq_vec(n) = wf0/(2*pi);              %  将求得的角频率转化为频率 Hz
      VCOphase = wf0*ts*LengthSym+VCOphase; %  VCO 输出相位
end
plot(Delta_freq_vec./10^6,'k');
hold on
plot([1:NumSym], fc*ones(1,NumSym)./10^6,'r');
legend('恢复载波频率','原始载波频率');
ylabel('Frequency(MHz)');
grid on;
```

注意到，上述 Costas 环中也用到了一阶环路滤波器，其结构如图 8-13 所示，其中环路滤波器参数 $C1 = 152$、$C2 = 6$。

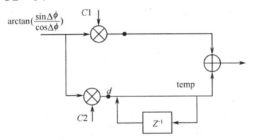

图 8-13　程序中所用的一阶环路滤波

运行结果如图 8-14 所示，经过 Costas 环的反复调整，随着接收符号数目的增加，恢复载波频率越来越趋近于原始载波频率 2MHz。

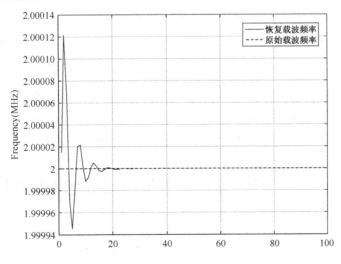

图 8-14　Costas 环输出特性

257

8.2 码元同步

码元同步是指在接收端产生与信号码元发送频率相同，而且在相位上对准解调后基带信号最佳采样时刻的定时脉冲序列的过程。码元同步方法可以分为外同步法和自同步法。外同步法就是借助专门传送的码元同步信号恢复同步，而自同步法则直接从接收的数字基带信号中提取码元同步序列。

8.2.1 码元同步锁相环

码元同步锁相环的原理如图 8-15 所示。码元同步锁相环利用鉴相器比较接收码元和本地产生的码元同步信号之间的相位，若两者相位不一致（超前或滞后），鉴相器就产生误差信号，通过控制器在信号钟输出的脉冲序列中附加或扣除一个或几个脉冲，调整码元同步脉冲序列直至获得准确的码元同步信号为止。

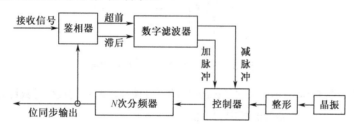

图 8-15 码元同步数字锁相环原理

假设输入信号码元速率 $R_s = 1/T_s$，本地振荡器频率 $f_o = NR_s$。微分型鉴相器对输入信码进行微分处理提取信号阶跃跳变，通过比较信码中的跳变信号和码元同步脉冲信号的相位获取超前或滞后信息。若鉴相器判定当前脉冲序列和码元跳变沿对齐，则表示此时准确同步，控制器输出 N 个脉冲时，分频器就输出一个脉冲。若码元同步信号滞后，滤波器输出加脉冲控制信号，使得分频器后码元同步信号的相位就会前移；若码元同步信号超前，滤波器输出减脉冲控制信号，分频器输出的码元同步信号的相位就会后移。

【例 8-6】试通过仿真实现微分型鉴相器工作原理，利用微分鉴相结果对本地码元同步脉冲进行调整，使其到达正确的位置。

解：

fs = 10000;	% 抽样频率
Ts = 1/fs;	% 采样时间间隔

```
Duration = 1;                              % 仿真时长
t = 0:Ts:Duration-Ts;                      % 仿真离散时间点
SymbolLength = 20;                         % 符号长度
g = ones(1,SymbolLength);                  % 过采样因子
N = 100;                                   % 符号的数量
Data = randi([0 1],N,1)*2-1;               % 生成信源比特
DataIn = upsample(Data,SymbolLength);      % 上采样
Base_Signal = filter(g,1,DataIn');         % 矩形波形成形
SamplingPulse = zeros(1,length(DataIn));   % 初始化码元同步脉冲序列
delay = 6;                                 % 假设初始脉冲从 6 开始
IndexSamplingPulse = delay:SymbolLength:length(DataIn);
SamplingPulse(IndexSamplingPulse)=1;
Base_Signal = awgn(Base_Signal,20,'measured'); %  对基带信号加入噪声
Threshold = 0.5;
% 为了对抗噪声的影响，只提取微分后跳变幅度超过门限的作为鉴相比较对象
for i = 1:length(Base_Signal)-1
JumpEdgeAll(i) = abs(Base_Signal(i)-Base_Signal(i+1))>0.5;
end
  figure(1)
  plot(JumpEdgeAll(1:200),'r-.>','MarkerFaceColor','r');
  hold on;plot(SamplingPulse(1:200),'b-o','MarkerFaceColor','r');
  hold on;plot(Base_Signal(1:200),'linewidth',1.2) axis([1 200 -1.4 1.4]);
  xlabel('时间序号');ylabel('信号取值'); legend('微分全波整流输出','初始同步脉冲序列','基带信号');
counter = 1;Cumulant=10;distance = zeros(1,Cumulant);
for i = 1:length(Base_Signal)-1
JumpEdge = JumpEdgeAll(i);
if JumpEdge >0   % 取出第一个跳变沿比较
    [Value,Index]=min( abs(i-IndexSamplingPulse)); % 找到与当前跳变沿最近的脉冲
    NearestPulse = IndexSamplingPulse(Index);      % 记录脉冲所在位置
    distance(counter) = NearestPulse-i;            % 计算当前跳边缘与脉冲位置差
    if counter= =Cumulant                          % 为了对抗噪声影响，多次鉴相计数
        Decision = mean(distance);                 % 取 10 次鉴相结果的平均值进行调整
        if Decision>0                              % 若累积跳边缘与脉冲位置差的均值大于零
            delay = delay-1;                       % 需要将定时脉冲相位提前 1 个 Ts
            if delay>0
                IndexSamplingPulse = delay:SymbolLength:length(DataIn);
            else            %  如果提前使得 delay 小于零，则从 delay+SymbolLength 开始
                IndexSamplingPulse = delay+SymbolLength:SymbolLength:length(DataIn);
            end
            SamplingPulse =zeros(1,length(DataIn));
```

```
                    SamplingPulse(IndexSamplingPulse)=1;     % 根据 delay 调整更新后的定时脉冲序列
                elseif Decision<0                            % 若累积跳边缘与脉冲位置差的均值小于零
                    delay = delay+1;                         % 需要将定时脉冲相位滞后 1 一个 Ts
                    IndexSamplingPulse = delay:SymbolLength:length(DataIn);
                        % 根据 delay 调整更新后的定时脉冲序列
                else
                    break;     % 如果累积跳边缘与脉冲位置差的均值等于零，表示对齐，不需要调整
                end
                counter = 1;distance = zeros(1,Cumulant); % 做完一次累积之后清零，方便后面的微分跳
边沿继续记录
            else
                counter = counter+1;
        %    如果跳边缘尚未累积到 Cumulant 个，则不进行操作，继续累积，计数器 counter 加 1
            end
        end
    end
end
SamplingPulse(IndexSamplingPulse)=1;
figure(2)
plot(SamplingPulse(1:200),'LineWidth',2);
hold on;
plot(Base_Signal(1:200),'-.','LineWidth',2);
axis([1 200 -1.4 1.4]);
xlabel('时间序号');ylabel('信号取值'); legend('调整以后的定时脉冲','基带信号');
```

运行上述程序，可以得到如图 8-16 所示的结果。从图 8-16 可以看出，初始的位同步脉冲序列存在明显的定时偏差，并没有对准每个码元结束的最佳抽样时刻。程序中通过微分和

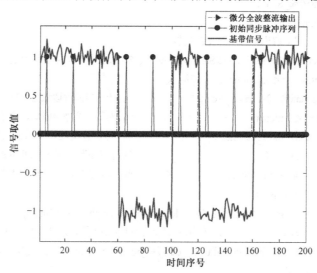

图 8-16　码元信号跳变沿和初始的位同步脉冲

260

全波整流的操作准确提取了码元波形的跳变点,并且通过设置门限,去掉了噪声引入的干扰。将微分全波整流提取的跳边沿和最近的脉冲比较位置,累积 Cumulant 个比较结果之后求平均,如果位置差的均值为零,表示脉冲与跳边沿整体对齐,不予调整;如果跳边沿位置和最近的定时脉冲位置差统计为负数,则需要将定时脉冲相位提前 1 个抽样时间间隔;反之,如果跳边沿位置和最近的定时脉冲位置差统计为正,则推后一个抽样时间间隔,通过不断调整最终得到正确的脉冲序列,如图 8-17 所示。

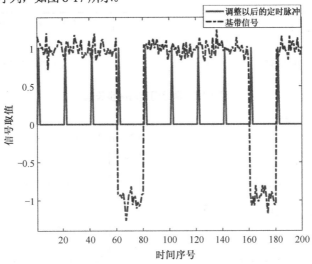

图 8-17　调整以后的定时脉冲序列和基带信号

8.2.2　早迟门定时算法

早迟门定时算法是一种利用信号波形的对称性进行定时同步的自同步算法。考虑如图 8-18(a)所示的矩形成形脉冲,该信号在接收端经过匹配滤波器后,用于抽样判决的信号是如图 8-18(b)所示的对称的三角信号,接收信号的最佳抽样时刻就是码元结束的时刻 $t = T_s$,此时输出信噪比达到最大值。

早迟门利用了匹配滤波输出波形关于码元结束时刻 T_s 对称的规律搜索并最终确定最佳的采样时刻。如果当前采样时刻对准了最佳采样时刻,则根据对称性必然有 $s(T_s - \delta) = s(T_s + \delta)$。假设当前的抽样时刻不是最佳采样采样时刻,而是在如图 8-19(a)所示的超前 T_s 的 T 时刻进行采样,那么在 $T + \delta$ 和 $T - \delta$ 处的两个样本就不再对称相等,而是呈现出 $|s(T + \delta)| < |s(T - \delta)|$ 的特征;反之,如果当前的抽样时刻落后于最佳采样时刻,则呈现出 $|s(T + \delta)| > |s(T - \delta)|$ 的统计特征。早迟门定时同步算法就是通过提取 $T_1 = T - \delta$ 和 $T_2 = T + \delta$ 处的抽样值,通过统计其早晚样本的大小关系,得到定时同步信号的调整需要往前还是往后的信息。

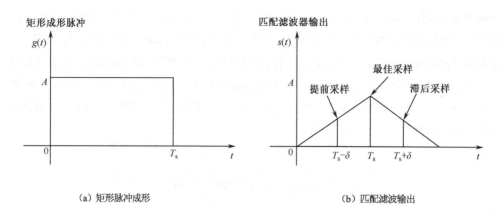

（a）矩形脉冲成形   （b）匹配滤波输出

图 8-18 早迟门定时同步原理

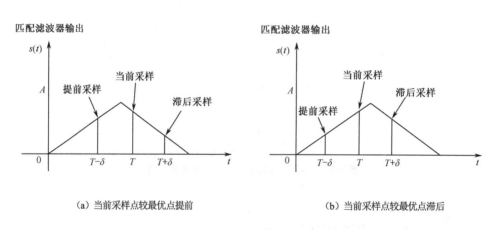

（a）当前采样点较最优点提前   （b）当前采样点较最优点滞后

图 8-19 早迟门非最佳采样点的取值特性

【**例 8-7**】假设某二进制双极性基带传输系统采用矩形成形，每个符号包含 100 个采样点，接收端基于匹配滤波进行最佳接收，试通过仿真实现早迟门定时同步过程。

解：

```
% 生成信源符号进行发送滤波和接收端匹配滤波
N = 3000;                              % 发送的比特数
SourceBit = rand(1,N)>0.5;             % 生成 0,1 比特
Data = 2*SourceBit−1;                  % 双极性转换
SymLen = 100;                          % samples per symbol
pulse = ones(1,SymLen)/sqrt(SymLen);   % 矩形成形波形
DataIn = upsample(Data,SymLen);        % 上采样
Base_Signal = filter(pulse,1,DataIn);  % 矩形波形成形
received = filter(pulse,1,Base_Signal); % 匹配滤波
 %%% 初始化各个变量
```

```
tau=0;                                     % 初始化调整量
delta=20;                                  % 每次取定时点前 delta 和后 delta 个值
center=110;                                % 初始的定时位置
SampleValue=zeros(1,N-1);                  % 记录每次采样的位置
RecordPosition=zeros(1,N-1);               % 将每次采样位置等效到一个匹配滤波周期观察
avgsamples=10;                             % 依据 avgsamples 次判断结果的平均值进行调整
stepsize=1;                                % 校正步长
n=0;                                       % 迭代计数因子
SubVec=zeros(1,avgsamples);                % 初始化插值记录矢量
tauvector=zeros(1,1900);                   % 调整记录矢量
i=0;                                       % 调整次数计数因子
while n<N                                  % 早迟门调整开始
n=n+1;                                     % 计数
midsample = received(center);             % 当前采样点取值
latesample = received(center+delta);      % The late sample
earlysample = received(center-delta);     % The early sample
SampleValue(n) = received(center);        % 保存当前采样值
sub = abs(latesample)-abs(earlysample);   %% 误差检测
SubVec(mod(n,avgsamples)+1) = sub;        % 记录误差检测结果
% 如果没有累积到 avgsamples，则只做累加，不进行调整
RecordPosition(n)=center- (n-1)*SymLen;   % 记录当前样点在一个匹配滤波周期的等效位置
RecordPositionabs(n)=center;
  if n>=avgsamples                         % 累积到 avgsamples 之后进行调整
    i=i+1;
        if abs(mean(SubVec))> 0.05         % 差值大到一定程度才调整，否则近似认为无差值
            if mean(SubVec) > 0            % 当取值为正，则表示向后调整一个 stepsize
                    tau =   stepsize;
            else
                    tau = -stepsize;       % 当取值为负，则表示向前调整一个 stepsize
            end
            center=center+SymLen+tau;      % 调整后下一个样点的采样位置
        else
            tau = 0;                       % 差值小于设定的门限近似认为无差值
            center=center+SymLen+tau;      % 无调整，直接计算下一个样点的采样位置
        end
         tauvector(i) =tau;               % 记录调整值
        if center>=length(received)- (SymLen/2)-1
```

```
            break;                    %  当迭代达到最后位置跳出
        end
    else
        center=center+SymLen;              %  累积到 avesamples 个插值统计结果之前，只进行统计
    end
end
figure(1);symbols = 400;plot(RecordPosition(1:symbols), 'b-*');hold on
lim1=120*ones(1,symbols);lim2=80*ones(1,symbols);plot(lim1);hold on;plot(lim2);
axis([1 symbols 0 2*SymLen]);title( 'Convergence plot for Early Late gate');
ylabel( '采样位置' ), xlabel( '符号数' );
figure(2)
pulsetrain =zeros(1,length(received));
pulsetrain(RecordPositionabs)=1;Range = 8000:12000;
plot(Range, pulsetrain(Range),'linewidth',2);hold on;plot(Range, received(Range),'-.','linewidth',2);ylabel
( '采样位置' ), xlabel( '采样点' );
legend('定时脉冲','匹配滤波器输出波形')
```

从仿真结果图 8-20 可以看出，随着输入早迟门的基带符号数量增加，采样位置逐渐收敛，在大约 60 个符号之后从初始设置的 110 收敛到最佳采样位置 100。图 8-21 给出了早迟门收敛后输出的定时脉冲串和接收机匹配滤波输出信号，从图中可以看出，脉冲串准确对齐了每个码元符号的结束时刻。

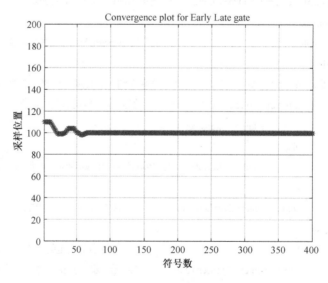

图 8-20　早迟门收敛过程

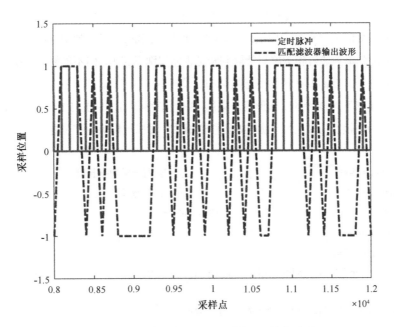

图 8-21　早迟门收敛之后的定时序列和输出波形

8.3　帧同步

通信系统中传输的数据帧是按照一定的逻辑形式或数据格式组成的连续比特流，帧同步是实现信息恢复的一个重要步骤。接收端实现帧同步的方法主要有两类。第一类方法是在发送的比特序列中插入帧同步码，接收端通过捕获同步码获得同步，如 E1 PCM30/32 在偶帧的 TS0 时隙中插入同步码 0011011，就属于这种同步方式；另一类方法是利用数字信息本身的特性来恢复帧同步信号，这种方法又称自同步法。

在帧同步系统中，需要从比特流中快速捕获帧同步码，这就需要帧同步码具有快速准确识别能力。巴克（Barker）码具有尖锐的自相关特性，有利于接收端进行快速捕获，因此是帧同步中常用的码型。假设一个巴克码组 $\{x_1, x_2, \cdots, x_l\}$，$x_i = \pm 1$，其自相关函数满足

$$c_z(j) = \sum_{i=1}^{l-j} x_i x_{i+j} = \begin{cases} l, & j = 0 \\ 0 \text{或} \pm 1, & 0 < j < l \\ 0, & j \geqslant l \end{cases} \tag{8-18}$$

由式(8-18)可以看出，巴克码的 $c_z(0) = l$，而其他 $c_z(j)$ 的绝对值都不大于 1。

帧同步系统在接收端将巴克码与接收信息比特进行相关计算，通过检测相关峰就能够快速识别信息流中的巴克码。若采用二进制循环相关计算，则帧同步码检测器输出结果是两个码组之间对应位置相同的位数减去不同的位数之差。考虑到接收信息有可能出现误码，对于

长度为l的巴克码，若信息帧中的巴克码出现一位误码时，相关峰值变为$l-2$，因此在判断是否出现相关峰时需要充分考虑误码的影响。此外，在载荷信息序列中也可能会出现巴克码组的情况，因此单独通过相关峰只能够判断是否能识别巴克码，但不能够完全确认其是否为帧同步码，这一问题需要在传输信息帧结构的设计中加以考虑。

【例8-8】仿真帧同步的工作原理，采用13位巴克码[1 1 1 1 1 -1 -1 1 1 -1 1 -1 1]，设置后方保护时间为1帧，门限为9，使用循环移位相关计算找出帧头所在位置。

解:

```
FrameLen = 500;                              % 每一帧数据长度
FrameNum = 3;                                % 帧数目
Barker = [1 1 1 1 1 -1 -1 1 1 -1 1 -1 1]; % 13 位 barker 码
L = length(Barker);
for i=1:FrameNum
    Bitstream(i,:) = 2*randi([0 1],1,FrameLen)-1;    % 随机信源
end
% 接收序列连续发送三帧，前面添加 10 个零点
r = [zeros(1,10) Barker Bitstream(1,:) Barker Bitstream(2,:) Barker Bitstream(3,:) Barker ];
Thr = 9;                                     % 帧同步判决门限
CorrelationOut = zeros(1,length(r));         % 初始化同步
Position = [ ]; HeadPosition=[ ];CheckPosition=[ ];
for i = 1:length(r)-L+1
    CorrelationOut(i) = sum(r(i:i+L-1).*Barker);     % 相关运算
    if(CorrelationOut(i)>Thr)         % 如果相关输出大于门限则宣告找到一个可能的帧头
        Position = [Position i];          % 将该位置存储为可能的同步位置
        CheckPosition = [CheckPosition i+FrameLen+L];
        % 根据后方保护时间找到待选位置之后一帧的位置时间作为确认位置
    if find(CheckPosition= =i)
        HeadPosition = [HeadPosition i-FrameLen-L];
        % 若一帧时间后又找到帧同步码，则确认前一个大于门限的序列为帧头
    end
    end
end
figure(1);plot(CorrelationOut);hold on;stem(Position,CorrelationOut(Position),'b-o');
hold on;stem(HeadPosition,CorrelationOut(HeadPosition),'r->');axis([0 1550 -11 20])
legend('相关输出','相关输出大于门限的位置','确认为帧头的位置')
figure(2)
plot(1:20,CorrelationOut(1:20));grid on;xlabel('N');ylabel('相关峰值');
```

运行结果如图8-22所示，从图中可以看出，数据流与长度为13的巴克码进行相关运算之后，因为选择门限为9，只要超过11个比特相同的比特序列就会判定为可能的帧头位置。

因此，除正常的帧头位置之外第 63、359 和 697 点都被判断为相关输出大于门限的位置。为了避免假同步，我们选择一帧的长度作为后方保护时间。如果在相关输出大于门限的位置之后一帧的时间点再次找到大于门限的相关峰，则确认前一个相关峰为帧头。从图中可以看出，程序正确地找到了所有帧头，避免了假同步。

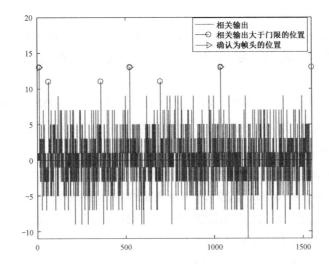

图 8-22　数据流相关运算输出的峰值大于门限的位置和确认为帧头的位置

图 8-23 给出了 13 位巴克码的相关特性。由于接收序列之前添加了 10 个噪声点，因此接收信号起点位置为 11。从图中可见，巴克码的相关峰所在位置正是 11，其相关峰呈尖锐特性，可以很好地被检测和确认。

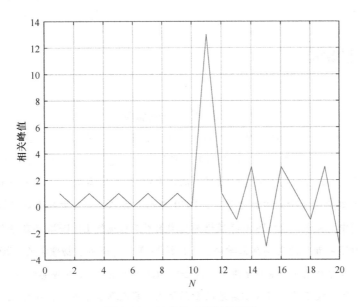

图 8-23　13 位巴克码相关特性

习题

8-1 假设某导频信号为 $p(t) = \sin(2\pi f_c t - \pi/6)$，其中 $f_c = 1000\text{Hz}$，系统抽样频率为 10kHz，锁相环 VCO 初始频率为 f_c，相位为零相位。试通过 MATLAB 仿真分析锁相环跟踪锁定相位的过程。

8-2 假设某导频信号为 $p(t) = \cos(2\pi f_c t - \pi/6)$，其中 $f_c = 100\text{Hz}$，系统抽样频率为 2000Hz，锁相环 VCO 初始频率为 180Hz，初始频差为 20Hz，相位为零相位。试通过 MATLAB 仿真分析二阶锁相环跟踪锁定频率和相位的过程。

8-3 假设某 BPSK 传输系统的传输速率为 1000 Baud，载波频率为 1kHz，相位为 $-\pi/8$，仿真系统的采样频率为 10kHz。试仿真平方环恢复载波相位的过程。

8-4 假设某 BPSK 接收信号的载波频率为 2000Hz，相位为 $\pi/3$，系统采样频率为 10kHz，试通过仿真分析采用正弦鉴相特性的 Costas 环工作过程。

8-5 假设某二进制单极性基带传输系统采用矩形成形，每个符号包含 100 个采样点，接收端基于匹配滤波进行最佳接收，试通过仿真实现早迟门定时同步过程，观察不同信噪比对同步的性能影响。

8-6 设一个 5 位巴克码序列的前后都是"-1"码元，使用 MATLAB 等工具仿真帧同步过程，并画出其自相关函数曲线。

📚 扩展阅读

"光纤之父"——高锟院士

高锟（Charles Kuen Kao，1933 年 11 月 4 日—2018 年 9 月 23 日），生于江苏省金山县（今上海市金山区），华裔物理学家、教育家、光纤通信、电机工程专家、香港中文大学前校长，被誉为"光纤之父""光纤通信之父"。高锟 1949 年移居香港，1954 年赴英国攻读电机工程，1965 年获伦敦大学学院博士学位；1970 年加入香港中文大学筹办电子学系；1987—1996 年任香港中文大学校长；1990 年获选为美国国家工程院院士；1996 年获选为中国科学院外籍院士；1997 年获选为英国皇家学会院士；2009 年获得诺贝尔物理学奖；2010 年获颁大紫荆勋章；2015 年被选为香港科学院荣誉院士；2018 年 9 月 23 日在香港逝世，享年 84 岁。

高锟的祖父高吹万是清末民初著名的爱国诗人，家人都坚守中国传统文化，高锟从小接受传统的私塾教育。1941 年，高锟入读法租界的上海世界学校，后来日军侵入，小学被强迫开设日语课。小小年纪的高锟显示出强烈的爱国情结，他在自传中回忆当年的情景："我们面对来自日本的日语老师，都毫不保留地显示出我们的民族精神。我们对他不理不睬，有时甚至把粉笔投掷到黑板上。"这所小学在六年级就开设了化学实验课，高锟在学习中有强烈的好奇心和独特的创造性，他和同学们自行制造氧气、氢气，还做了不少化学试验。有一次，他制作了一个"泥球炸弹"：将泥土湿搓成面粉状，然后将红磷和氯酸钾弄湿润后，塞进泥团里密封。遇到猫狗时，高锟和同学们便把这个"泥球炸弹"投向它们，爆炸声把这些家畜吓个半死。然而，对于这些实验的危险性，高锟全然不觉，反而因为实验成功而乐此不疲。后来，不安分的小高锟又对无线电着了迷。经过一段时间的摸索，他成功组装出了简易的收音机。这段经历无形中影响了他日后的研究方向，"这段往事令我感受甚深，也可能在我心中埋下种子，日后萌发成对电机工程的兴趣"。

1957 年，在伦敦大学学院读博士的高锟开始从事光导纤维在通信领域运用的研究。当时，激光已经发明，但光通信完全未成气候，高锟提出："我们怎么可以断定激光没有前途？如果光通信仅仅停留在理论阶段，那就太可惜了。"他坚持自己的想法，两年间埋首实验室做研究，后来认定廉价的玻璃是最可用的透光材料，只要降低材料中铁、铜、锰等杂质，制造出"纯净玻璃"，信号传送的损耗就会被减至最低。高锟将该成果写成了一篇论文，1966 年 7 月《英国电子工程师学会学报》刊出了高锟等人撰写的《为光波传递设置的介电纤维表面波导管》论文——这一天现在被视为光纤通信的诞生日。该论文讨论了光纤应用于通信上的主要障碍：材料特性。那时，即使是最透明的玻璃，损耗也高达 200dB/km，这使得信号在玻璃中只能传输几米。但是该论文指出，光信号在实际距离上的传输是可能的，固有损耗可以低至 1dB/km，限制传输的主要因素是杂质：在这些波长范围上主要是二价和三价的铁离子。简而言之，只要材料够"纯净"，几百米厚的玻璃板也可以看穿。这一重要先见开创了光通信的崭新领域。论文发表后，有人认为匪夷所思，也有人对此大加褒扬。在争论中，高锟继续深入研究，在全世界掀起了一场光纤通信的革命。在他的努力推动下，1971 年，世界上第一条 1km 长的光纤问世，第一个光纤通信系统也在 1981 年启用。后来，高锟被任命为国际电话电报公司执行科学家，启动了"Terabit 技术"计划，以解决信号处理的高频限制，因此高锟也被称为"Terabit 技术理念之父"。此外，高锟还开发了实现光纤通信所需的辅助性子系统。在单模纤维的构造、纤维的强度和耐久性、纤维连接器和耦合器以及扩散均衡特性等多个领域都做了大量的研究，而这些研究成果都是使光纤通信成功走向商业化实际应用的关键。

高锟专注科研时曾遇到很多挫折，当时不少专家都指出，寻找能有效传递光信号的材料简直是不可能的任务，但他坚持研究，不为所动。后来，高锟到世界各地推广他的学术思想，经常需要出差远行，太太黄美芸在家中常开他的玩笑："孩子们，今早你们在餐桌上见到的那个男人就是你们的父亲！"。有一次，太太对高锟的晚归感到很生气，高锟安慰她说："别生气，我们现在做的是非常振奋人心的事情，有一天它会震惊全世界的。"妻子黄美芸略带讽刺地说："是吗？那你会因此而得诺贝尔奖的，是吗？"如今戏言却成真。他是对的，他的成果给通信界带来了一场惊天动地的革命。

第 9 章

多载波和多天线传输

多载波调制技术就是将高速数据流分解为多个低速数据流,分别加载在多个子载波上进行并行传输,通过延长码元周期使得系统具有很强的抗多径干扰能力。正交频分复用(Orthognal Frequency Division Multiplexing, OFDM)技术是一种简单高效的多载波调制技术。OFDM技术不仅保证各个子信道之间相互正交,而且支持子信道相互重叠,具有更高的频谱利用率。另外,多输入多输出(Multiple-Input Multiple-Output, MIMO)技术通过采用多根发射天线和接收天线,能够成倍提升系统的信道容量。本章首先介绍了 OFDM 技术,通过设计案例对 OFDM 正交性原理、IFFT/FFT 实现、循环前缀、单抽头均衡、信道估计等模块进行了仿真分析;其次介绍了 MIMO 系统的基本架构,实现了基于线性检测的多天线系统仿真以及信道容量分析。

9.1 正交频分复用（OFDM）

■ 9.1.1 OFDM 系统

OFDM 是一种子载波之间相互正交且重叠的特殊多载波调制，为了避免载波间传输数据干扰，需要各个子载波相互正交。假设共有 N 路叠加的子载波信号，各路子载波上的同相载波为 $\{\cos(2\pi(f_c + f_i)t + \phi_i), i = 0,1,2\cdots,N-1\}$，其相互正交的定义式为

$$\int_0^T \cos(2\pi(f_c + f_i)t + \phi_i)\cos(2\pi(f_c + f_j)t + \phi_j)\mathrm{d}t = 0 \tag{9-1}$$

其中，T 表示码元时间间隔。为了满足正交条件，子载波的频率间隔需要满足

$$(f_i - f_j)T = n, \quad n \text{ 为非零整数} \tag{9-2}$$

式(9-2)表明在码元间隔 $[0,T]$ 内不同子载波保持正交要求子载波之间的频率差为 n/T。显然，最小可取的频率间隔为 $\Delta f = 1/T$。我们同样可以证明在式(9-2)的条件下，以下的正弦和余弦函数以及复数域的指数子载波之间也满足正交性：

$$\frac{1}{T}\int_0^T \sin(2\pi(f_c + m\Delta f)t + \phi_m)\sin(2\pi(f_c + n\Delta f)t + \phi_n)\mathrm{d}t = \begin{cases} \dfrac{1}{2} & (m = n) \\ 0 & (m \neq n) \end{cases} \tag{9-3}$$

$$\frac{1}{T}\int_0^T \sin(2\pi(f_c + m\Delta f)t + \phi_m)\cos(2\pi(f_c + n\Delta f)t + \phi_n)\mathrm{d}t = 0 \tag{9-4}$$

$$\frac{1}{T}\int_{t_s}^{t_s+T} \exp\left[\mathrm{j}2\pi m\Delta f\left(t - t_m\right)\right]\exp\left[-\mathrm{j}2\pi n\Delta f\left(t - t_n\right)\right]\mathrm{d}t = \begin{cases} 1 & (m = n) \\ 0 & (m \neq n) \end{cases} \tag{9-5}$$

令 X_k 是第 k（$k = 0,1,\cdots N-1$）个子载波的数据符号，该符号可以是 PSK 或 QAM 星座符号 $X_k = a_k + \mathrm{j}b_k$，则第 k 个子载波上的实带通已调信号可以写成

$$\left[a_k \cos(2\pi(f_c + k\Delta f)t + \phi_k) - b_k \sin(2\pi(f_c + k\Delta f)t + \phi_k)\right]g\left(t - t_s - \frac{T}{2}\right) \tag{9-6}$$

式中，t_s 表示多载波符号起始时间，$g(t)$ 表示长度为 T 的矩形脉冲。OFDM 信号的时域表达形式还可以写成

$$s(t) = \mathrm{Re}\left\{\sum_{k=0}^{N-1} X_k g\left(t - t_s - \frac{T}{2}\right)\exp\left[\mathrm{j}2\pi\left(f_c + k\Delta f\right)\left(t - t_s\right)\right]\right\} \tag{9-7}$$

式(9-7)中矩形脉冲取值为 1，为简单起见后续忽略。符号 $s(t)$ 的等效低通表示形式可以写为

$$\begin{aligned} s(t) &= \sum_{k=0}^{N-1} X_k \exp\left[\mathrm{j}2\pi k\Delta f\left(t - t_s\right)\right] \\ &= \sum_{k=0}^{N-1} X_k \exp\left[\mathrm{j}2\pi f_k\left(t - t_s\right)\right] \end{aligned} \tag{9-8}$$

其中，$f_k = k\Delta f$，表示等效低通信号形式下第 k 个子载波的中心频率。根据正交性条件，在接收端乘以各个载波基函数 $\{e^{j2\pi f_i t}\}_{i=0}^{N-1}$，然后在一个符号周期内积分，即可恢复各个子载波上的数据。

$$
\begin{aligned}
\hat{X}_l &= \frac{1}{T}\int_{t_s}^{t_s+T}\left\{\exp\left[-j2\pi\frac{l}{T}\left(t-t_s\right)\right]\sum_{k=0}^{N-1}X_k\exp\left[j2\pi\frac{k}{T}\left(t-t_s\right)\right]\right\}\mathrm{d}t \\
&= \sum_{k=0}^{N-1}X_k\frac{1}{T}\int_{t_s}^{t_s+T}\exp\left[j2\pi\frac{(k-l)}{T}\left(t-t_s\right)\right]\mathrm{d}t \\
&= X_l
\end{aligned}
\tag{9-9}
$$

OFDM 系统的原理框图如图 9-1 所示。

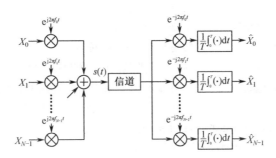

图 9-1 OFDM 系统的原理框图

【例 9-1】通过编程验证若子载波满足频率间隔为 $1/T$ 的条件就可以满足式(9-3)～式(9-5)中余弦、正弦以及复指数信号的正交关系。假设子载波数量为 4，OFDM 符号时间间隔为 640ms。

解：

```
N = 1000;                        % 总的仿真时长
Ts = 0.001;                      % 采样时间间隔
T = 0.64;                        % 一个符号周期的时间间隔
fc = 0;                          % 中心载波频率，可调整
SymbolLength =T/Ts;              % 符号长度
n = 0:SymbolLength−1;            % 一个符号持续的离散时间间隔
t = (1:N)*Ts;                    % 信号的持续时间
SubNum = 4;
SubIndex= [1    2    3    4];    % 各个子载波的不同序号
Delay =[0    0    0.1    0.2];   % 各个信号的时延（即不同的相位）
ArbitraryStart = 2;              % 任意的符号起点
for i=1:SubNum
k=SubIndex(i);
tao=Delay(i);
```

```
TimeIndex = t(ArbitraryStart:ArbitraryStart+SymbolLength-1);
xt(i,:) = exp(sqrt(-1)*2*pi*(k/T)*(TimeIndex-tao));        % 第 k 个子载波对应的复指数函数
phi = 2*pi*(fc+k/T)*(-tao);                                % 不同子载波上的相位不同
ct(i,:) = cos(2*pi*(fc+k/T)*TimeIndex+phi);                % 第 k 个子载波对应的余弦函数
% 循环内画图
  subplot(SubNum,1,i);                                     % 画出各个子载波上的余弦函数
  plot(TimeIndex,ct(i,:),'.');
st(i,:) = sin(2*pi*(fc+k/T)*TimeIndex+phi);                % 第 k 个子载波对应的正弦函数
end
xlabel('时间(t)');
ylabel(s(1),'第 1 个子载波');ylabel(s(2),'第 2 个子载波');
ylabel(s(3),'第 3 个子载波');ylabel(s(4),'第 4 个子载波');
Concatenated = [ct;st];                % 余弦和正弦的级联矩阵
A = xt*xt'/SymbolLength;               % 验证复指数信号在整数周期内的正交性
B = ct*ct'/SymbolLength;               % 验证余弦载波信号在整数周期内的正交性
C = st*st'/SymbolLength;               % 验证正弦载波信号在整数周期内的正交性
D = Concatenated*Concatenated'/SymbolLength;
% 验证正弦和余弦载波信号在整数周期内的正交性
A(A<1e-10)=0                           % 为了显示方便，将小于 10^(-10)的数置为零
B(B<1e-10)=0
C(C<1e-10)=0
D(D<1e-10)=0
```

运行上述程序，可以得到一个符号周期内 4 个不同子载波上的余弦载波波形，这些余弦载波相位各不相同，彼此相互正交，如图 9-2 所示。

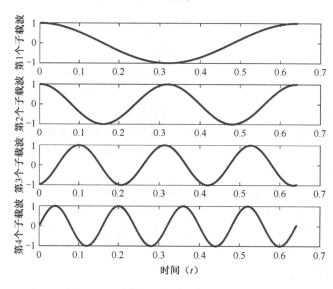

图 9-2　一个符号周期内相互正交的子载波

程序中将各个子载波上的复指数载波内积矩阵运算结果为：

$$
\begin{bmatrix}
1 & 0 & 0 & 0 \\
0 & 1 & 0 & 0 \\
0 & 0 & 1 & 0 \\
0 & 0 & 0 & 1
\end{bmatrix}
$$

余弦和正弦载波的内积矩阵运算结果为：

$$
\begin{bmatrix}
0.5 & 0 & 0 & 0 \\
0 & 0.5 & 0 & 0 \\
0 & 0 & 0.5 & 0 \\
0 & 0 & 0 & 0.5
\end{bmatrix}
$$

正弦和余弦级联矩阵的运行结果为对角线元素取值为 0.5 的 8×8 单位矩阵，证明了各个子载波上正弦、余弦载波相互正交的性质。

【例 9-2】基于如图 9-1 所示的 OFDM 系统的原理框图实现一个 OFDM 系统的调制解调，子载波数为 16，符号周期为 10ms，发送信号为 1600 个随机生成四进制符号序列。

解：

```
NumCarrier = 16;                        % 子载波数量
NumberSym = NumCarrier*100;             % 发送信号的数量 1600
Bandwidth = 3200;                       % 系统带宽
Ts = 1/Bandwidth;                       % 系统采样间隔，单位为 s
OFDMSymbolTime= 0.010;                  % 符号长度为 10ms
OFDMSymbolSize = OFDMSymbolTime/Ts;     % 一个 OFDM 符号长度
j = sqrt(-1);
Int_Source= randi([0 3],1,NumberSym);   % Int_Source 为四进制信源符号
freq_sym = qammod(Int_Source,4);        % 完成 QPSK 调制
OFDMSymbolNum = length(freq_sym)/NumCarrier; % 计算发送的 OFDM 符号数量
OFDMSymbol = reshape(freq_sym,NumCarrier,OFDMSymbolNum); % 组合成发送矩阵
f = 0:1:NumCarrier-1;                    % 子载波矩阵
% OFDM 调制端
StartTime= 0;
for n=1:OFDMSymbolNum
    t = StartTime+(n-1)*OFDMSymbolTime:Ts:StartTime+n*OFDMSymbolTime-Ts;  % 每个OFDM符
号占用的时间
    SubCarrierTx = exp(j*2*pi*(f'/OFDMSymbolTime)*t)/sqrt(length(t));      % 发送端复指数基函数
    ModulatedSymbol(1+(n-1)*OFDMSymbolSize:n*OFDMSymbolSize) = sum(OFDMSymbol(:,n).*
SubCarrierTx,1);
    % 完成各个子载波上的基带调制
end
delay = 13;
```

```
% OFDM 解调端
ParrrelSym = reshape(ModulatedSymbol,OFDMSymbolSize,OFDMSymbolNum);
for n=1:OFDMSymbolNum
t = delay+(n-1)*OFDMSymbolTime:Ts:delay+n*OFDMSymbolTime-Ts;          % 接收端基函数
的时间坐标
SubCarrierRx = exp(-j*2*pi*t*(f/OFDMSymbolTime))/sqrt(length(t)); % 接收端复指数基函数
DeModulatedSymbol(1+(n-1)*NumCarrier:n*NumCarrier,1) = sum(ParrrelSym(:,n).*SubCarrierRx,1);
% 完成各个子载波上的基带解调
end
recover_s = qamdemod(DeModulatedSymbol, 4);        % 将符号逆映射
ErrorNum = sum(recover_s~=Int_Source');            % 计算错误符号数
ErrorRate = ErrorNum/NumberSym;                    % 计算误符号率
fprintf('The Symbol Error Rate is %d \n The Symbol Error Number is %d \n',ErrorRate,ErrorNum)
```

运行上述仿真程序，可得到如下打印消息，说明所得函数可以正确完成调制和解调过程。

```
The Symbol Error Rate is 0
The Symbol Error Number is 0
```

9.1.2　OFDM 系统的 FFT 实现

1971 年，Weinstein 和 Ebert 提出了用离散傅里叶变换和快速傅里叶变换技术实现多载波调制解调，极大地简化了 OFDM 系统的实现过程。对连续 OFDM 信号 $s(t)$ 以 T/N 的时间间隔抽样获得离散信号。从 $t=t_s$ 开始的信号 $s(t)$ 在 $t=t_s+\dfrac{nT}{N}$（$n=0,1,\cdots,N-1$）时刻的抽样信号可以表示为

$$s(n) = s(t_s + nT) = \sum_{k=0}^{N-1} X_k e^{j\frac{2\pi}{N}kn} \tag{9-10}$$

式(9-10)表明，OFDM 调制信号 $s(n)$ 是发送信号 X_k（$k=0,1,\cdots,N-1$）的离散傅里叶反变换。忽略信道和噪声的影响，在接收机收到信号 $\{s(n),n=0,1,\cdots,N-1\}$ 后，式(9-10)对应的离散域接收端的解调过程可以写成

$$X_k = \frac{1}{N}\sum_{k=0}^{N-1} s(n) e^{-j\frac{2\pi}{N}kn} \tag{9-11}$$

在实际应用中，通常将子载波数目 N 取为 2 的整数次幂，此时 OFDM 通信系统可采用更高效快捷的快速傅里叶反变换（Inverse Fast Fourier Transform，IFFT）和快速傅里叶变换（Fast Fourier Transform，FFT）实现。

【例 9-3】通过 IFFT 和 FFT 完成基本的 OFDM 调制解调，其中子载波数目为 128，一帧中包含 6 个 OFDM 符号，信噪比为 20dB，基带调制方式为 8PSK。

解：

```
SubCarryN=128;                                      % 子载波数目
fftLen=128;                                         % FFT 长度
SymbN=6;                                            % 一帧中包含 6 个 OFDM 符号
SNR=20;                                             % 信噪比
ModN=8;                                             % 调制进制数
AngleConst=pi/ModN+2*pi/ModN*[0:ModN-1];           % 以相移键控（PSK）为例，调制相位集合
ConstSet=exp(sqrt(-1)*AngleConst);                 % PSK 星座点集合
WeightBit=2.^[log2(ModN)-1:-1:0];                  % 调制映射过程中各比特的权重值
ModBitSet=mod(dec2bin([0:ModN-1]),2);              % 星座点对应的比特集合
FrameLen=SubCarryN*SymbN*log2(ModN);               % 一帧中包含的比特数目
% 发送端
Signal=rand(1,FrameLen)>0.5;                        % 随机生成一帧二进制比特数据流
ParaBitSig=reshape(Signal,SubCarryN*log2(ModN),SymbN);    % 串/并变换
for i=1:SymbN
ModBitGroup=reshape(ParaBitSig(:,i),log2(ModN),SubCarryN);
% 针对每一个 OFDM 符号，以星座点所需比特数目为基准，进行分组
ModBitWeight=WeightBit*ModBitGroup+1;              % 分组比特对应的权重值计算
ModSig(:,i)=ConstSet(ModBitWeight.');             % 按照权重值映射成星座点（调制）
end
IFFTSig=ifft(ModSig);                              % IFFT 变换
TrData=reshape(IFFTSig,1,fftLen *SymbN);           % 并/串转换
% 信道，加入噪声
  RecData=awgn(TrData,SNR,'measured');             % 加性高斯白噪声信道
% 接收端
DataProcess=reshape(RecData,fftLen,SymbN);         % 串/并转换
  FFTData=fft(DataProcess);                        % FFT 变换
  % 8PSK 解映射
RemData=real(FFTData);                             % 接收信号实部（译码）
ImgData=imag(FFTData);                             % 接收信号虚部（译码）
AngleData=atan(ImgData./RemData);                  % 接收信号相位（取值范围-pi/2 到 pi/2）
AngleData(and(RemData<0,ImgData>0))=pi+AngleData(and(RemData<0,ImgData>0));
% 接收信号在二象限时，（取值范围-pi/2 到 0），增加 pi
AngleData(and(RemData<0,ImgData<0))=pi+AngleData(and(RemData<0,ImgData<0));
  % 接收信号在三象限时，（取值范围 0 到 pi/2），增加 pi
AngleData(and(RemData>0,ImgData<0))=2*pi+AngleData(and(RemData>0,ImgData<0));
% 接收信号在四象限时，（取值范围-pi/2 到 0），增加 2*pi
for i=1:SymbN
   DistanceSet=abs(AngleData(:,i)*ones(1,ModN)-ones(fftLen,1)*AngleConst);  % 计算接收信号与星
座点的角度距离
```

```
[MinDis,LocDeMod]=min(DistanceSet.');              % 选取最小欧氏距离的星座点进行解调
DeModData=ModBitSet(LocDeMod.',:);                 % 将星座点进行映射，转化为比特序列
DeModSig(:,i)=reshape(DeModData.',log2(ModN)*SubCarryN,1);   % 并/串转换
end
ReSig=reshape(DeModSig,1,FrameLen);                % 并串转换，恢复原始帧比特序列
Pe=sum(abs(Signal-ReSig))/FrameLen;                % 计算误比特率
figure(1)
subplot(211)
stem(Signal(1:30),'b-*'),grid;
title('发送端的前 30 比特信号')
subplot(212)
stem(ReSig(1:30),'b-o'),grid;
title('接收端的前 30 比特信号')
figure(2)
subplot(121)
plot(real(ModSig),imag(ModSig),'o'),grid;
xlabel('同相分量 ');ylabel('正交分量');
title('发送端的星座图');
subplot(122)
plot(real(FFTData),imag(FFTData),'o'),grid;
xlabel('同相分量 ');ylabel('正交分量');
title('接收端的星座图');
```

仿真结果如图 9-3 和图 9-4 所示。从图 9-3 可知，系统在 20dB 信噪比条件下可以准确恢复信源比特，对比图 9-4 中显示的 8PSK 发送和接收星座图，可以观察到：在噪声的影响下接收端星座点较发射端有一定发散，但并不会影响正确判决。

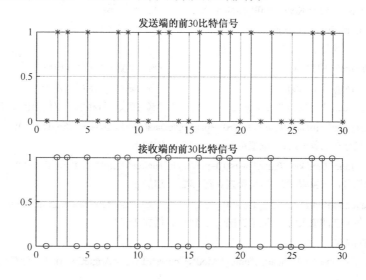

图 9-3　发射端和接收端恢复的比特

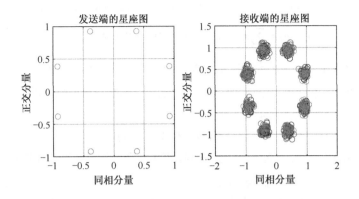

图9-4 发射端和接收端星座图比较

■ 9.1.3 循环前缀

为了克服多径信道对 OFDM 正交性的破坏，人们将 OFDM 符号的最后一部分复制到符号前端，形成保护间隔，以消除多径信道带来的符号间干扰，这种循环复制的保护间隔称为循环前缀（Cyclic Prefix，CP）。如图 9-5 所示，长度为 T 的时域 OFDM 符号中最后长度为 T_G 的信号被复制到符号前端构成保护间隔。

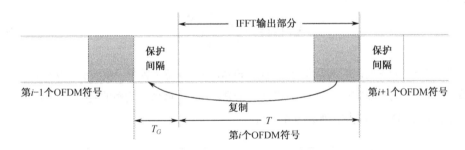

图9-5 OFDM 保护间隔与循环前缀示意图

假设信道在一个 OFDM 持续时间 T 内保持不变，信道多径时延长度为 L，则信道冲激响应矢量可以表示为 $h = \left[h(0), h(1), \cdots, h(L-1) \right]^{\mathrm{T}}$，第 i 个 OFDM 符号的第 n 个时域样点记做 $s^{(i)}(n)$，$0 \leqslant n \leqslant N-1$，加入长度为 N_g 循环前缀后发送信号可以写成

$$x^{(i)}(n) = s^{(i)}\left([n]_N\right), -N_g \leqslant n \leqslant N-1 \tag{9-12}$$

上式中，$[\cdot]_N$ 表示取模 N 运算。为分析简单起见，暂不考虑噪声，若信号通过信道后输出信号 $y^{(i)}(n)$，$0 \leqslant n \leqslant N-1$，则发射信号与信道冲激响应之间为线性卷积关系

$$y^{(i)}(n) = \sum_{l=0}^{L-1} x^{(i)}(n-l) h^{(i)}(l) \qquad 0 \leqslant n \leqslant N-1 \tag{9-13}$$

如果循环前缀长度满足 $N_g \geqslant L-1$，上述线性卷积就可以写成循环卷积：

$$y^{(i)}(n) = \sum_{l=0}^{L-1} x^{(i)}([n-l]_N) h^{(i)}(l) = x^{(i)}(n) \otimes h^{(i)}(n) \tag{9-14}$$

由于时域发射信号 $x^{(i)}(n)$ 是频域信号 $\boldsymbol{X}^{(i)} = [X^{(i)}(0), X^{(i)}(1), \cdots, X^{(i)}(N-1)]^T$ 通过 IFFT 调制得到的，经过与信道冲激响应的循环卷积之后再做 FFT 解调回到频域，频域信道传递函数和频域子载波发送信号之间有以下关系：

$$Y^{(i)}(k) = H(k) X^{(i)}(k) \tag{9-15}$$

其中，$X^{(i)}(k)$ 和 $Y^{(i)}(k)$（$k = 0, \cdots, N-1$）分别为第 k 个子载波频域的发送和接收信号，$H(k)$ 表示信道在第 k 个子载波上的频率响应。

基于式(9-15)所表达的发送和接收信号之间关系，当信道未知而 $X^{(i)}(k)$ 已知时，我们可以进行信道估计：

$$\hat{H}(k) = \frac{Y^{(i)}(k) X^{(i)}(k)^*}{\left| X^{(i)}(k) \right|^2} \tag{9-16}$$

其中，$\hat{H}(k)$ 表示第 k 个子载波上的信道频率响应的估计值。在仿真分析中，通常采用均方误差衡量信道估计的性能：

$$\text{MSE} = \sum_{k=0}^{N-1} \left| H(k) - \hat{H}(k) \right|^2 / N \tag{9-17}$$

同理，在获得了信道频率响应的估计值后，可以利用式(9-15)进行单抽头的频域均衡，获得发送信号的估计 $\hat{X}^{(i)}(k)$：

$$\hat{X}^{(i)}(k) = \frac{Y^{(i)}(k) \hat{H}(k)^*}{\left| \hat{H}(k) \right|^2} \tag{9-18}$$

式(9-18)充分说明：加入循环前缀后，OFDM 系统保持了各个子载波的正交性，同时将频率选择性信道影响转变为各个子载波上的平衰落，大大降低了均衡的复杂度。加入了循环前缀之后的 OFDM 系统框图如图 9-6 所示。

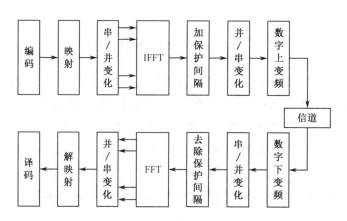

图9-6　加入了循环前缀之后的 OFDM 系统框图

【例 9-4】某 OFDM 系统带宽为 800kHz，子载波数为 64，CP 长为 16，该系统通过一个时不变多径信道，信道冲激响应为 $[0.15+0.15j\ \ 0\ \ 0.077-0.15j]$，由于接收端未知信道信息，首先发射一个 BPSK 调制的训练符号进行信道估计，然后基于信道估计的结果对后续载荷信息解调。试通过仿真实现该系统的调制解调过程，并画出信道估计均方误差曲线和误码率曲线。

解：

```
    NumCarrier = 64;                          % 子载波数量
    NumberSym = NumCarrier*100;               % 发送信号的数量 1600
    Bandwidth = 800e3;                        % 系统带宽
    Ts = 1/Bandwidth;                         % 系统采样间隔，单位为 s
    j = sqrt(-1); ModOrder = 4;               % 星座图阶数
    CPLength = NumCarrier/4;                   % 循环前缀长度
    h = [0.15+0.15*j 0 0.077-0.15*j];
    SNRdB = 4:4:28;                           % 仿真信噪比
    MontCarloNum = 1000;                      % Monte Carlo 仿真次数
    for i = 1:length(SNRdB)
        for MontCarlo = 1:MontCarloNum
    % 首先生成已知的训练序列用于信道估计
    Preamble = 2*randi([0 1],1,NumCarrier)-1;      % 在载荷数据前端添加一个已知 OFDM 符号
    PayloadSymbol = randi([0 3],1,NumberSym);      % 生成未知的载荷数据
    freq_sym = qammod(PayloadSymbol,ModOrder)/sqrt(2);      % 完成 QPSK 调制
    OFDMSymbolNum = length(freq_sym)/NumCarrier;   % 计算发送的 OFDM 符号数量
    OFDMSymbol = reshape(freq_sym,NumCarrier,OFDMSymbolNum); % 组合成发送矩阵
    OFDMSymbolTotNum = OFDMSymbolNum+1;            % 包含训练序列的总符号数
    TxMatrix = cat(2,Preamble',OFDMSymbol);        % 发射矩阵
    % OFDM 调制端
    IFFTSig=ifft(TxMatrix);                        % IFFT 变换
    GIInsertSig= [IFFTSig([NumCarrier-CPLength+1:NumCarrier],:);IFFTSig];
    % 插入保护间隔（循环前缀）
    TrData=reshape(GIInsertSig,1,(NumCarrier+CPLength)*(OFDMSymbolNum+1)); % 并/串变换
    % 信道，加入噪声
      RecData= filter(h,1,TrData);                 % 通过多径信道
      RxSig=awgn(RecData,SNRdB(i),'measured');      % 加性高斯白噪声
    % 接收端
    DataProcess=reshape(RxSig,NumCarrier+CPLength,OFDMSymbolTotNum);  % 串/并转换
    GIRemoveData=DataProcess([CPLength+1:CPLength+NumCarrier],:);      % 移除保护间隔
    FFTData=fft(GIRemoveData);                     % FFT 变换
```

```
% 信道估计
H_est = FFTData(:,1).*Preamble';
H_ture = fft(h,NumCarrier);
% 基于信道估计结果进行单抽头均衡
EQ_Out = FFTData(:,2:end).*conj(H_est)./abs(H_est).^2;
EQ_Out = EQ_Out(:);
% QPSK 解调
recover_s = qamdemod(EQ_Out, ModOrder);          % 将符号逆映射
% 衡量 OFDM 系统的误码性能
ErrorNum = sum(PayloadSymbol~=recover_s');        % 计算错误符号数
ErrorRate(i,MontCarlo) = ErrorNum/NumberSym;      % 计算误符号率
% 衡量信道估计的均方误差
MSE(i,MontCarlo)= sum( abs(H_ture.'-H_est).^2.)/NumCarrier;%/abs(H_est).^2
    end
end
Pe = sum(ErrorRate,2)/MontCarloNum;
MSEch = sum(MSE,2)/MontCarloNum;
figure(1)
semilogy(SNRdB,Pe,'r-o');axis([4,28,1e-5 1e-0])
xlabel('SNR(dB)');
ylabel('Symbol Error Rate');
grid on;
figure(2)
semilogy(SNRdB,MSEch,'b->');axis([4,28,1e-5 1e-1])
xlabel('SNR(dB)');grid on;
ylabel('Mean Square Error of Channel Estimator');
figure(3)
plot(abs(H_ture),'r');hold on;plot(abs(H_est),'b-o');xlabel('子载波序号');
ylabel('$\left|H(k)\right|^2$','interpreter','latex');legend('真实信道','估计的信道');
```

仿真结果如图 9-7 所示，图中给出了 SNR=28dB 时真实信道频率响应幅值和信道频率响应估计值的幅值。从图中可以看出，在 1～64 个子载波上信道频率响应呈现出较大的起伏，这说明在整个系统带宽内信道是明显的频率选择性衰落信道。

仿真结果图 9-8 给出了 OFDM 系统的误码率曲线，从图中可以看出：当信噪比达到 28 dB 时，系统误码率近似达到 5.4×10^{-5}。图 9-9 给出了依据式(9-16)估计信道频率响应的性能，从图中可以看出，随着信噪比的增大，信道估计均方误差从 2.9×10^{-2} 下降到了 1.2×10^{-4}。

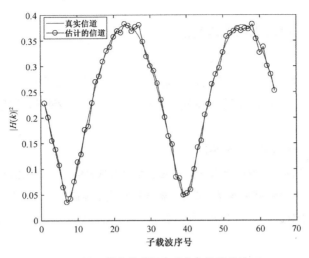

图 9-7 真实信道频率响应和信道估计

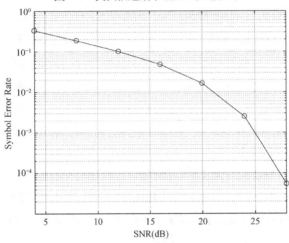

图 9-8 OFDM 的误码率曲线

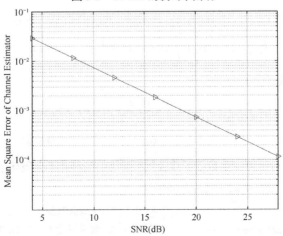

图 9-9 信道估计的均方误差性能

■ 9.1.4 OFDM 的特点

OFDM 在移动通信领域应用广泛，是因为它有很多优点，主要包括：①有效对抗多径衰落；②频谱效率高；③硬件实现复杂度低；④可以动态分配子载波等。但是，OFDM 技术还存在以下挑战。

1）对频率和定时偏差具有敏感性

OFDM 系统中各个子载波只有保持正交才能正常恢复信号。如果信号在通过无线信道时因为信道的时变性导致频率偏移，或发射机与接收机本地振荡器之间存在频率偏差，都会使得 OFDM 系统子载波之间的正交性遭到破坏，从而导致载波间干扰，降低 OFDM 系统的性能。

除了频率偏差，符号定时偏差也会影响 OFDM 系统的性能。在离散信号域，OFDM 系统可以通过 IFFT 和 FFT 完成调制解调。为了在接收端正确恢复信号，接收机需要通过码元同步确定 FFT 操作窗口的起始位置。如果定时位置超前，但是起始位置位于未受信道多径时延扩展污染的循环前缀内，此时定时偏差不会引发载波间干扰（InterCarrier Interference，ICI），但是会在子载波上产生相位旋转。反之，如果定时位置超前到了受到信道污染的位置，那么子载波之间的正交性被破坏，同时产生符号间干扰（InterSymbol Interference，ISI）。另一种情况是定时位置滞后，此时接收窗口不仅包含了当前信号的接收信息，也包含了下一符号的接收信息，会同时引发 ICI 和 ISI。

【例 9-5】假设 OFDM 系统包含 8 个子载波，子载波间隔为 30kHz，带宽为 240kHz。试通过仿真分析：当载波频偏为 ±30kHz 和 ±1kHz 时，接收信号如何变化？

解：假设 OFDM 符号长度为 T，第 k 个子载波上复指数基函数信号可以简记为

$$b_k(t) = \exp\left[j\frac{2\pi}{T}kt\right] \qquad 0 \leq t \leq T \tag{9-19}$$

如果发生载波频率偏移 ε/T，则相隔 m 个子载波上的复指数基函数为

$$b_{k+m}(t) = \exp\left[j\frac{2\pi}{T}(k+m+\varepsilon)t\right] \qquad 0 \leq t \leq T \tag{9-20}$$

解调时复指数基函数之间的内积表示为

$$I_m = \int_0^T b_k(t)b_{k+m}^*(t)\mathrm{d}t = \begin{cases} \dfrac{T(1-\mathrm{e}^{-j2\pi(m+\varepsilon)})}{j2\pi(m+\varepsilon)}, & \varepsilon\text{为非整数} \\ 0, & \varepsilon\text{为整数} \end{cases} \tag{9-21}$$

因此，通过理论分析可知整数倍子载波频率间隔的偏移并不会破坏子载波之间的正交性，但如果 ε 不是整数，就会引起子载波之间干扰。

NumCarrier = 8;	% 子载波数量
NumberSym = NumCarrier;	% 假设只发送一个 OFDM 符号
Bandwidth = 240e3;	% 系统带宽

```
Ts = 1/Bandwidth;                                    % 系统采样间隔，单位为 s
OFDMSymbolTime= NumCarrier*Ts;                        % 符号时间长度
OFDMSymbolSize = NumCarrier;
j = sqrt(−1);
Int_Source= randi([0 3],1,NumberSym).';              % Int_Source 为四进制信源符号
freq_sym = qammod(Int_Source,4);                     % 完成 QPSK 调制
OFDMSymbolNum = length(freq_sym)/NumCarrier;         % 计算发送的 OFDM 符号数量
OFDMSymbol = reshape(freq_sym,NumCarrier,OFDMSymbolNum); % 组合成发送矩阵
f = 0:1:NumCarrier−1;
% OFDM 调制端
for n=1:OFDMSymbolNum
t = (n−1)*OFDMSymbolTime:Ts: n*OFDMSymbolTime−Ts;    % 每个 OFDM 符号占用的时间
SubCarrierTx = exp(j*2*pi*(f'/OFDMSymbolTime)*t)/sqrt(length(t));  % 发送端复指数基函数
ModulatedSymbol(1+(n−1)*OFDMSymbolSize:n*OFDMSymbolSize) = sum(OFDMSymbol(:,n).*
SubCarrierTx,1);
% 完成各个子载波上的基带调制
end
CFOVector =[30e3;−30e3;1e3;−1e3];                    % 可能的载波频偏
% OFDM 解调端
for i = 1:4
CFOValue = CFOVector(i);
ParrrelSym = reshape(ModulatedSymbol,OFDMSymbolSize,OFDMSymbolNum);
for n=1:OFDMSymbolNum
t = (n−1)*OFDMSymbolTime:Ts: n*OFDMSymbolTime−Ts;    % 接收端基函数的时间坐标
SubCarrierRx = exp(−j*2*pi*t'*(f/OFDMSymbolTime+CFOValue))/sqrt(length(t));
% 载波频偏影响下的接收端复指数基函数
DeModulatedSymbol(1+(n−1)*NumCarrier:n*NumCarrier,i) = sum(ParrrelSym(:,n).*SubCarrierRx,1);
% 完成各个子载波上的基带解调
recover_s(:,i) = qamdemod(DeModulatedSymbol(1+(n−1)*NumCarrier:n*NumCarrier,i), 4);   % 符号
逆映射
end
figure(i)
plot(real(DeModulatedSymbol),imag(DeModulatedSymbol),'o','MarkerSize',10, 'MarkerFaceColor',[1,0,0]);
grid on;
xlabel('同相分量 ');ylabel('正交分量');
if i==1;legend('CFO=30kHz'); elseif i==2;legend('CFO= −30kHz'); ...
elseif i==3 legend('CFO=1kHz');else legend('CFO= −1kHz'); end
title('载波频偏影响下的星座图');
end
```

运行上述仿真程序，得到图 9-10 和图 9-11。如图 9-10 所示，当载波频偏为子载波间隔的整数倍时，接收端的星座图不会发生旋转，但是解调信号会在载波频偏的影响下发生循环

移位。将程序中拟发射的 OFDM 符号数 NumberSym 设为 NumberSym = NumCarrier，发射端发出的 8 个四进制符号为

$$2; 1; 1; 3; 3; 1; 0; 2$$

设置载波频偏为 30kHz 时，接收端解调输出为

$$1; 1; 3; 3; 1; 0; 2; 2$$

设置载波频偏为-30kHz 时，接收端解调输出为

$$2; 2; 1; 1; 3; 3; 1; 0$$

显然，1 倍子载波频率间隔的载波频偏使得解调信号发生了向上的循环移位一位，反之，当子波频偏为负 1 倍子载波间隔时，解调符号发生了反向的循环移位一位。

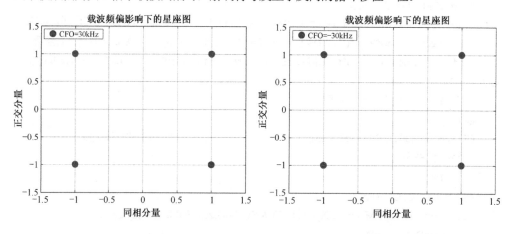

图 9-10 当载波频偏为整数倍子载波间隔时接收端星座图

图 9-11 给出了载波频偏为分别为 1kHz 和-1kHz 的接收信号星座图。从图中可知，此时星座图发生了明显的弥散和偏转，这表示在非整数倍载波频偏的影响下系统的正交性被破坏，解调的信噪比下降。

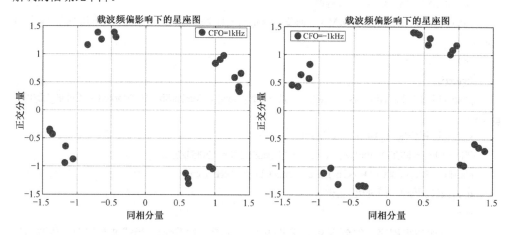

图 9-11 当载波频偏为小数倍子载波间隔时接收端星座图

2）信号峰均功率比（PAPR）过高

OFDM 信号是由多个独立的经过调制的子载波信号相加而成的，这样合成信号在同相叠加时可能产生较大的峰值功率，反相叠加时功率又呈现较小功率，总体使得 OFDM 发射机输出信号的瞬时值产生较大的波动，从而带来较大的峰均功率比（Peak-to-Average Power Ratio，PAPR）。离散时间信号 $\{s_n\}$ 峰均比可以被定义为信号的瞬时峰值功率与平均功率的比值（以 dB 为单位），即

$$\text{PAPR(dB)} = 10 \lg \frac{\max_n\{|s_n|^2\}}{E\{|s_n|^2\}} \qquad 0 \leqslant n \leqslant N-1 \qquad (9\text{-}22)$$

对于包含 N 个子载波的 OFDM 系统来说，当这 N 个子载波信号以相同的相位叠加时，所得到信号的峰值功率将达到最大值，可以达到平均功率的 N 倍，即 $\text{PAPR(dB)}=10\lg N$。为了从统计意义上分析 PAPR，仿真分析时通常采用累积分布函数（Cumulative Distribution Function，CDF）进行分析：

$$P\{\text{PAPR} \leqslant z\} \qquad (9\text{-}23)$$

即 PAPR 约束在数值 z 以内的概率。有时也可以采用互补累积分布函数（Complementary Cumulative Distribution Function，CCDF）进行分析：

$$P\{\text{PAPR} > z\} \qquad (9\text{-}24)$$

即统计 PAPR 大于某数值 z 的概率。

【例 9-6】通过编程分析子载波数为 $N=16, 64, 1024$ 时 OFDM 时域发送符号的峰均比互补累积分布函数。

解：

```
OFDMSymbolNum = 10000;                                      % 一共统计 10000 个 OFDM 符号的 PAPR
IFFTLengthvec = [16   64     1024];                          % 考虑三种子载波数量
ModOrder = 4;                                                % 发送星座符号的阶数
for j = 1:length(IFFTLengthvec)                              % 循环计算
IFFTLength = IFFTLengthvec(j);                               % 当前考虑的子载波数
N = OFDMSymbolNum*IFFTLength;                                % 计算需要产生的四进制符号数
CPLength = IFFTLength/4;                                     % 循环前缀的长度
Symbol = randi([0,3],N,1);                                   % 生成的四进制符号数
freq_sym = qammod( Symbol,ModOrder)/sqrt(2);                % 完成 QPSK 调制
txsignal_matrix = reshape(freq_sym,IFFTLength,OFDMSymbolNum);    % 生成发送矩阵
ifft_out_symbols = sqrt(IFFTLength)*ifft(txsignal_matrix);          % 完成 OFDM 调制
tmp_syms = [ifft_out_symbols( IFFTLength− CPLength+1: IFFTLength,:); ifft_out_symbols]; % 加 CP
for mont = 1:OFDMSymbolNum
x= tmp_syms(:,mont);                                         % 读出第 mont 个 OFDM 符号
[PAPR_dB] = PAPR(x);                                         % 计算每个 OFDM 符号的 PAPR
PAPR_Vector(j,mont)=PAPR_dB;                                 % 统计仿真次数之内的发送信号 PAPR 值
    end
end
```

```
PAPR_dBs=[0:1:15];
PAPR_dBs_Len = length(PAPR_dBs);
s = {'r-o','b-<','m->'}
for i = 1:length(IFFTLengthvec)
for j=1:PAPR_dBs_Len
    CCDF_Data(i,j)=sum(PAPR_Vector(i,:)>PAPR_dBs(j))/OFDMSymbolNum;% 统计 PAPR 大于
PAPR_dBs(i)的概率
end
semilogy(PAPR_dBs,CCDF_Data(i,:),s{i}); axis([4,12,10^(-2) 10^(0)]);grid on;hold on;
xlabel('PAPR(dB)');ylabel('CCDF');title('PAPR Performance of the OFDM Symbol');
end
legend('N=16','N=64','N=1024')
function [PAPR_dB] = PAPR(x)
% 峰均比统计函数
x=x(:);
Nx=length(x);
xI=real(x);
xQ=imag(x);
Power = xI.*xI + xQ.*xQ;                    % 计算数据功率
AvgP = sum(Power)/Nx;                       % 计算数据平均功率
PeakP = max(Power);                         % 计算数据峰值功率
PAPR_dB = 10*log10(PeakP/AvgP);            % 计算峰均比
end
```

仿真结果如图 9-12 所示，从图中可知，当 N=64 时，峰均比性能最好，99%的 OFDM 信号的峰均比小于约 8.4dB，当 N=1024 时峰均比性能最差，1%的 OFDM 信号峰均比才会约大于 10.5 dB。

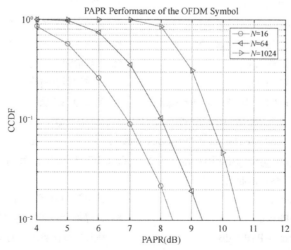

图 9-12 不同子载波数时 OFDM 的 PAPR 互补累积概率分布

9.2　多输入多输出（MIMO）技术

MIMO 系统通过在收发两端配置多根天线以利用空间资源来获取分集与复用两方面的增益，能够在不增加带宽的情况下成倍提高系统的容量和频谱利用率。MIMO 的提出，使得之前以单天线系统研究为主的通信领域产生了大量新的概念与内容。

■■9.2.1　MIMO 的基本结构

考虑如图 9-13 所示的 MIMO 系统模型，它具有 N_T 个发射天线、N_R 个接收天线，输入信号矢量为 $\boldsymbol{x} = \left[x_1, x_2, \cdots, x_{N_T} \right]^{\mathrm{T}}$，元素 x_i 表示第 i 个发送天线上发射的信号，这些发射信号均为独立同分布的零均值高斯随机变量，平均发送功率为1，即 $E(\boldsymbol{xx}^{\mathrm{H}}) = \boldsymbol{I}_{N_T}$，$\boldsymbol{I}_{N_T}$ 表示 N_T 维的单位矩阵。假设信道为平坦 Rayleigh 衰落信道，$N_R \times N_T$ 维信道矩阵表示为：

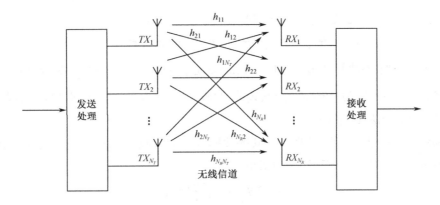

图 9-13　MIMO 系统模型

$$\boldsymbol{H} = \begin{bmatrix} h_{11} & \cdots & h_{1N_T} \\ \vdots & \ddots & \\ h_{N_R 1} & & h_{N_R N_T} \end{bmatrix} \tag{9-25}$$

式中，h_{ij} ($1 \leqslant i \leqslant N_R, 1 \leqslant j \leqslant N_T$) 表示第 j 根发射天线到第 i 根接收天线之间的信道衰落系数。信道各个元素都是相互独立的复高斯分布，且均值为 0，方差为 1。令接收信号矢量为 $\boldsymbol{y} = \left[y_1, y_2, \cdots, y_{N_R} \right]^{\mathrm{T}}$，则有

$$\boldsymbol{y} = \boldsymbol{Hx} + \boldsymbol{n} \tag{9-26}$$

式中，$\boldsymbol{n}=\left[n_1, n_2, \cdots, n_{N_R}\right]^{\mathrm{T}}$ 表示零均值循环对称复高斯噪声矢量，元素 n_i 表示第 i 个接收天线上的噪声，元素 n_i 之间互不相关，而且具有相同的噪声功率 N_0。

MIMO 系统配置的多根天线一方面可以用来加入信号冗余保护以提高传输可靠性，即利用分集获得性能增益；另一方面，也可以通过多天线建立多条独立数据通道，利用空间复用（Spatial Multiplexing）技术提高信息传输速率。

我们考虑最简单的复用 MIMO 系统。假设接收端已知信道信息，则接收端接收到信号 $\boldsymbol{y}$ 之后可以通过相干检测恢复各个发送天线上的发送信号。信号检测可以看成基于接收信号和信道状态估计发送信号矢量的数学映射。最佳检测需要使得检测错误概率最小，在没有先验信息的条件下，最佳检测是最大似然检测；如果考虑先验信息，最佳检测就是最大后验概率检测。在 MIMO 系统中，如果信道矩阵不具备可以简化运算的特殊结构，最佳检测在一般条件下是一个 NP-hard 问题。因此，检测器必须在复杂度和性能之间进行权衡。

这里我们仅讨论两种最简单的线性检测，即迫零（Zero Forceing，ZF）检测和最小均方误差（Minimum Mean Square Error，MMSE）检测。线性检测的核心思想在于通过对接收信号按照某种准则进行滤波来获得发送信号的线性估计，然后按照取值范围对估计进行逐分量量化。

考虑信号模型式(9-26)，在 MIMO 通信系统中，接收端每根天线的接收信号都是发射端多个信号的叠加，因而会产生信号间干扰。ZF 检测算法在接收端将各个信号分量间的干扰强制成零，完全消除天线间干扰。迫零检测如下：

$$\tilde{\boldsymbol{x}}^{\mathrm{ZF}}=\boldsymbol{H}^{+}\boldsymbol{y}=\boldsymbol{H}^{\mathrm{H}}\left(\boldsymbol{H}\boldsymbol{H}^{\mathrm{H}}\right)^{-1}\boldsymbol{y}, \boldsymbol{x}^{\mathrm{ZF}}=\operatorname{slice}\left(\tilde{\boldsymbol{x}}^{\mathrm{ZF}}\right) \tag{9-27}$$

其中，$\boldsymbol{H}^{+}=\boldsymbol{H}^{\mathrm{H}}\left(\boldsymbol{H}\boldsymbol{H}^{\mathrm{H}}\right)^{-1}$ 为 $\boldsymbol{H}$ 的 Moore-Penrose 逆，$\operatorname{slice}(\cdot)$ 为量化函数。ZF 检测的优点是复杂度低，但是如果信道矩阵的条件数较大，接收端的噪声信号与伪逆矩阵相乘之后有可能被放大，使其无法获得较好的性能。

MMSE 检测考虑了噪声的影响，其思想主要是使得接收端得到的估计矢量与发射信号间的误差在均方误差统计意义上达到最小，即

$$\hat{\boldsymbol{x}}=\underset{\boldsymbol{G}}{\arg \min } E\left\{\|\boldsymbol{G}\boldsymbol{y}-\boldsymbol{x}\|^2\right\} \tag{9-28}$$

求解上式得到 MMSE 准则下的滤波矩阵为

$$\boldsymbol{G}=\boldsymbol{H}^{\mathrm{H}}\left[\boldsymbol{H}\boldsymbol{H}^{\mathrm{H}}+\boldsymbol{I}_{N_T}\left(N_0 / E_s\right)\right]^{-1} \tag{9-29}$$

其中，$\boldsymbol{I}_{N_T}$ 为维度为 N_T 的单位矩阵，N_0 为每根接收天线上的噪声功率，E_s 为发送信号的平均功率。MMSE 检测考虑了噪声对检测结果的影响，这使其达到比 ZF 检测更好的性能。MMSE 检测可表示为

$$\tilde{\boldsymbol{x}}^{\mathrm{MMSE}}=\boldsymbol{G}\boldsymbol{y}=\left[\boldsymbol{H}\boldsymbol{H}^{\mathrm{H}}+\boldsymbol{I}_{N_T}\left(N_0 / E_s\right)\right]^{-1}\boldsymbol{H}^{\mathrm{H}}\boldsymbol{y}, \boldsymbol{x}^{\mathrm{MMSE}}=\operatorname{slice}\left(\tilde{\boldsymbol{x}}^{\mathrm{MMSE}}\right) \tag{9-30}$$

【例 9-7】假设有一个 2×2 的 MIMO 系统，通过瑞利平衰落信道，试通过仿真对比不同信噪比条件下 ZF 检测和 MMSE 检测的性能。

解:

```
Nt =2;                                              % 发送端天线数目
Nr =2;                                              % 接收端天线数目
SNRVec = 0:2:24;                                    % 信噪比范围
M = 4;                                              % 星座图大小
MontCarloNum = 100;                                 % Monte Carlo 仿真次数
k = log2(M);                                        % 每个星座符号对应的比特数
PacketLen = k*Nt*4000;                              % 一次 Monte Carlo 仿真对应的数据包长度
for index=1:length(SNRVec)
    SNR = SNRVec(index);
    for m= 1:MontCarloNum
% 发送端
dataIn=rand(1,PacketLen)>0.5;                       % 随机生成一帧二进制比特数据流
dataInMatrix = reshape(dataIn,length(dataIn)/k,k);  % 将二进制比特转换为 k 比特一组
dataSymbolsIn = bi2de(dataInMatrix);                % 将比特转化为 4 进制数
dataModSymbols = qammod(dataSymbolsIn,M,0,'gray')/sqrt(2); % QPSK 调制
NumMIMOSymbol =length(dataModSymbols)/Nt;
SymbolsMatrix=reshape(dataModSymbols,Nt,NumMIMOSymbol);   % 将数据串并转换到 Nt 根天线
H= (randn(Nr,Nt,NumMIMOSymbol)+j*randn(Nr,Nt,NumMIMOSymbol))/sqrt(2); % 瑞利衰落信道
Sigma2 = Nt/10^(SNR/10)+eps;                        % 噪声方差
 % 信道，加入噪声
    for i = 1:NumMIMOSymbol
    y(:,i) = H(:,:,i)*SymbolsMatrix(:,i);           % 数据通过 MIMO 信道
    end
    for j = 1:Nr
    RxData(j,:)=awgn(y(j,:),SNR,'measured');         % 对第 j 根接收天线数据加噪声 N
    end
% 接收端
    for i = 1:NumMIMOSymbol
        G_MMSE =   H(:,:,i)'*inv(H(:,:,i)*H(:,:,i)'+Sigma2*eye(Nr));% MMSE 检测矩阵
        RecoverSymMMSE(:,i) = G_MMSE*RxData(:,i);   % MMSE 检测
        G_ZF= inv(H(:,:,i)'*H(:,:,i))*H(:,:,i)';     % ZF 检测矩阵
        RecoverSymZF(:,i) = G_ZF*RxData(:,i);        % ZF 检测
    end
SerialSymbol = RecoverSymZF(:);
DemappingSymbol = qamdemod(SerialSymbol*sqrt(2),M,0,'gray');% QPSK 解调
BitOutMatrix = de2bi(DemappingSymbol,k);            % 将 4 进制符号转换为比特
dataOutZF = BitOutMatrix(:)';                       % 更改数据格式
Pe_ZF(index,m)=sum((dataOutZF~=dataIn))/PacketLen;  % 计算误比特率
```

```
SerialSymbol = RecoverSymMMSE(:);
DemappingSymbol = qamdemod(SerialSymbol*sqrt(2),M,0,'gray');% QPSK 解调
BitOutMatrix = de2bi(DemappingSymbol,k);                    % 将 4 进制符号转换为比特
dataOutMMSE = BitOutMatrix(:)';                             % 更改数据格式
Pe_MMSE(index,m)=sum((dataOutMMSE~=dataIn))/PacketLen;      % 计算误比特率
    end
    Ber_ZF(index) = mean(Pe_ZF(index,:));
     Ber_MMSE(index) = mean(Pe_MMSE(index,:));
end
figure(1)
semilogy(SNRVec,Ber_ZF,'b->');hold on;
semilogy(SNRVec,Ber_MMSE,'r-o');
legend('ZF detector','MMSE detecor')
xlabel('SNR(dB)');
ylabel('Bit Error Rate');
grid on;
```

仿真结果如图 9-14 所示，从图中可以看出，在相同的误比特率条件下，MMSE 检测的性能比 ZF 检测好大约 3dB。

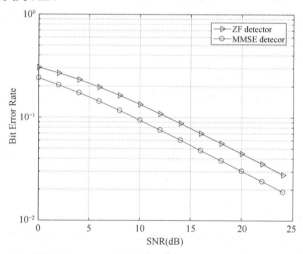

图 9-14　MIMO 复用系统不同检测器的性能对比

9.2.2　MIMO 的信道容量

MIMO 信道容量定义为传输错误概率任意小时，系统可以达到的最大可能传输速率。假设发送端未知信道信息，接收端已知信道信息。MIMO 信道容量等于发送和接收信号之间的

最大互信息 $C = \max_{f(x)} I(x;y)$，其中 $f(x)$ 表示发送信号 x 的概率密度函数，$I(x;y)$ 表示发送信号 x 和接收信号 y 之间的互信息。令 $R_x = E\{xx^H\}$ 表示发送信号 x 的协方差矩阵，高斯 MIMO 信道的对数行列式容量公式可以写成

$$C = \max_{\text{Tr}(R_x)=P} \log_2[\det(I_{N_R} + \frac{1}{N_0}HR_xH^H)] \quad \text{bps/Hz} \tag{9-31}$$

当发送端未知信道信息时，通常选择发送功率在各个发送天线上均匀分布，即认为 $R_x = (P/N_T)I_{N_T}$，其中 P 表示发送总功率。此时式(9-31)变为

$$C = \log_2[\det(I_{N_R} + \frac{P}{N_0N_T}HH^H)] \quad \text{bps/Hz} \tag{9-32}$$

由于 HH^H 为 $N_R \times N_R$ 的 Hermitian 矩阵，可以对其进行特征值分解，即 $HH^H = U\Lambda U^H$，其中 U 为 $N_R \times N_R$ 的酉矩阵，特征值 λ_i 按照降序排列构成的 N_R 阶对角矩阵 $\Lambda = \text{diag}\{\lambda_1, \lambda_2, \cdots, \lambda_{N_R}\}$。将 $HH^H = U\Lambda U^H$ 代入式(9-32)后整理可得

$$C = \sum_{i=1}^{r} \log_2[(1 + \frac{P}{N_0N_T}\lambda_i)] \tag{9-33}$$

其中，r 表示信道矩阵的秩。从式(9-33)可以看出，MIMO 信道容量可以看成 r 个 SISO 信道容量之和。如果假设发送端已知信道信息，则可以进一步依据"注水原理"，在不同的发射天线上更合理地分配发射功率，通过在好状态的信道中分配更多的信号功率，在状态较差的信道中分配相对少的信号功率使得信道容量进一步提升。

【例 9-8】试画出 1×1、3×3、7×7、11×11、15×15 天线配置下，MIMO 遍历信道容量与信噪比的关系图。

解：

```
SNR_dB=[0:2:30];                                % 信噪比（dB）
Capacity11=MIMO_Capacity(1,1,SNR_dB);            % 计算 1×1 信道容量
Capacity33=MIMO_Capacity(3,3,SNR_dB);            % 计算 3×3 信道容量
Capacity77=MIMO_Capacity(7,7,SNR_dB);            % 计算 7×7 信道容量
Capacity1111=MIMO_Capacity(11,11,SNR_dB);        % 计算 11×11 信道容量
Capacity1515=MIMO_Capacity(15,15,SNR_dB);        % 计算 15×15 信道容量
figure(1)
plot(SNR_dB,Capacity11,'k-o',SNR_dB,Capacity33,'r->',SNR_dB,Capacity77,...
'g-<',SNR_dB,Capacity1111,'b-*',SNR_dB,Capacity1515,'m-s');
grid on;
legend('Tx=1,Rx=1','Tx=3,Rx=3','Tx=7,Rx=7','Tx=11,Rx=11','Tx=15,Rx=15');
xlabel('SNR(dB)');
ylabel('信道容量 bps/Hz');
title('不同数量天线的 MIMO 信道容量对比');
function CapAverage = MIMO_Capacity(Nr, Nt, SNR_dB)
```

```
% Input:   Nr:接收天线数目    Nt:发送天线数目    SNR_dB:信噪比 dB 表示
% Output:   CapAverage: 遍历信道容量
MonteCarlo=1000;                                    % Monte Carlo 仿真次数
SNR=10.^(SNR_dB/10);                                % 信噪比 dB 转化为数字
for i=1:length(SNR)
    for j=1:MonteCarlo
        H=RayleighCH(Nr, Nt);                      % 生成瑞利信道矩阵
        CapIns(j,i)=log2(det(real(eye(Nr)+SNR(i)/Nt*H*H')));   % 瞬时信道容量计算
    end
end
CapAverage=sum(CapIns)/MonteCarlo;                 % 遍历信道容量计算
end
function H = RayleighCH(Nr, Nt)
% Input:   Nr:接收天线数目    Nt:发送天线数目
% Output:   H:瑞利信道矩阵
H=1/sqrt(2)*(randn(Nr,Nt)+sqrt(-1)*randn(Nr,Nt));   % 生成 Nr*Nt 维 Rayleigh 信道矩阵
end
```

　　仿真结果如图 9-15 所示，从图中可以看出，在相同信噪比条件下，随着天线数的增加，信道容量也迅速增加。

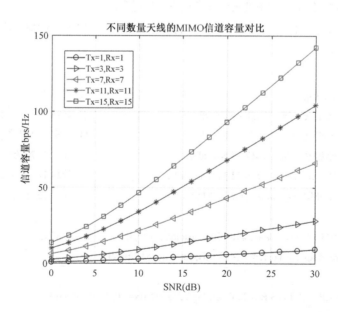

图 9-15　不同天线配置下 MIMO 信道容量与信噪比的关系图

习题

9-1　假设 OFDM 系统的子载波数量为 32，符号时间间隔为 $T = 320\text{ms}$。通过编程验证若子载波满足频率间隔为 k/T 的条件就可以满足余弦、正弦以及复指数基函数的正交关系。

9-2　基于如图 9-1 所示的原理框图实现一个 OFDM 系统的调制解调，子载波数为 64，符号周期为 20ms，发送信号为 3200 个随机生成四进制符号序列。

9-3　通过 IFFT 和 FFT 完成基本的 OFDM 调制解调，其中子载波数目为 256，一帧中包含 4 个 OFDM 符号，信噪比为 25dB，基带调制方式为 QPSK。

9-4　某 OFDM 系统带宽为 8MHz，子载波数为 64，CP 长为 16，该系统通过一个时不变多径信道，信道冲激响应应为 $[0.227\quad 0.46\quad 0.688\quad 0.46\quad 0.227]$。系统首先发射一个 BPSK 调制的训练符号进行信道估计，然后在基于信道估计的结果对后续载荷信息解调。试通过仿真实现该系统的调制解调过程，并画出信道估计均方误差曲线和误码率曲线。

9-5　假设 OFDM 系统包含 8 个子载波，子载波间隔为 30kHz，带宽 240kHz，循环前缀长度为 2 个采样点。试通过仿真分析：当定时偏差为前后偏移 1 个样点、3 个样点时，接收信号如何变化？

9-6　通过编程分析子载波数为 32、256、2048 时 OFDM 时域发送符号的峰均比互补累积分布函数。

9-7　假设有一个 4×4 的 MIMO 系统，通过瑞利平衰落信道，试通过仿真对比不同信噪比条件下 ZF 检测和 MMSE 检测的性能。

扩展阅读

中国移动通信技术发展简述

蜂窝移动通信的概念在 20 世纪 70 年代由贝尔实验室提出。20 世纪 80 年代，第一代移动通信系统（1st Generation，1G）模拟制移动通信系统开始蓬勃发展，美国建立了 AMPS（Advanced Mobile Phone System）、欧洲建立了 TACS（Total Access Communications System）系统和瑞典等北欧 4 国在 1980 年研制成功了 NMT 移动通信网。20 世纪 80 年代初期，国内移动通信产业还属于一片空白，1987 年我国确认引进 TACS 制式建设中国第一代模拟移动通信系统。1987 年 11 月 18 日中国第一个 TACS 模拟蜂窝移动电话系统在广州建成，在第六届全运会上正式开通并商用，首批用户 700 个。1G 模拟蜂窝电话时代，我国并存着基于爱立信设备建设的 B 网和基于摩托罗拉建设的 A 网。1996 年 1 月，实现了不同厂家设备模拟网的全国联网。1G 信号容易受到干扰，语音的品质低，覆盖的范围不够广，存在打电话时串音等许多不足。

2G 时代欧洲采用基于 TDMA 的 GSM 体制，而北美则采用基于 CDMA 的 IS-95 系统。此时我国虽然已经开始技术跟踪研发，但由于自身研发设备不够成熟，仍然以引进为主。1994年 10 月，GSM 数字移动电话实验网开始在北京、上海、广州建设。除 GSM 以外，1997 年底，我国也在北京、上海、西安、广州引进国外技术建设了基于 CDMA 体制的长城商用试验网。2G 以数字语音传播技术为核心，电话接入效率较 1G 大大提高，信号覆盖面更广，接收机不再需要以往的大功率，体积小巧的手机成为主流，打电话、发短信就成为了主要交流方式。

3G 时代是我国蜂窝移动通信在科研、产业、运营上取得整体突破的时代。为了改变 1G时代和 2G 时代没有掌握核心技术，受制于人的被动局面，以大唐电信为首的中国通信人承担了提交中国 3G 标准提案的任务。2000 年，国际电信联盟将中国的 TDS-CDMA、欧洲的WCDMA 和美国的 CDMA2000 并列为三大 3G 国际标准。3G 是无线通信与互联网等多媒体通信结合的新一代移动通信系统，能够同时处理图像、音乐、视频、网页、电话等多媒体业务，可支持几百至几千 Kbps 的速率。

4G，国际电信联盟称为"IMT Advanced"，3GPP 称为长期演进项目 (Long Term Evolution，LTE)。与 3G 相比，4G 的实现了从核心网到无线接入的全 IP 分组化，传输速率进一步提升。4G 包括 TD-LTE 和 FDD-LTE 两种制式，能够快速传输数据、音频、视频和图像，创建无处不在的业务环境。2013 年 12 月，我国工信部向三大运营商颁发 4G 牌照，4G 在中国正式开始商用。中国主导的 TD-LTE 成世界主流标准，中国建成了全球最大的 4G 网络。

5G 时代中国开始实现引领世界的跨越发展。2019 年 6 月 6 日，工信部正式向中国电信、移动、联通、广电发放 5G 牌照，标志着我国进入 5G 元年。2021 年 5 月 12 日工业和信息化部召开的 5G/6G 专题会议指出，我国 5G 发展取得领先优势，已累计建成 5G 基站超 81.9 万个，占全球比例约为 70%；5G 手机终端用户连接数达 2.8 亿，占全球比例超过 80%；华为、中兴等中国企业的 5G 标准必要专利声明数量占比超过 38%，位列全球首位。为了保持我国在无线移动通信技术和标准研发的全球引领地位，我国已经进入 6G 研发时代。2019 年 11月 3 日，科技部会同发展改革委、教育部、工业和信息化部、中科院、自然科学基金委在北京组织召开 6G 技术研发工作启动会，宣布推动开展新型网络与高效传输全技术链的第六代移动通信（6G）技术研发工作。

参考文献

[1] 马东堂，赵海涛，张晓瀛，等. 通信原理[M]. 北京：高等教育出版社，2018.

[2] 樊昌信，曹丽娜. 通信原理[M]. 7版. 北京：国防工业出版社，2014.

[3] 唐朝京. 现代通信原理[M]. 北京：电子工业出版社，2010.

[4] 曹志刚. 通信原理与应用——基础理论部分[M]. 北京：高等教育出版社，2015.

[5] 曹志刚. 现代通信原理[M]. 北京：清华大学出版社，1992.

[6] 冯穗力，余翔宇，柯峰，等. 数字通信原理[M]. 2版. 北京：电子工业出版社，2016.

[7] John G.Proakis. Digital Communication[M]. Mc-Graw Hill Press，2001.

[8] William H.Tranter，K.Sam Shanmugan，Theodore S.Rappaport 等. 通信系统仿真原理与无线应用[M]. 肖明波，杨光松，许芳，等. 译. 北京：机械工业出版社，2005.

[9] John G Proakis，Masoud Salehi，Gerhard Bauch. 现代通信系统（MATLAB 版）[M]. 2版. 刘树棠，译. 北京：电子工业出版社，2005.

[10] Michel C.Jeruchim，Philip Balaban，K.Sam Shanmugan. 通信系统仿真——建模、方法和技术[M]. 2版. 北京：国防工业出版社，2004.

[11] 邵玉斌. Matlab/Simulink 通信系统建模与仿真实例分析[M]. 北京：清华大学出版社，2008.

[12] 刘学勇. 详解 Matlab/Simulink 通信系统建模与仿真[M]. 北京：电子工业出版社，2011.

[13] 刘翠海，温东，姜波等. 无线电通信系统仿真及军事应用[M]. 北京：国防工业出版社，2013.

[14] 韦岗，季飞，傅娟. 通信系统建模与仿真[M]. 北京：电子工业出版社，2007.

扩展阅读参考资料